蓬蓬动物园

用毛线球做
可爱萌趣小动物

梓丁妹妹 / 编著　爱林博悦 / 主编

人 民 邮 电 出 版 社
北 京

图书在版编目（CIP）数据

蓬蓬动物园 : 用毛线球做可爱萌趣小动物 / 梓丁妹妹编著 ; 爱林博悦主编. -- 北京 : 人民邮电出版社, 2021.3（2022.8重印）
ISBN 978-7-115-55726-1

Ⅰ. ①蓬… Ⅱ. ①梓… ②爱… Ⅲ. ①绒线—手工编织—图解 Ⅳ. ①TS935.52-64

中国版本图书馆CIP数据核字(2020)第267767号

内 容 提 要

如果你的家里有织毛衣、织围巾剩下的毛线，其长度既不能织出一个完整的作品，丢掉又觉得可惜，别苦恼，阅读了这本书之后，你就可以用家里闲置的毛线做出一只只可爱、呆萌的蓬蓬小动物了。

本书共6章。第1～2章介绍了毛线球手工的制作材料、工具和配件，用毛线球制作小动物的要点等相关内容；第3～6章，以22种动物为媒介，为大家详细介绍了不同种类的动物的制作方法。书中的案例提供了绕线示意图和选用的材料、工具与配件展示图，即便你是零基础的新手，也能快速掌握制作方法。

本书适合对毛线球手工感兴趣的读者阅读。

◆ 编　　著　梓丁妹妹
　主　　编　爱林博悦
　责任编辑　魏夏莹
　责任印制　周昇亮
◆ 人民邮电出版社出版发行　　北京市丰台区成寿寺路 11 号
　邮编　100164　　电子邮件　315@ptpress.com.cn
　网址　https://www.ptpress.com.cn
　北京虎彩文化传播有限公司印刷
◆ 开本：787×1092　1/20
　印张：8.4　　　　2021 年 3 月第 1 版
　字数：212 千字　　2022 年 8 月北京第 3 次印刷

定价：59.80 元

读者服务热线：(010)81055296　印装质量热线：(010)81055316
反盗版热线：(010)81055315
广告经营许可证：京东市监广登字 20170147 号

前言

哈喽，小伙伴们，大家好！

欢迎大家来到我的毛线球世界，我是梓丁妹妹，很开心在这里与你们相遇。

从小我就是一个非常喜欢DIY的孩子，走上手作这条路也受到了爸爸和姐姐的影响。从我记事起，我的爸爸就是一个无所不能的人，家里的桌子、凳子、大大小小的柜子，还有数不清的小玩具都出自他之手，也正因为如此，我对手工制作有了很浓厚的兴趣。小时候我就很喜欢改造自己的衣物，会在裤子上绣花、在鞋子上画画，此外我还喜欢给洋娃娃做衣服。

第一次接触毛线球是在我很小的时候，当时老师就教过我们用纸壳制作两个带缺口的圆环作为制球器，这样就可以做出各种颜色的毛线球，当时我就感觉好神奇。

后来，在一次偶然的机会中我发现原来毛线和羊毛结合竟然可以做出这么多萌物，从小便在心中埋下的那颗喜爱做手工的种子开始发芽，从此我走上了手作的道路。一开始制作毛绒球时，我总是会不小心把手指戳到流血，大概是太过于热爱了，一个连打针都害怕的人，竟然一点都没有因为疼痛而放弃自己热爱的事物的想法，依然每天坚持做手作作品，大概是因为我觉得只要是在做自己喜欢的事情，付出再多也是很幸福的。

我很喜欢一个人坐在窗边，看着蓝天白云，听着音乐，做着手工，看着一个个毛线球通过自己的双手变成很多可爱的东西。每当把这些可爱的东西送给亲朋好友并看到他们溢于言表的喜欢和认可的眼神时，我就觉得一切都很值得。

真的非常荣幸能有这个机会出版一本与毛线球有关的书，也非常开心能把我喜欢的东西做出来和大家分享，我非常希望手作能够温暖我们每个人的生活，给平淡的生活增添色彩。

让我们一起拿起毛线制球器在毛线的世界里畅游，收获一个又一个的小可爱吧。

梓丁妹妹

2020 年 9 月

目录

第1章 材料、工具和配件的准备

1.1 材料 / 12

1.1.1 毛线 / 12

1.1.2 羊毛 / 13

1.1.3 辅助材料 / 13

1.2 工具 / 14

1.2.1 毛线制球器 / 14

1.2.2 其他工具 / 15

1.3 眼鼻配件 / 16

第2章 蓬蓬小动物的制作要点

2.1 毛线制球器的使用 / 18

2.1.1 毛线制球器的选用 / 18

2.1.2 在毛线制球器上绕线 / 18

2.1.3 固定绕线 / 19

2.1.4 剪开毛线制球器上的毛线 / 19

2.1.5 绕线示意图说明 / 20

2.2 蓬蓬小动物的基础制作 / 21

2.2.1 纯色毛线球的制作 / 21

2.2.2 纯色毛线球变小黄鸡的制作 / 22

2.2.3 杂色毛线球的制作 / 25

2.2.4 杂色毛线球变麻雀的制作 / 26

2.2.5 特殊花纹毛线球的制作 / 29

2.2.6 特殊花纹毛线球变花栗鼠的制作 / 31

2.3 羊毛毡的应用 / 34

2.3.1 羊毛毡的戳针技巧 / 34

2.3.2 羊毛的混色 / 34

2.4 羊毛的实际应用 / 35

2.4.1 小动物五官的制作 / 35

2.4.2 小动物其他部件的制作 / 37

第 3 章 超简单的蓬蓬毛线球萌宠制作

3.1 从球状毛线球开始制作萌宠小猪 / 40

3.2 从球状毛线球变水滴状毛线球制作萌宠小鸟 / 45

3.3 从球状毛线球变葫芦状毛线球制作萌宠仓鼠 / 49

第4章 “萌宠”乐园

4.1 圆头黑眼大熊猫 / 56

4.2 长嘴大耳贵宾犬 / 62

4.3 直立长耳葫芦脸形的兔子 / 70

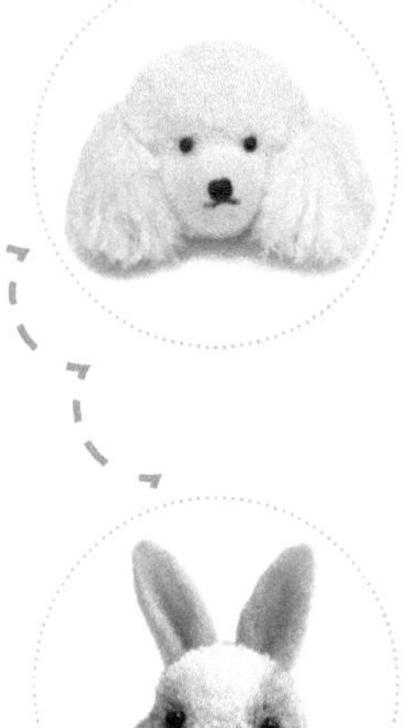

4.4 三角耳花脸小熊猫 / 75

4.5 嘴鼻两色大耳树袋熊 / 81

4.6 头大脸圆的英国短毛猫 / 86

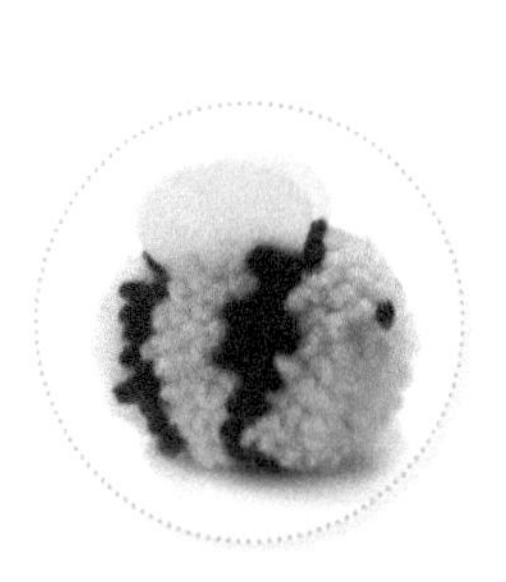

第5章 丛林聚会

5.1 黄色条纹小眼蜜蜂 / 94

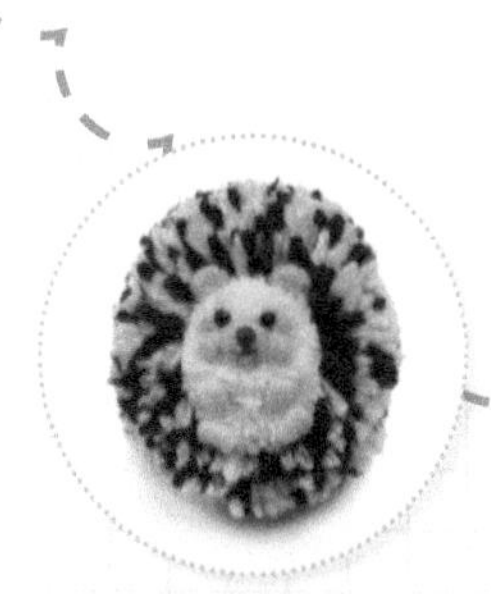

5.2 全身是刺的小眼睛刺猬 / 99

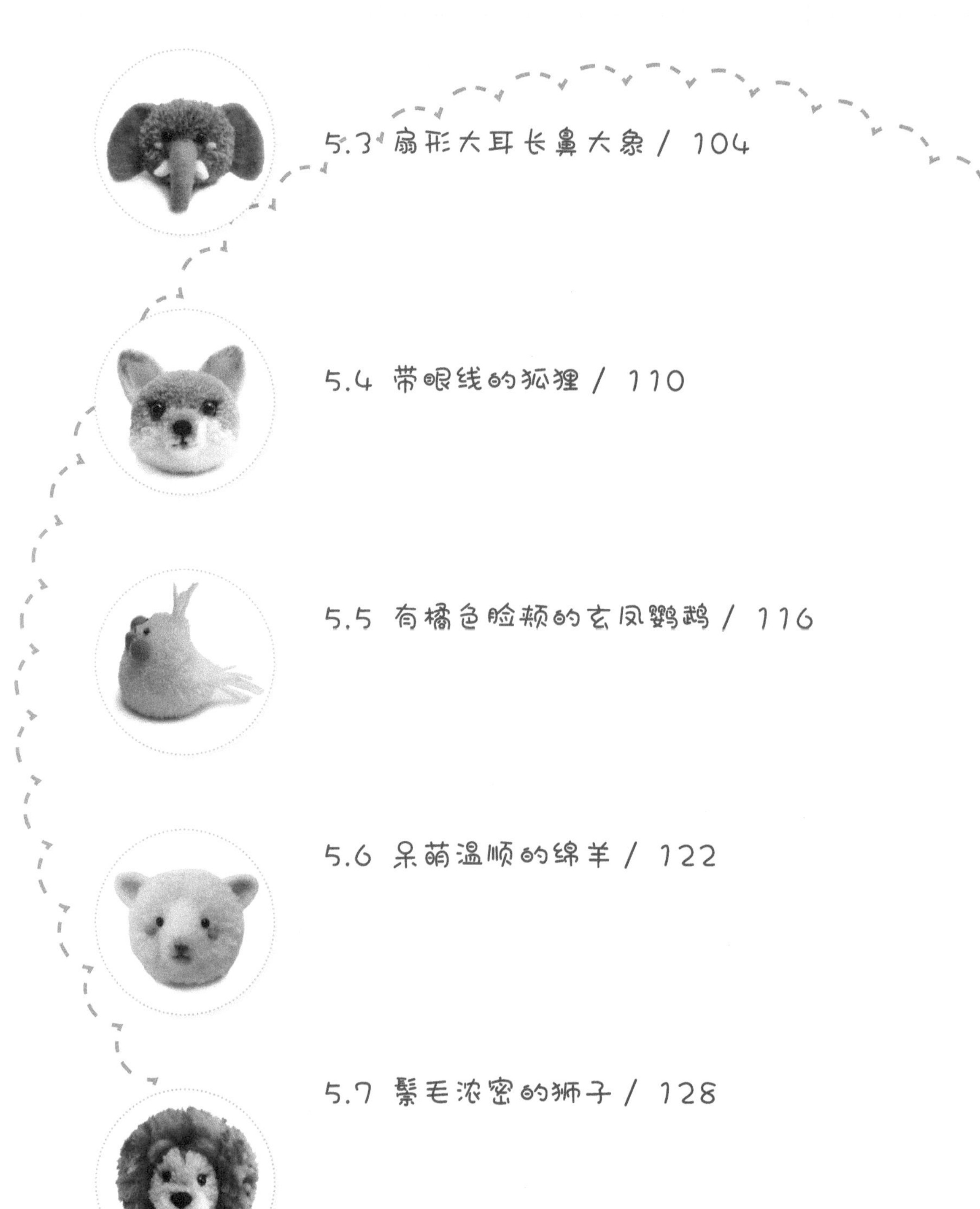

5.3 扇形大耳长鼻大象 / 104

5.4 带眼线的狐狸 / 110

5.5 有橘色脸颊的玄凤鹦鹉 / 116

5.6 呆萌温顺的绵羊 / 122

5.7 鬃毛浓密的狮子 / 128

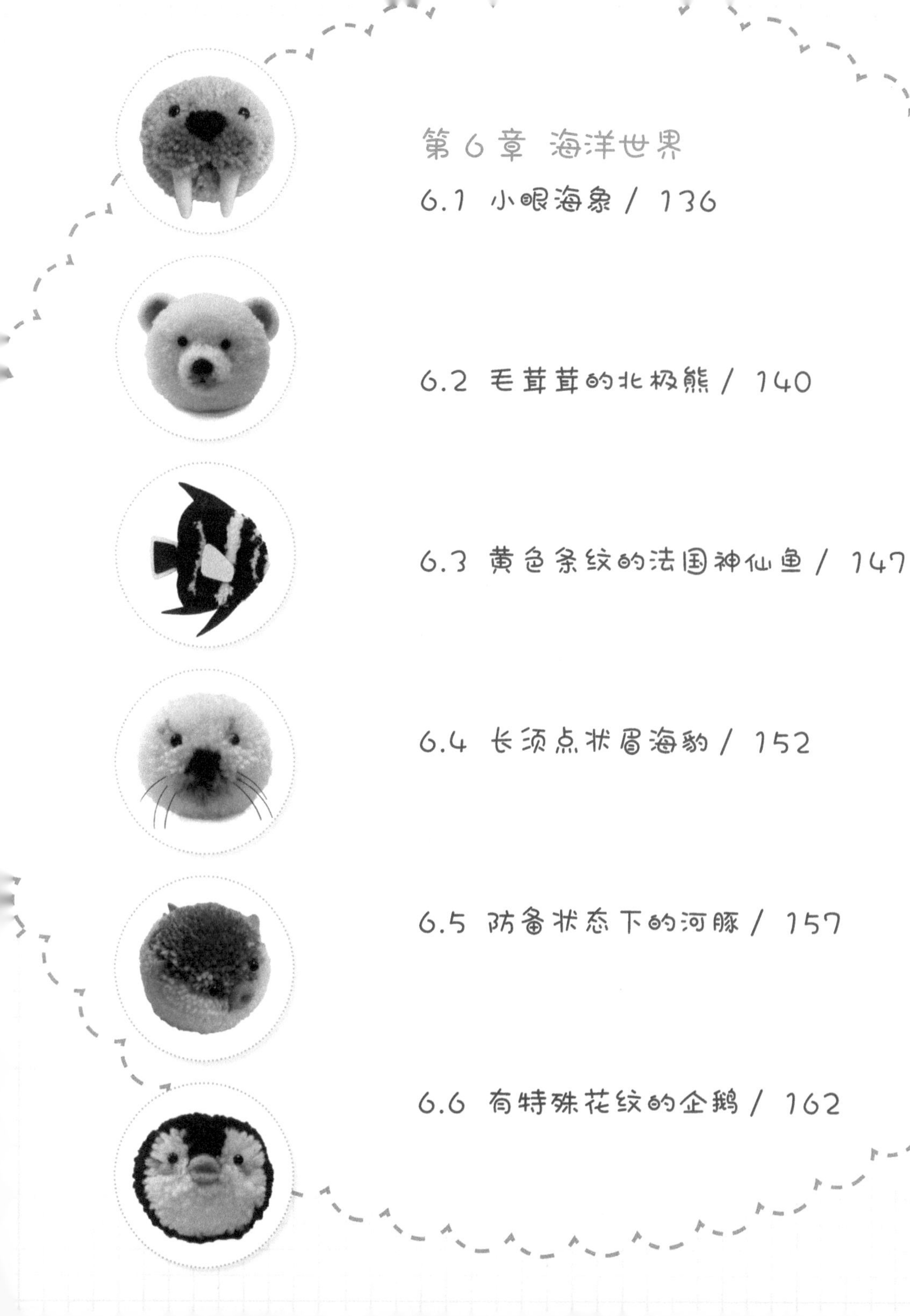

第6章 海洋世界

6.1 小眼海象 / 136

6.2 毛茸茸的北极熊 / 140

6.3 黄色条纹的法国神仙鱼 / 147

6.4 长须点状眉海豹 / 152

6.5 防备状态下的河豚 / 157

6.6 有特殊花纹的企鹅 / 162

第1章

材料、工具和配件的准备

制作蓬蓬小动物，需要有一些必备的制作材料、修剪造型工具和配件。用毛线绕一绕，剪刀剪一剪，再加上合适的配件，就能轻松做出各种各样的治愈系蓬蓬小动物。

1.1 材料

制作蓬蓬小动物，最基本的材料就是毛线。制作动物的五官或个别身体部件则需要用到羊毛以及不织布、绑线、鱼线等辅助材料。

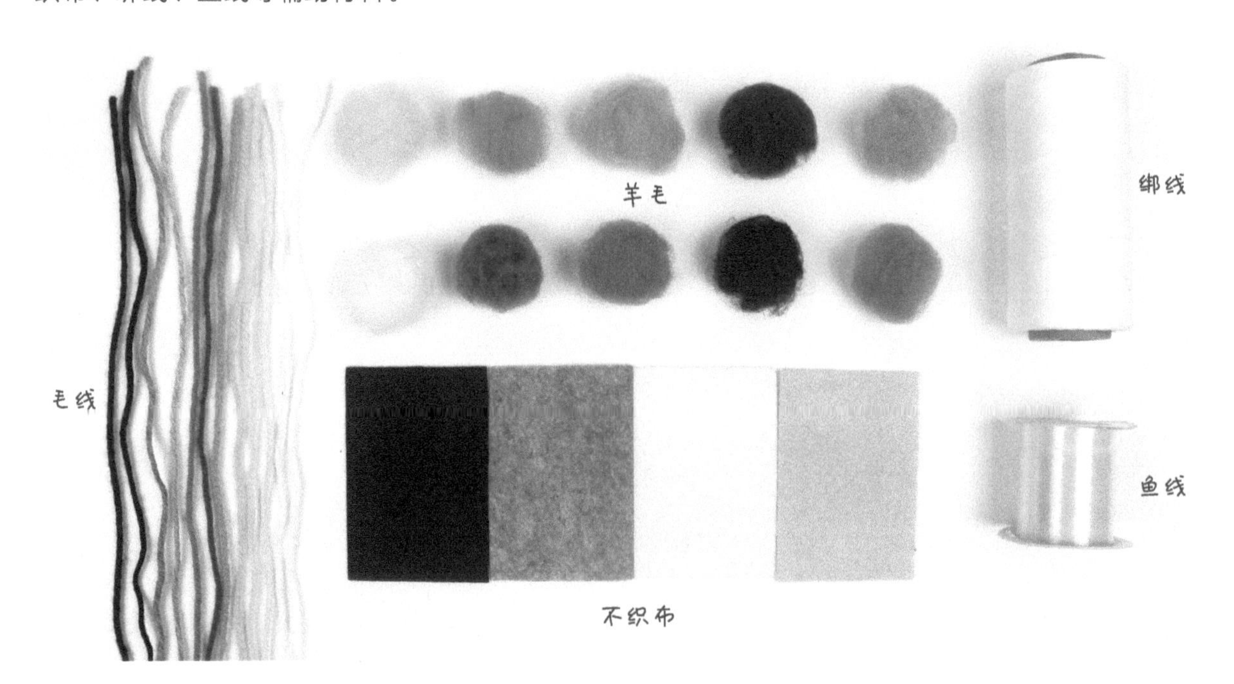

1.1.1 毛线

在选用毛线时，我们可以选用羊毛线或含羊毛量较高的毛线，它们比较适合用来做蓬蓬小动物，实在没有时也可以使用腈纶毛线。

本书中使用的毛线是 4 股毛线，直径约 2mm。制作时，如果找不到和书中所用毛线一样的颜色，可选用相近的颜色来代替，或者自己尝试一些新的配色，没准会有不错的效果。

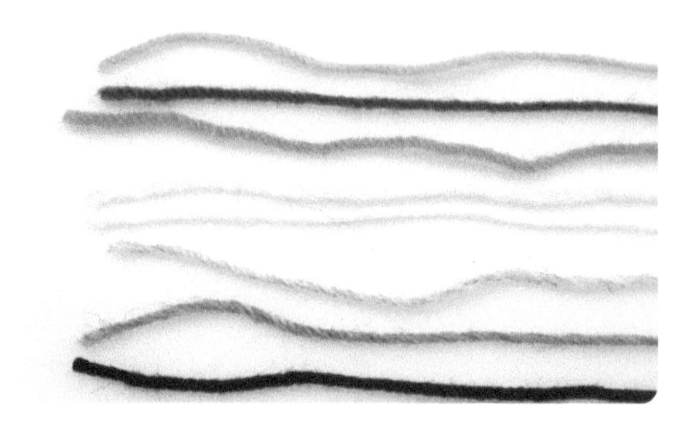

1.1.2 羊毛

羊毛通过毡化加工可以制成独特的羊毛毡手工作品。毡化加工方法分为针毡法和湿毡法，本书采用的是针毡法。大家可根据自己的作品去选择合适的羊毛颜色，也可通过混色的方法获取自己需要的颜色。

羊毛主要用来制作小动物的嘴巴、鼻子、耳朵和花纹等。

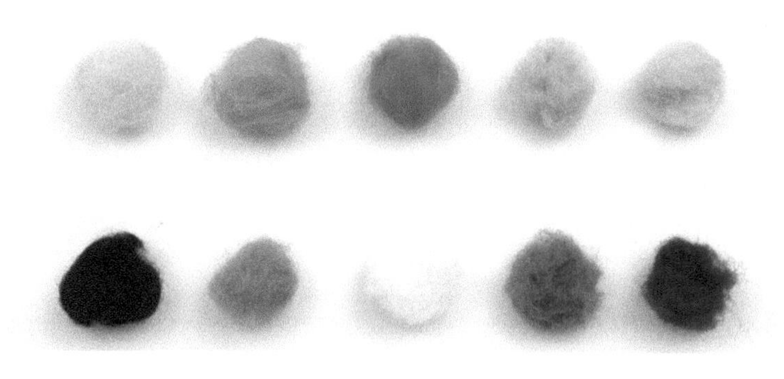

1.1.3 辅助材料

不织布

不织布又称无纺布，颜色丰富，主要用来制作动物的身体部件，如嘴巴、鱼鳍和鱼尾等。

绑线

绑线主要用来将剪开的毛线球系紧，如在贵宾犬案例中系耳朵时就使用了绑线。

鱼线

鱼线是制作动物胡须时需要用到的材料，在英国短毛猫案例和海豹案例中都有使用。

1.2 工具

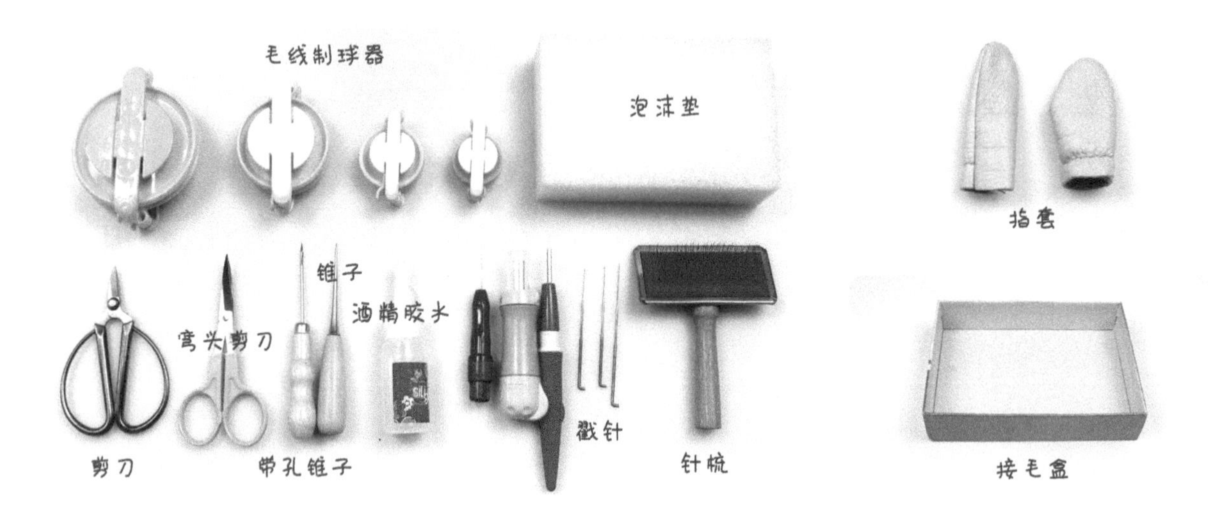

1.2.1 毛线制球器

毛线制球器的用途与使用方法

要制作蓬蓬小动物，将毛线制成球是基础，在这时就一定要用到毛线制球器。

毛线制球器由两个半圆部件组合而成且可拆开，制作时分别在两个半圆部件上绕满毛线，将半圆合拢后用绑线捆绑固定住毛线，再剪开毛线将其从制球器上取下即可得到一个毛线球。本书中我们制作小动物的球状基底时都是用的这个方法，详细的制作过程我们将在第 2 章进行讲解。

毛线制球器展开结构图　　毛线制球器合拢效果图

毛线制球器的型号

毛线制球器有多种型号，我们可以根据作品的大小和形态来选择。本书用到的制球器的直径分别为 8.8cm、6.8cm、4.8cm 和 3.8cm。右图展示了不同型号的制球器及用它们做出的大小不同的毛线球。

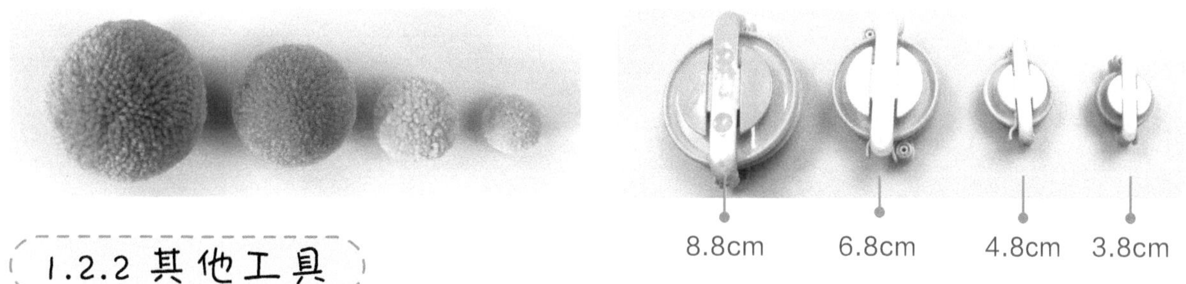

1.2.2 其他工具

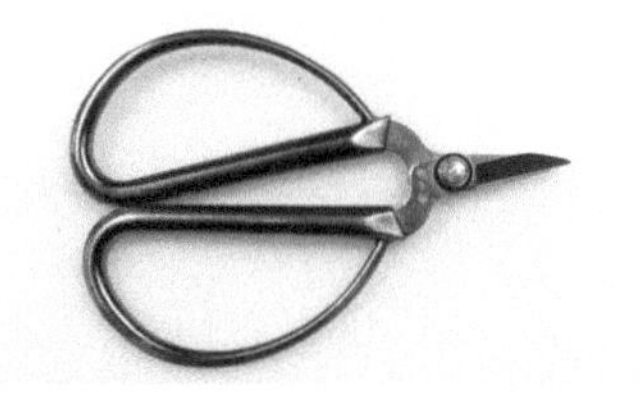

剪刀

选择短尖的剪刀更利于剪开制球器上缠绕的毛线。绕线圈数较少时可用弯头剪刀来剪。

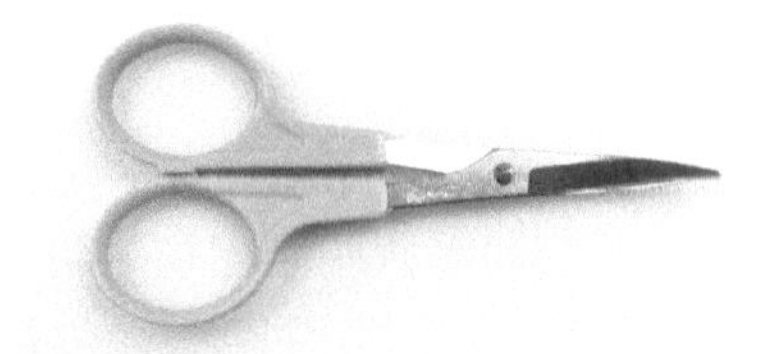

弯头剪刀

弯头剪刀带有弧度的刀头非常适合修剪毛线球，它能更好地将表面参差不齐的毛线球修剪圆润。

酒精胶水

酒精胶水用于将小动物的眼睛、耳朵等粘贴在毛线球上，它具有粘接牢固、不粘手、不伤毛线的优点。

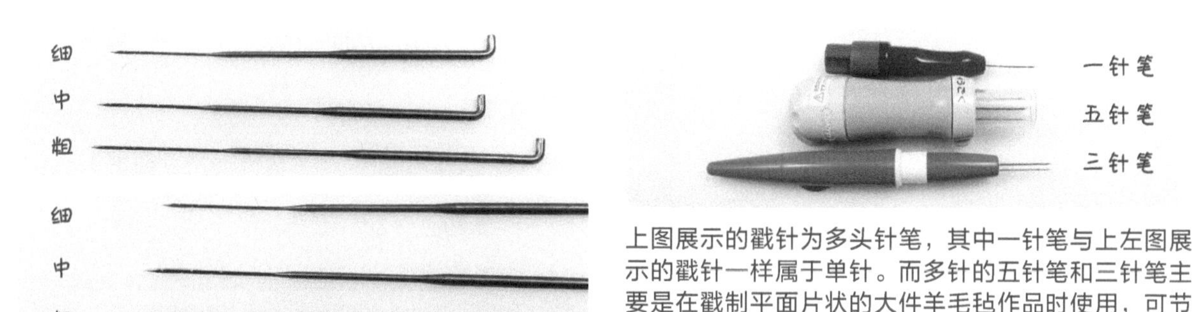

上图展示的戳针为多头针笔，其中一针笔与上左图展示的戳针一样属于单针。而多针的五针笔和三针笔主要是在戳制平面片状的大件羊毛毡作品时使用，可节省时间。

戳针

本书使用的戳针型号有细、中、粗 3 种，大家可根据戳制的羊毛毡造型进行选择。第 2 章将对每种戳针的具体使用方法进行讲解。

带孔锥子

带孔锥子可以轻松地将绑线穿过毛线球内部，本书中主要用它来安装贵宾犬的耳朵。

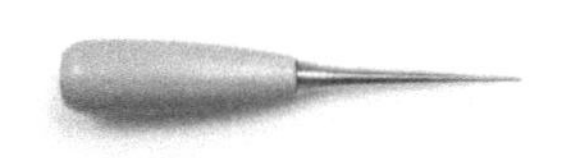

锥子

锥子用于安装小动物的眼睛、鼻子等配件。

针梳

使用针梳可以将毛线球的表面梳理蓬松，以表现一些小动物的毛发质感。

泡沫垫

把羊毛放在泡沫垫上进行戳刺，能避免戳针接触硬物导致其受损，可以起到保护戳针的作用。

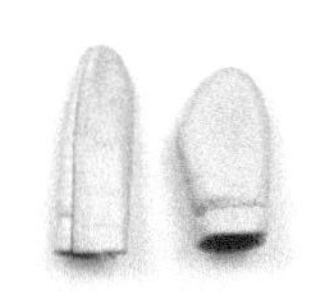

指套

指套在戳制羊毛毡的过程中可以用来保护手指，防止戳针扎伤手指。

接毛盒

接毛盒在修剪毛线球时用来接住毛屑，以免毛屑粘在桌面上不易清理。

具体制作过程中还会使用到一些常规工具，如缝针、铅笔、A4 纸等。

1.3 眼鼻配件

眼鼻配件是做出动物表情的重要配件，大家要结合所制作动物的眼鼻特征去选择。

针插式黑豆眼

3mm

4mm

5mm

6mm

7mm

水晶眼

8mm 金色

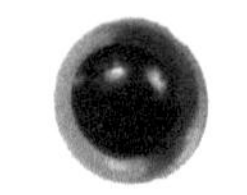

10mm 黄色

10mm 棕色

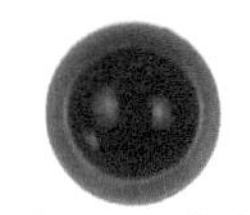

12mm 金色

鼻子配件

8mm 黑色的狗狗鼻子

13mm 肉色的猫咪鼻子

第2章

蓬蓬小动物的制作要点

本章主要讲解制作蓬蓬小动物需要用到的一些制作方法和技巧。大家可以将材料的特点与毛线球的制作技巧充分结合起来，做出可爱的小动物。

2.1 毛线制球器的使用

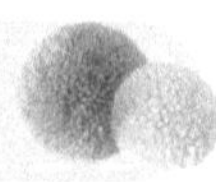

我们在正式制作蓬蓬小动物之前，需要先了解一下毛线制球器的使用方法。

2.1.1 毛线制球器的选用

我们可以根据制作作品的大小和造型选择不同型号的毛线制球器，比如河豚和鲨鱼这类头部粗、尾部细的椭圆形动物，在制作时可选用比主体尺寸稍大一点的毛线制球器，做出稍大一圈的毛线球，以便后续修剪。

蜜蜂体型偏小且形态圆润，所以选用了最小尺寸（3.8cm）的毛线制球器。

河豚有着椭圆形的身体，可以选用比主体尺寸（4.8cm）稍大一点的、直径为 6.8cm 的毛线制球器。

2.1.2 在毛线制球器上绕线

绕线是制作毛线球的基础操作。

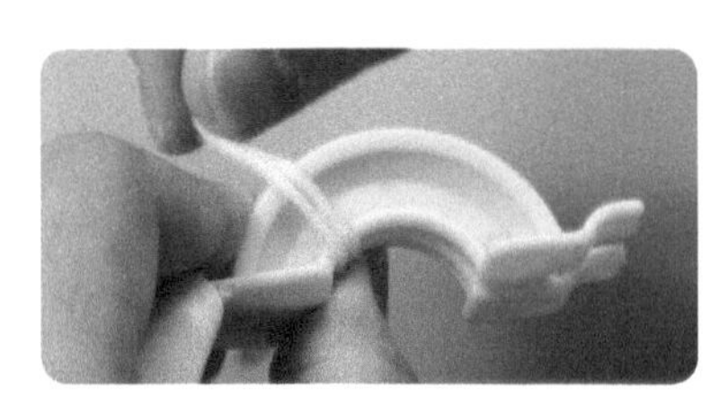

先打开制球器，将毛线缠绕在其中一个半圆部件上，从靠里的那一边开始缠绕，左手握住制球器并用拇指按住线头，右手以顺时针方向绕线。注意，在绕第一、第二圈时要紧紧压住线头。

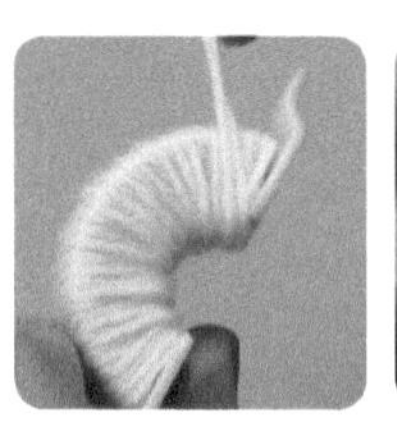

多绕几圈固定住线头后，向外绕线，绕满一层后再从外往里绕，如此反复……

最后，毛线填满半圆部件的凹槽后即可停止绕线。注意，毛线要绕得均匀且紧密，不要太松散。

2.1.3 固定绕线

在制球器的半圆部件上完成绕线操作后，把手指放于制球器顶部，并用毛线缠住手指绕最后一圈，再将线头通过手指塞进毛线中，最后在拉紧线头的同时剪断毛线，毛线就固定好了。

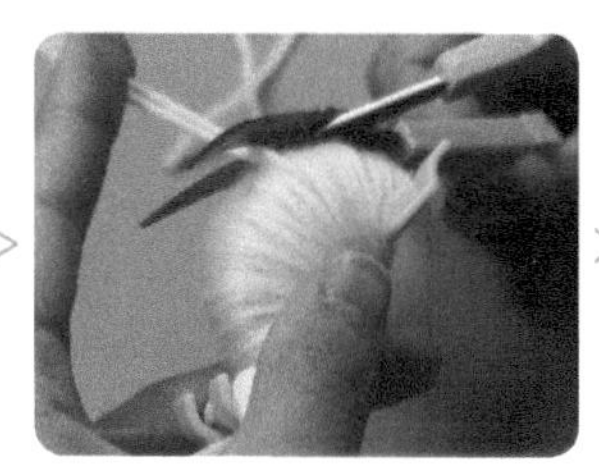

绕线小技巧

当一种颜色的毛线需要绕很多圈时，可用两根相同颜色的毛线同时缠绕以提高绕线的效率。用这样的方法操作，整个绕线圈数仅需参考圈数（每个案例会给出每次绕线的参考圈数）的一半。

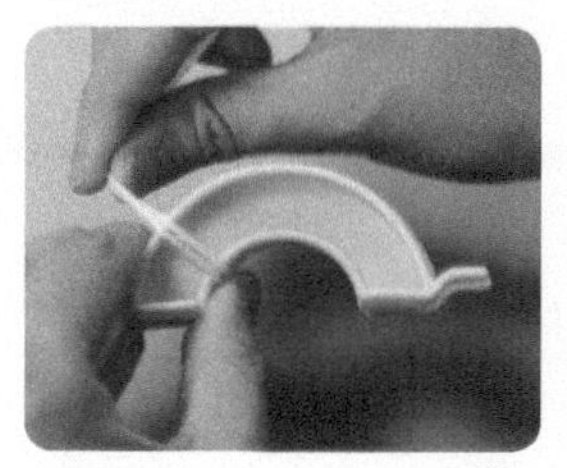

2.1.4 剪开毛线制球器上的毛线

在毛线制球器的两个半圆部件上都绕好毛线后，开始沿制球器半圆中间的弧面缝隙将毛线剪开，让毛线向制球器左右两边散开。

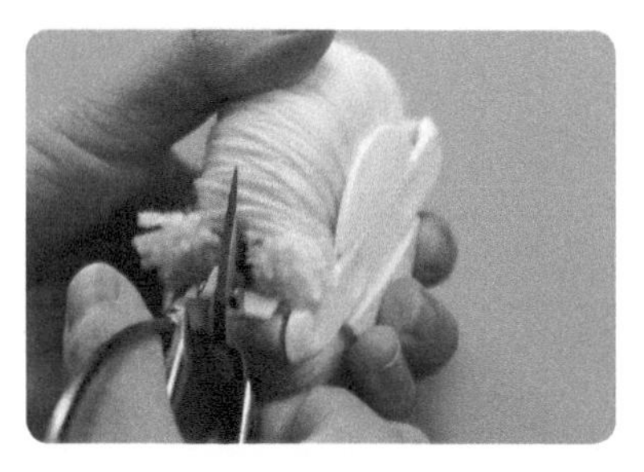
开始剪线

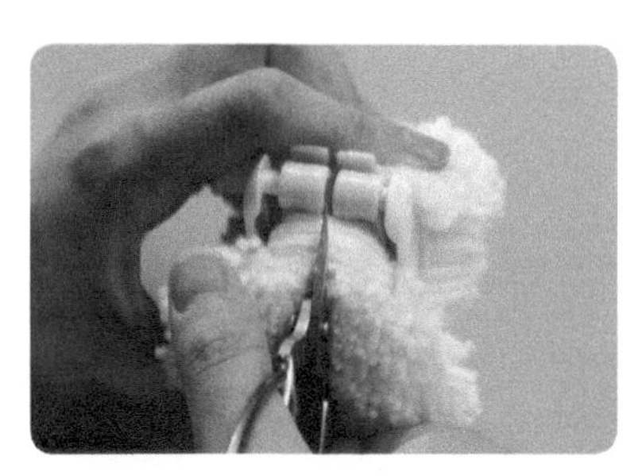
完成剪线

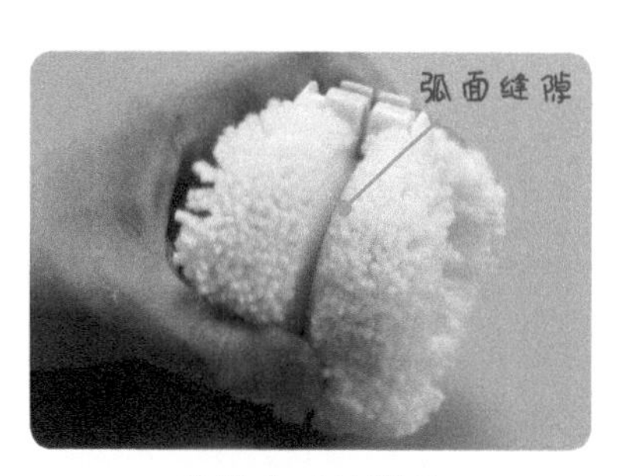

剪线完成效果图

2.1.5 绕线示意图说明

此处以玄凤鹦鹉案例的绕线示意图为范例，为大家讲解如何识读毛线球的绕线示意图，本书中的案例均会提供绕线示意图。书中给出的动物制作绕线示意图主要起辅助作用，它能直观地表现出绕线颜色的分布区域，与实际绕线的效果会有一定的区别。具体绕线操作以给出的步骤文案为准，每个人实际绕线出的效果与书中给出的效果会有一定的差异，可能右边多左边少，都有不准确的可能性在。

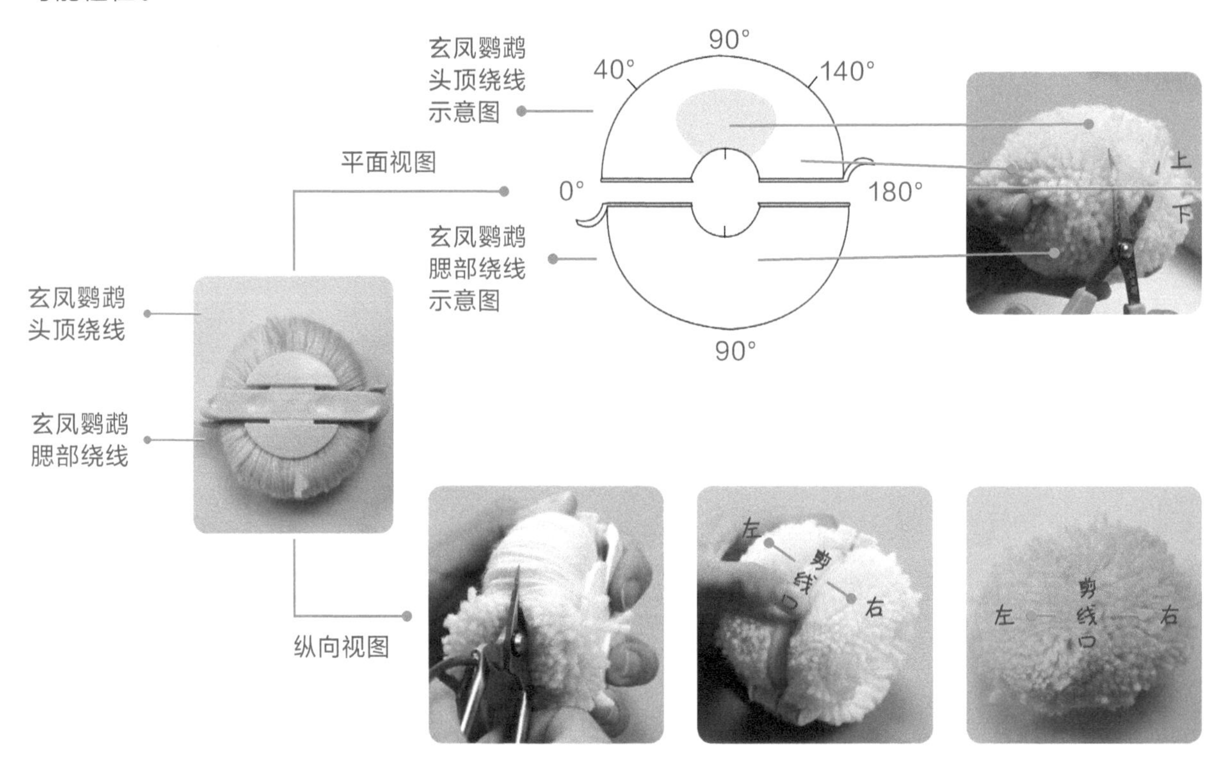

由上图可知，在平面视图中，黄色区域为玄凤鹦鹉头顶的奶黄色羽毛，余下的白色区域则是玄凤鹦鹉头上的白色羽毛；在纵向视图中，可看到把玄凤鹦鹉头顶部分所在半圆上的毛线剪开，就能得到玄凤鹦鹉头顶上左右对称的羽毛。

因此，绕线时只需按照绕线示意图上标注的颜色分区，将不同颜色的毛线绕在制球器上的对应区域即可。

2.2 蓬蓬小动物的基础制作

在制球器的两个半圆部件上按一定规律缠绕不同颜色的毛线，可以做出我们需要的各种花纹的毛线球，从而制作出多种毛发形式的蓬蓬小动物。

2.2.1 纯色毛线球的制作

制作单一颜色（即纯色）毛线球时，只需选用与最终想要制作出的小动物毛发效果对应的毛线颜色，用毛线制球器做出毛线球，再对其进行修剪。要将毛线球变成小动物，在毛线球上加上眼睛、鼻子等部件即可。

纯色毛线球的绕线示意图

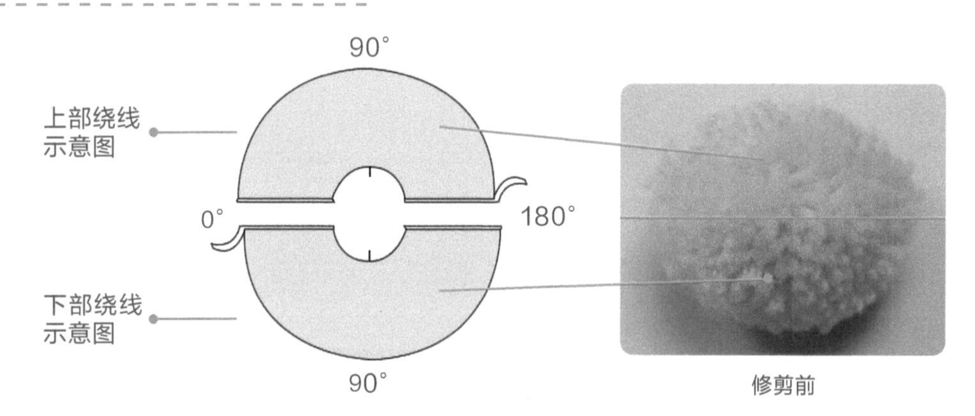

修剪前

纯色毛线球的绕线操作

纯色毛线球的绕线很简单，只需用一根或两根毛线从一个方向均匀绕满整个制球器即可。

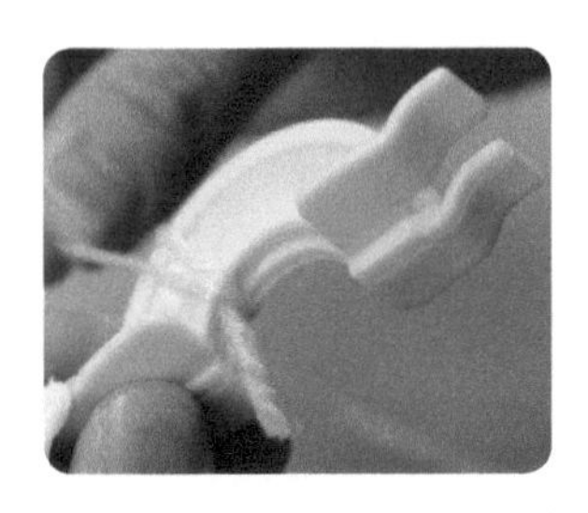

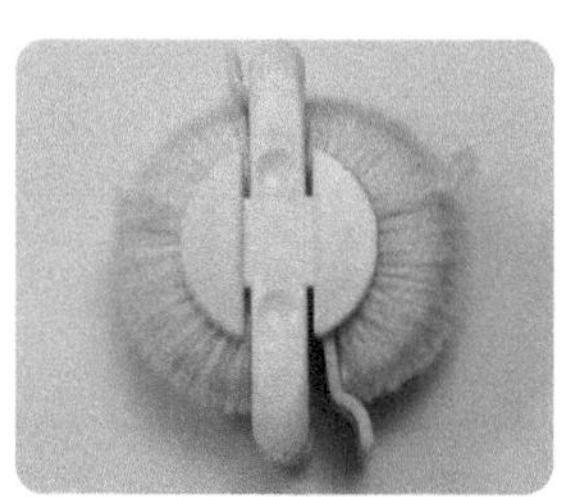

2.2.2 纯色毛线球变小黄鸡的制作

如果我们想把刚刚做好的黄色毛线球做成小动物，首先想到的就是可以做出一只小黄鸡。用弯头剪刀先把毛线球修剪圆润，再剪出小黄鸡的眼窝，接着安上眼睛和嘴巴，一只简单的小黄鸡就做好了。

多角度效果图展示

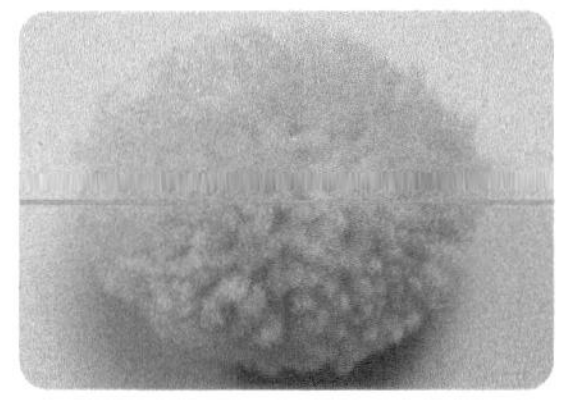

修剪前

修剪后

小黄鸡背部

小黄鸡腹部

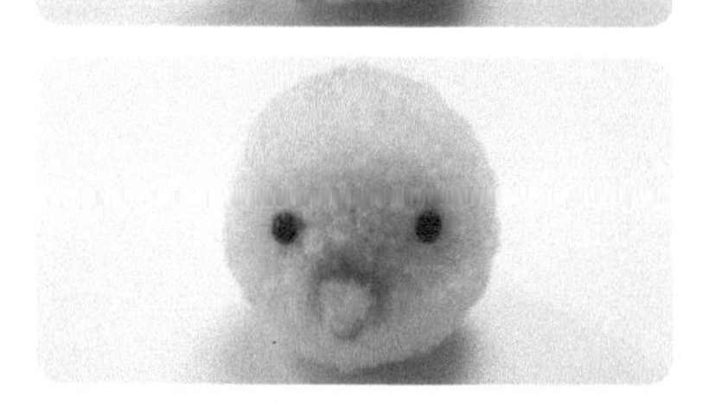

材料、工具与配件

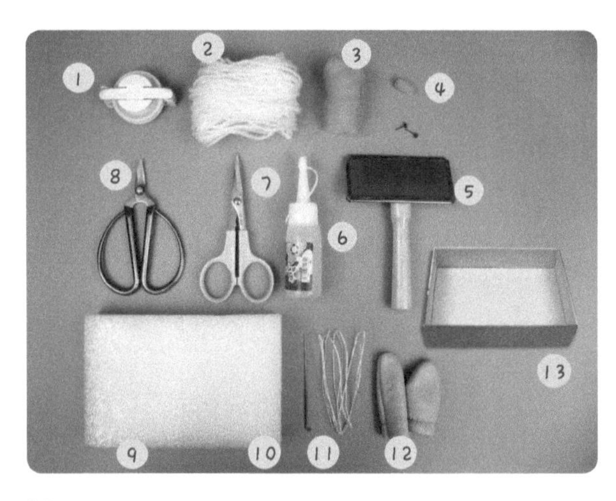

材料、工具与配件名称

1. 4.8cm 毛线制球器
2. 毛线：黄色
3. 橙黄色羊毛制作的三角形鸡嘴部件
4. 4mm针插式黑豆眼
5. 针梳
6. 酒精胶水
7. 弯头剪刀
8. 剪刀
9. 泡沫垫
10. 戳针
11. 绑线
12. 指套
13. 接毛盒

小黄鸡案例制作过程中使用到的剪刀、弯头剪刀、绑线、酒精胶水、戳针、指套、接毛盒和泡沫垫等工具，是用毛线球制作蓬蓬小动物都要用到的工具。为避免内容重复，在后面小动物案例的“材料、工具与配件”展示版块中，以上工具就不再一一列举，只展示制作当前案例用到的材料和一些特殊工具、配件。

制球

01

用剪刀沿着制球器中间的缝隙剪开毛线，并用绑线从制球器的中间将毛线球捆紧并打结，固定后取下毛线球制球器。

小提示

在取下制球器之前必须用绑线将毛线扎紧，防止毛线散开。

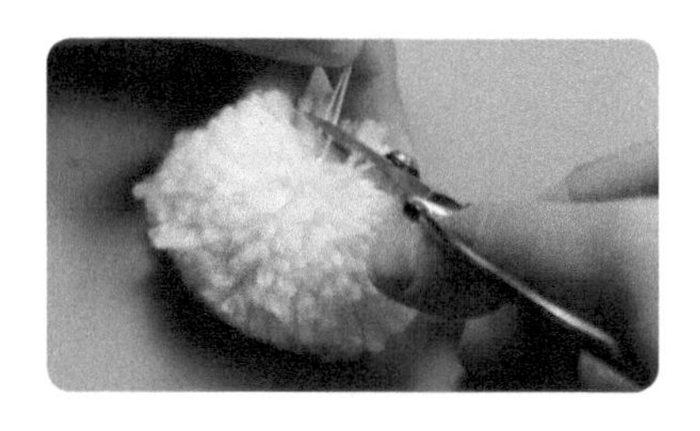

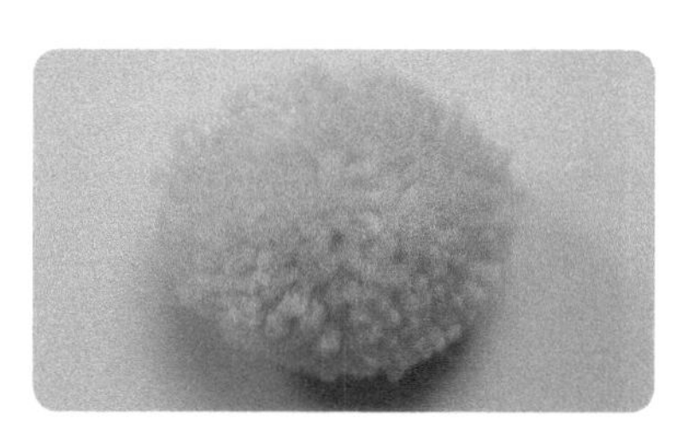

02

取下毛线球后用剪刀剪掉多余的绑线并在打结处涂上酒精胶水，制球完成。

小提示

剪掉绑线后，要在打结处用酒精胶水进行二次固定，防止绑线结散开 。

修剪

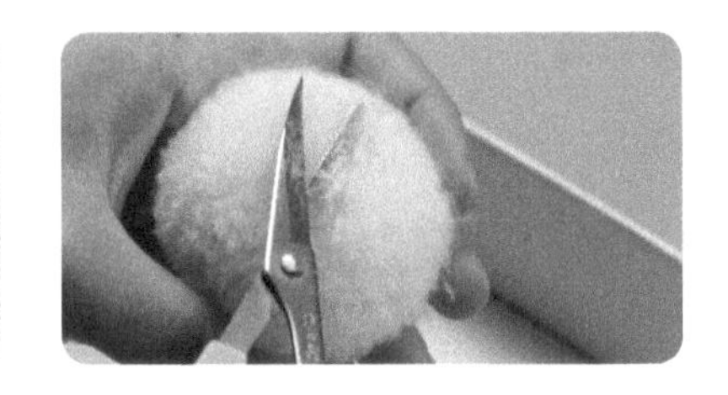
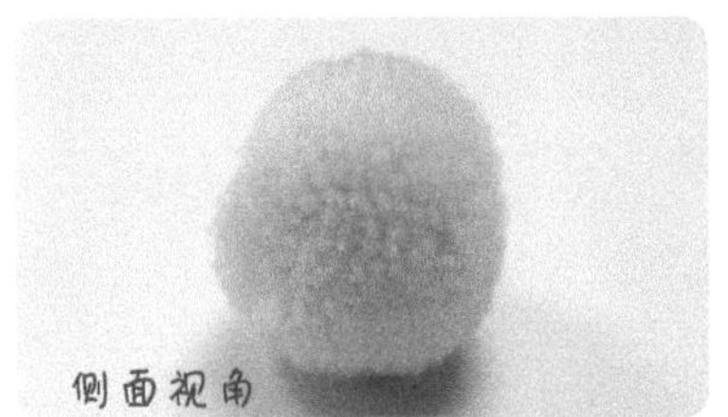

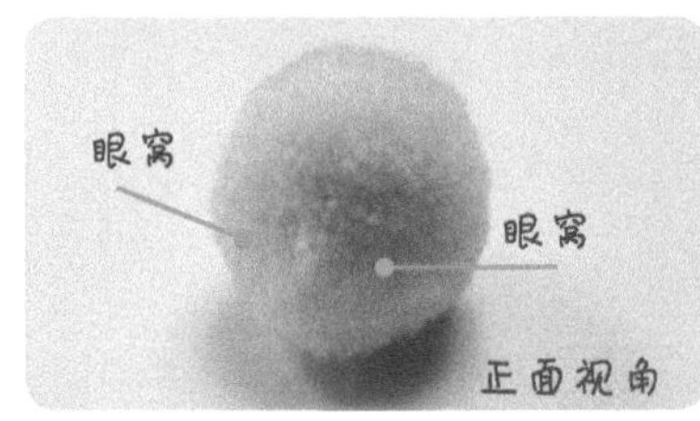

小提示

要一点一点地多次修剪毛线球，以便把握小动物的整体造型。

03

用弯头剪刀将做好的毛线球修剪圆润，修剪出小黄鸡椭圆形的整体造型，再用针梳将毛线球表面梳理蓬松。接着查看并修剪掉凸出的毛线，完成对小黄鸡整体造型的修剪。

形象制作

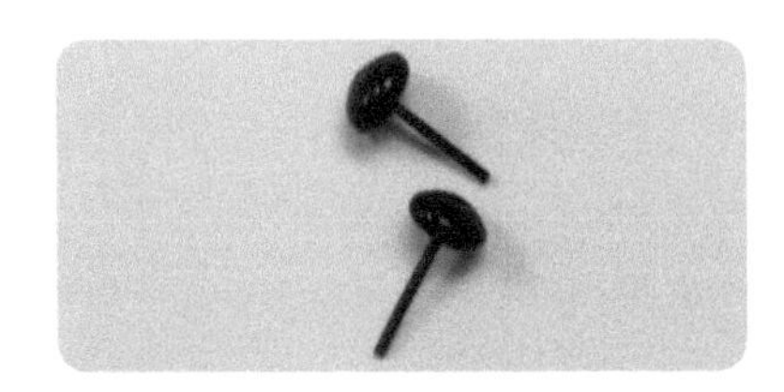

04

拿出准备好的三角形橙黄色羊毛鸡嘴部件和 4mm 针插式黑豆眼。注意，因为本小节内容主讲纯色毛线球变小黄鸡的制作方法，所以不会具体讲鸡嘴的制作过程。

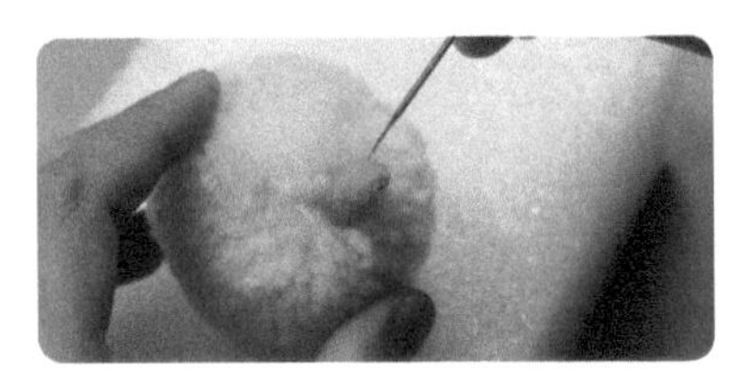
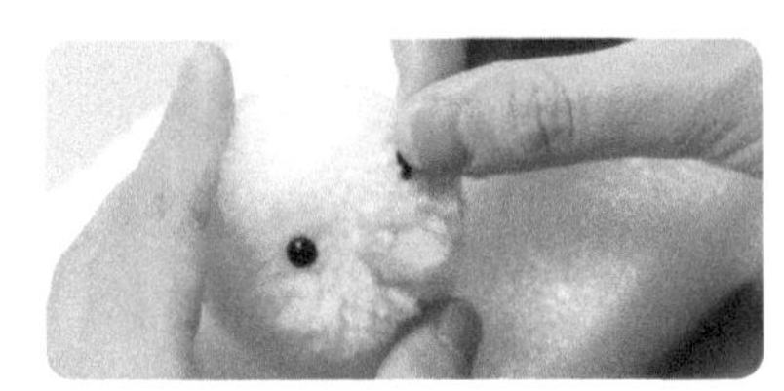

05

最后，给小黄鸡的嘴巴部件和眼睛分别涂上酒精胶水，将它们分别固定在小黄鸡脸部的相应位置，可爱的小黄鸡就制作完成了。

2.2.3 杂色毛线球的制作

制作颜色不规则的杂色毛线球，其绕线方法与纯色毛线球相同，只是绕线时使用的毛线颜色由一根单色变为两根或两根以上的多色毛线。

杂色毛线球的绕线示意图

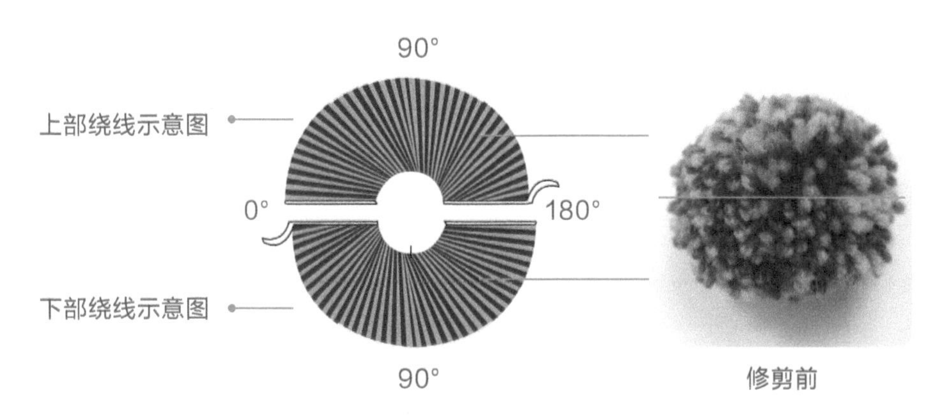

杂色毛线球的绕线操作

绕线时，尽量让缠绕在制球器上的多色毛线交杂在一起，并使颜色均匀分布。

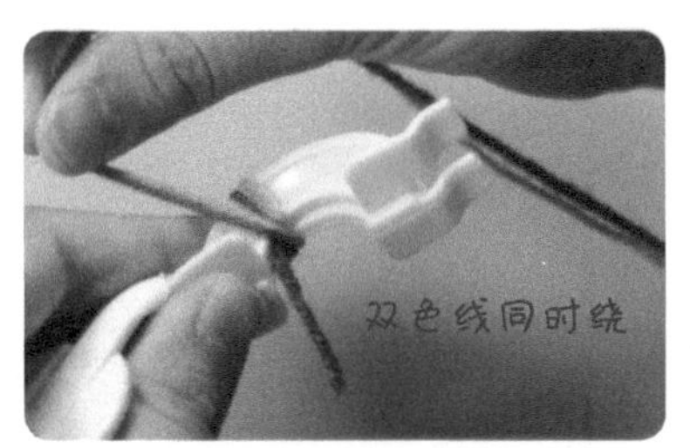

2.2.4 杂色毛线球变麻雀的制作

此处选用了深棕色和浅棕色的毛线来讲解杂色毛线球的制作过程，而以此做出的杂色毛线球可以用来制作毛色呈杂斑状的麻雀。制作麻雀，先用弯头剪刀把毛线球修剪成类似水滴状的造型，再在麻雀脸部合适位置安上眼睛和嘴巴，一只拥有杂色毛发的麻雀就做好了。

多角度效果图展示

修剪前

修剪后

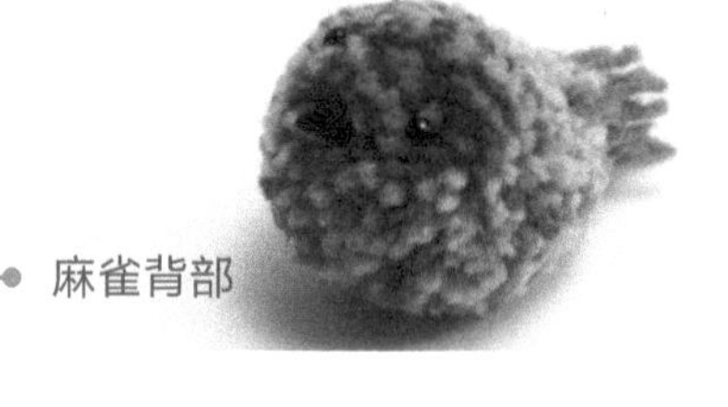

麻雀背部

麻雀腹部

材料、工具与配件

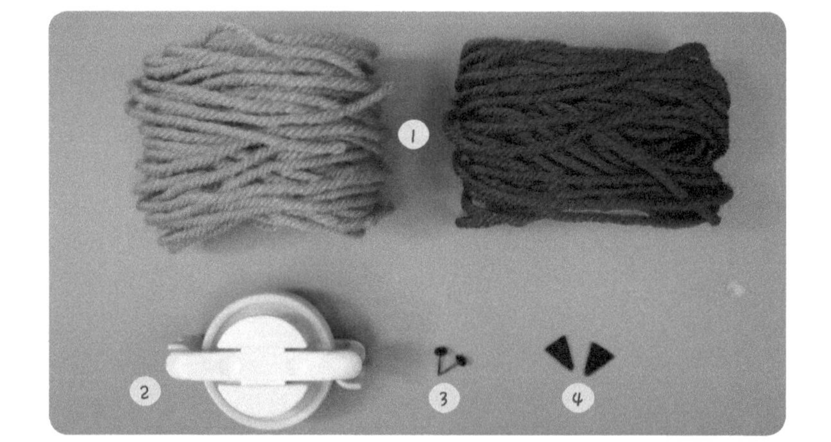

材料、工具与配件名称

1. 毛线：浅棕色、深棕色
2. 4.8cm 毛线制球器
3. 4mm 针插式黑豆眼
4. 三角形黑色不织布鸟嘴

制球

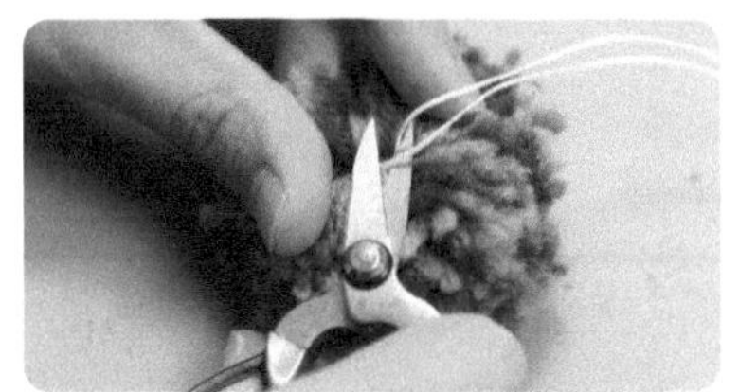

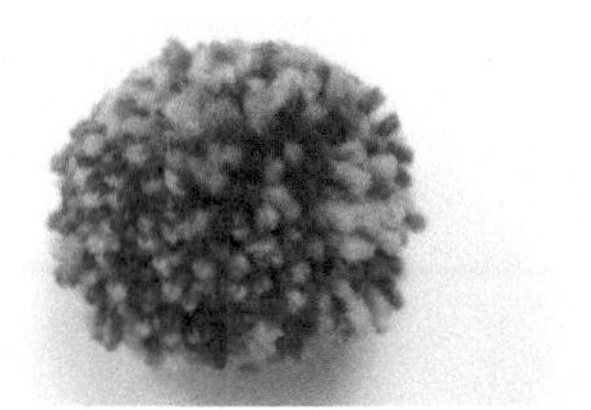

01

合拢制球器后，用剪刀沿着制球器中间的缝隙剪开毛线，接着用绑线从制球器的中间将毛线球捆紧并打结。取下制球器，用剪刀剪掉多余的绑线并在打结处涂上酒精胶水，制球完成。

修剪

02

用弯头剪刀修剪毛线球，将毛线球修剪出类似水滴状的麻雀造型。

形象制作

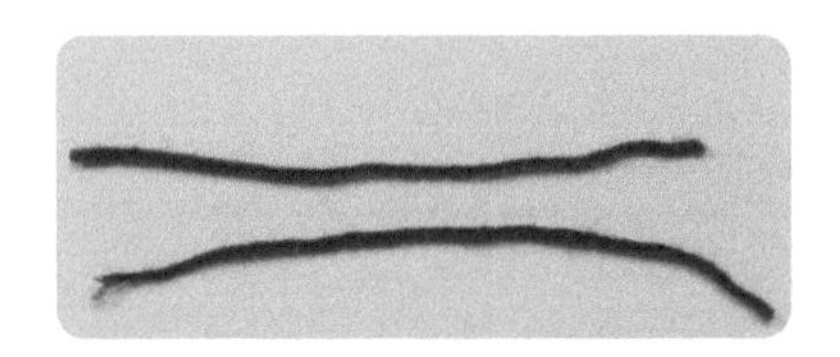

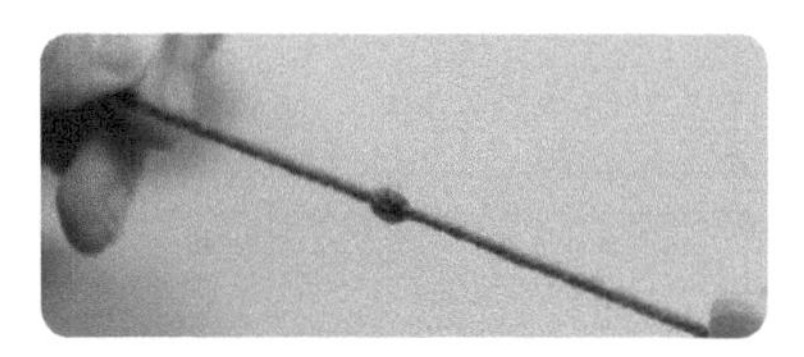

03

取深棕色毛线剪成小段，在毛线的中间位置打结。

04

将多条打结后的毛线用戳针戳进麻雀尾巴处的毛线中，再涂上酒精胶水将其固定住。接着用弯头剪刀修剪尾巴的长度和形状。

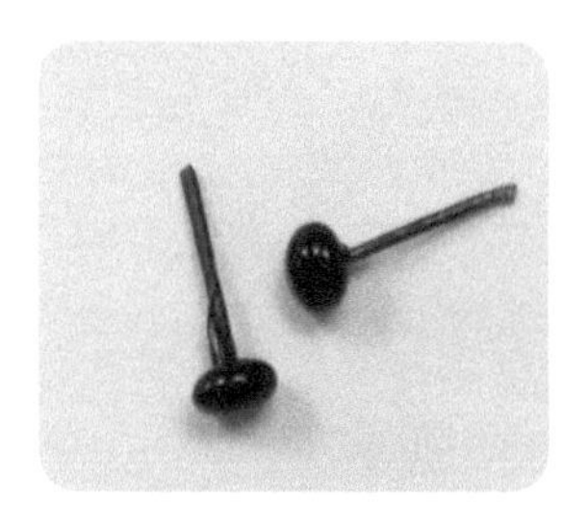

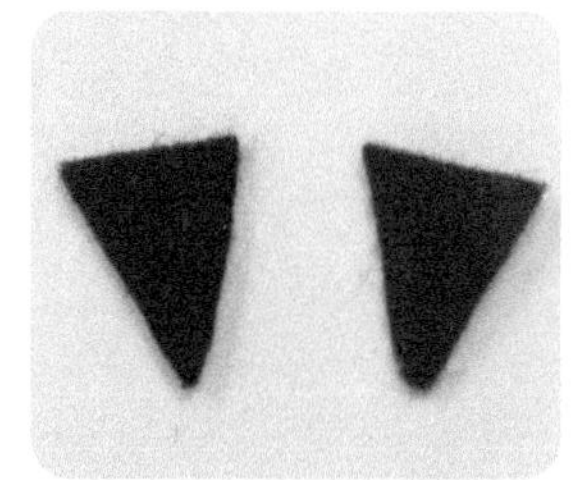

05

准备一对 4mm 针插式黑豆眼和两片三角形黑色不织布鸟嘴。注意，因为本小节内容主讲杂色毛线球变麻雀的制作方法，所以依旧不会细讲鸟嘴的详细制作过程。

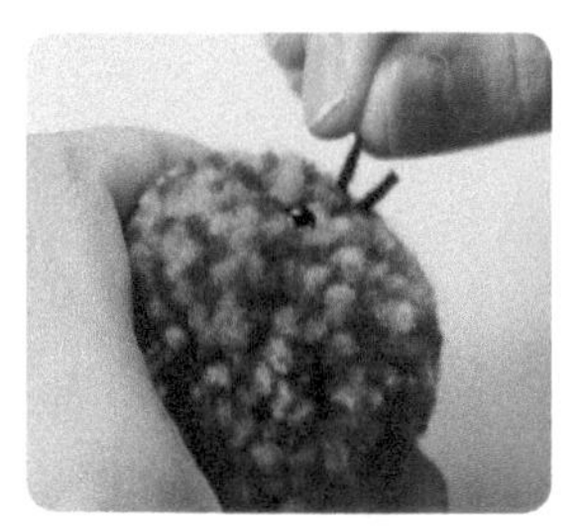

06

给眼睛和鸟嘴分别涂上酒精胶水，将其固定在麻雀脸部的相应位置上。至此，可爱又小巧的麻雀就做好了。

2.2.5 特殊花纹毛线球的制作

想要制作一些有特殊花纹的毛线球，我们需要先观察花纹的形状、走向和排列顺序。通常小动物脸部的花纹呈对称式排列，我们只需总结出花纹一半的绕线顺序就可以绕出整个花纹，要掌握这个方法大家只有不断地实践。

特殊花纹毛线球的绕线示意图

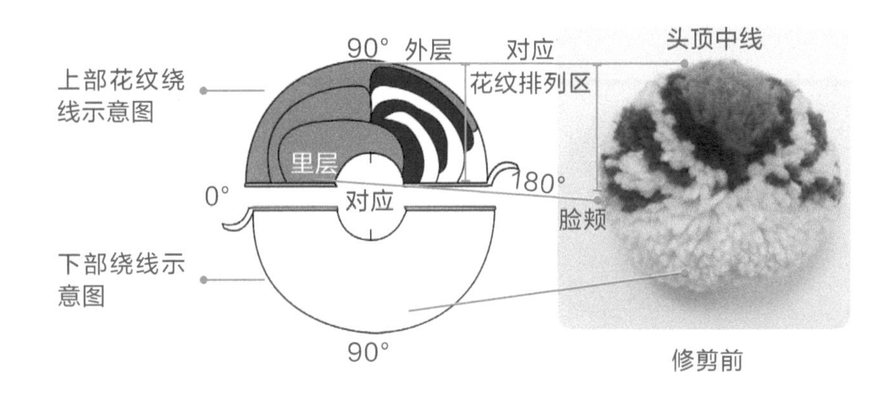

修剪前

特殊花纹毛线球的绕线操作

按照花纹排列和走向，从花纹最里层开始依次缠上花纹对应的毛线。

上部花纹绕线

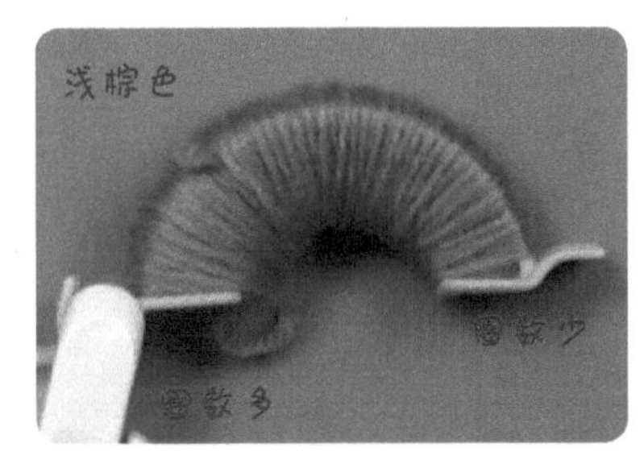

在 0° ~ 170° 的区域内缠绕浅棕色毛线 160 圈左右，且圈数从左到右逐渐减少。

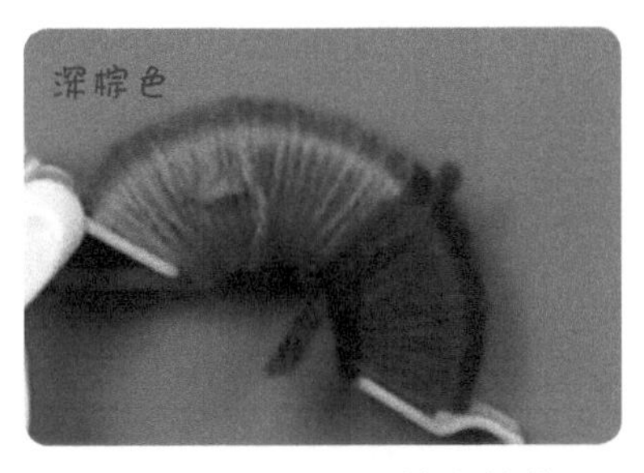

在 110° ~ 180° 的区域内缠绕 25 圈左右的深棕色毛线。

继续在 110° ~ 180° 的区域内缠绕 25 圈左右的白色毛线。

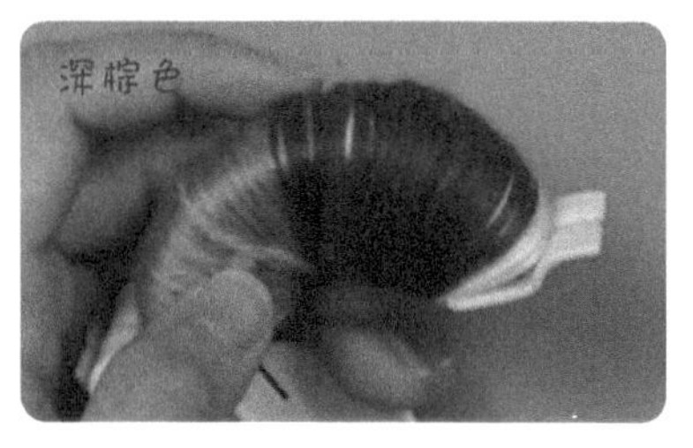

在 90°～170° 的区域内缠绕 40 圈左右的深棕色毛线。注意，绕线时可在绕线区域中间多绕几圈。

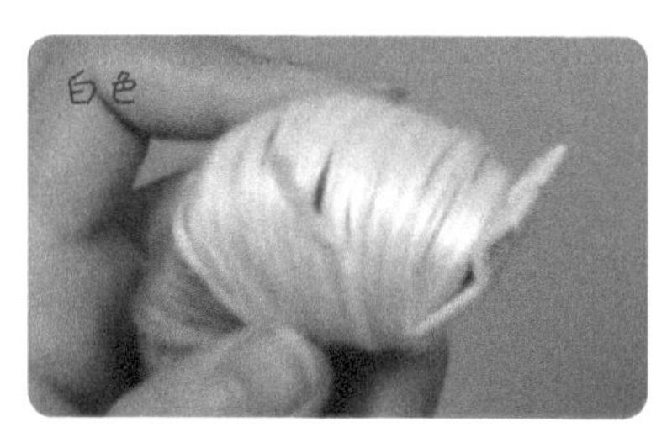

在 90°～180° 的区域内缠绕 40 圈左右的白色毛线。

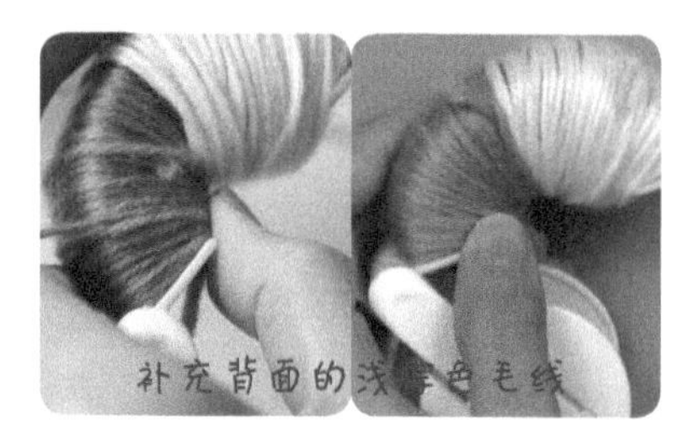

在 0°～90° 的区域内缠绕 50 圈左右的浅棕色毛线。

在 90°～170° 的区域内缠绕 38 圈左右的深棕色毛线。

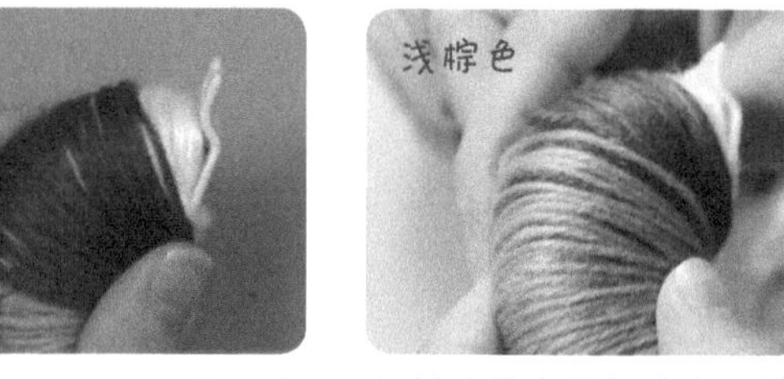

在制球器半圆部件上再缠绕 70 圈左右的浅棕色毛线。

下部绕线

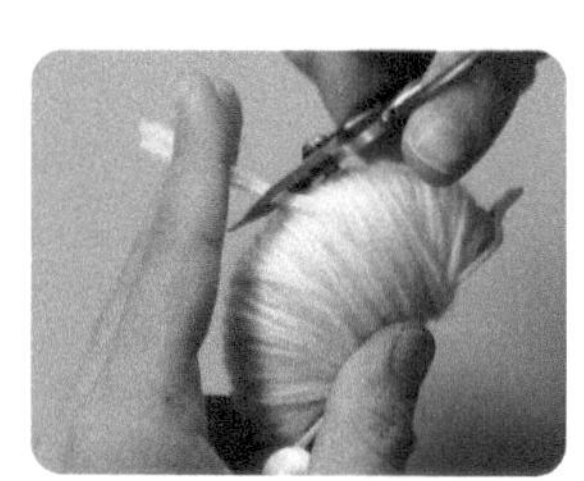

打开制球器的另一个半圆部件，在上面均匀地缠绕 400 圈左右的白色毛线。

特殊花纹毛线球绕线完成图

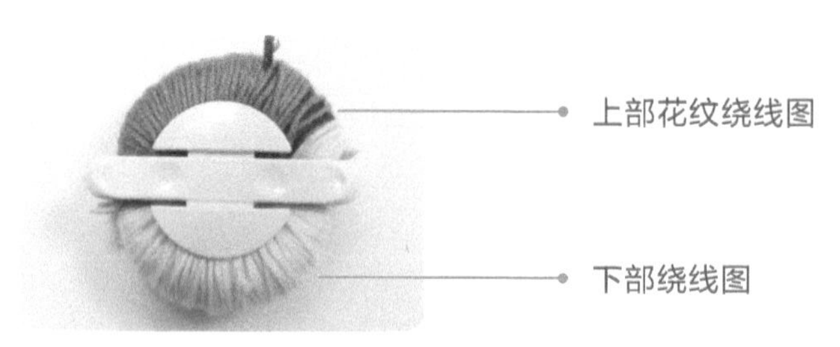

2.2.6 特殊花纹毛线球变花栗鼠的制作

上一小节做出的特殊花纹毛线球可以用来制作花栗鼠。制作花栗鼠，重点在于修剪出花栗鼠头小腮大且凹凸有致的整体造型，再安上耳朵和眼睛等细节，呆萌的花栗鼠就做好了。

多角度效果图展示

修剪前

修剪后

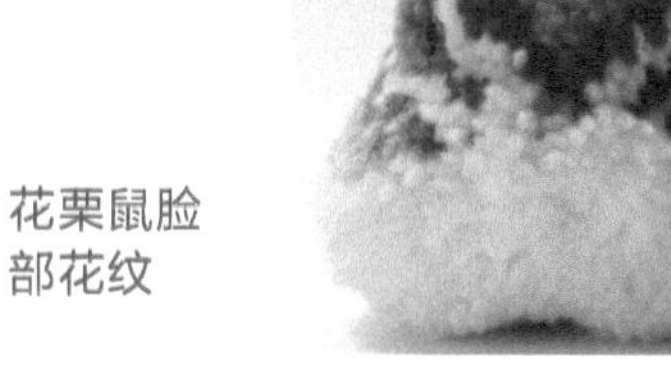

材料、工具与配件

材料、工具与配件名称

1. 毛线：浅棕色、深棕色、白色
2. 6.8cm 毛线制球器
3. 羊毛：深棕色
4. 6mm 针插式黑豆眼

制球

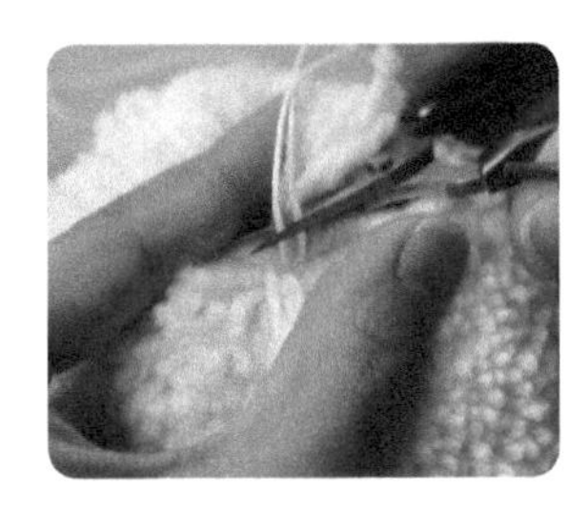

01

合上制球器后，用剪刀沿制球器中间的缝隙剪开毛线，并用绑线从制球器的中间将毛线球捆紧，取下制球器后剪掉多余的绑线，花栗鼠毛线球制作完成。注意，可在绑线的打结处涂上酒精胶水增强牢固性。

修剪

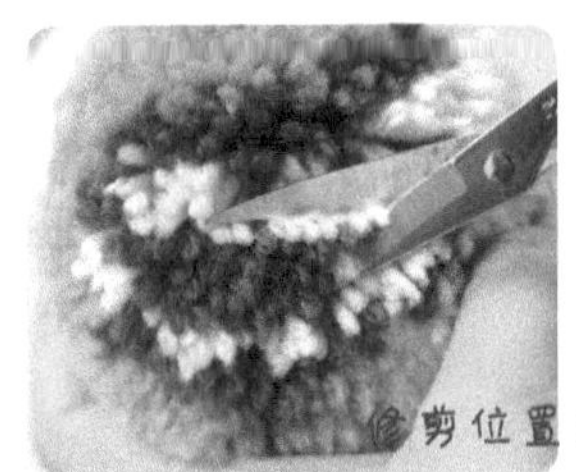
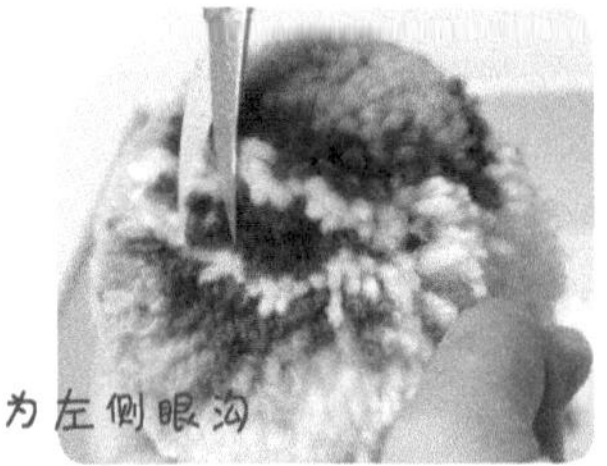

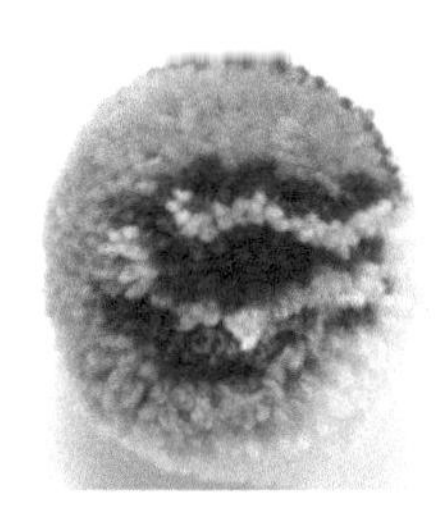

02

用弯头剪刀将毛线球表面修剪圆润。

03

用弯头剪刀修剪出花栗鼠的左侧眼沟，两条白色花纹夹着深棕色花纹的位置就是眼沟了。

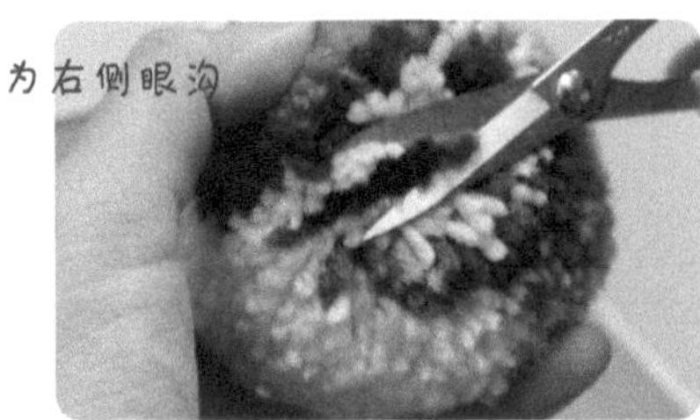

04

用同样的方法修剪出花栗鼠的右侧眼沟。

05

修剪花栗鼠的下巴。将下巴的中间位置剪凹进去，这样能更好地突出花栗鼠鼓鼓的两腮。

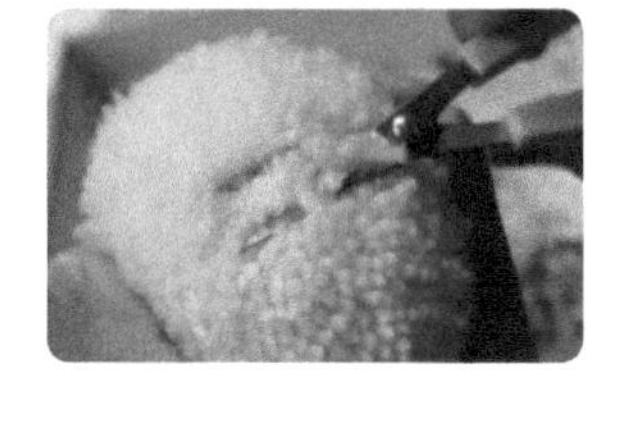

06

将花栗鼠嘴巴的形状修剪出来，嘴巴的形状类似于“W”，完成对花栗鼠整体造型的修剪。

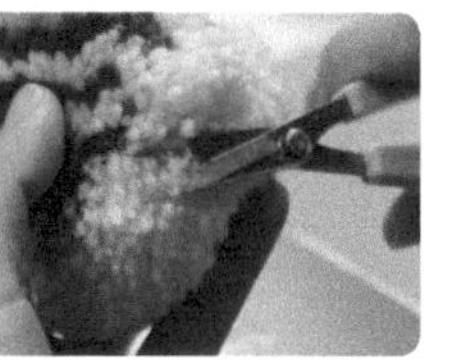

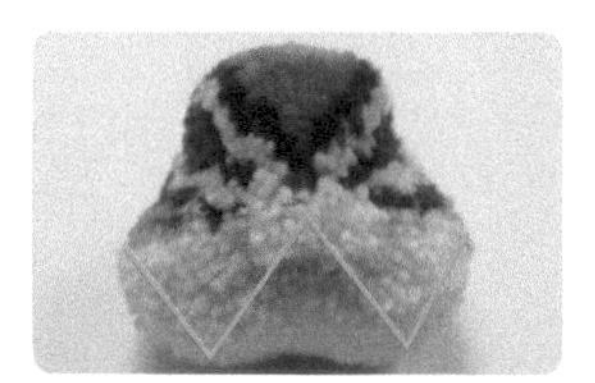

形象制作

07

取适量深棕色的羊毛，团成拇指般的大小和形状，用戳针将其戳刺成薄片状，再反复戳刺羊毛薄片的侧面，直至戳制出花栗鼠的耳朵造型。

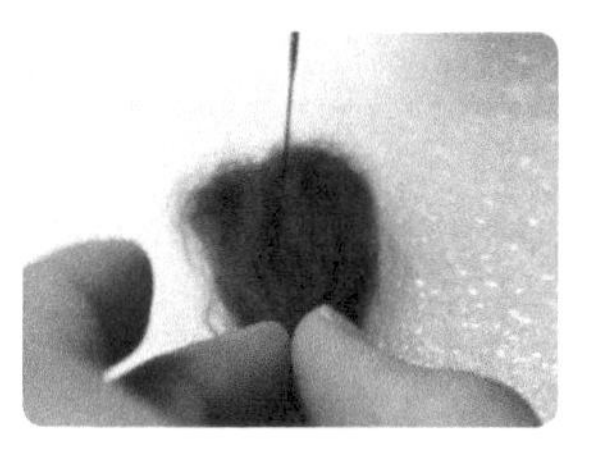
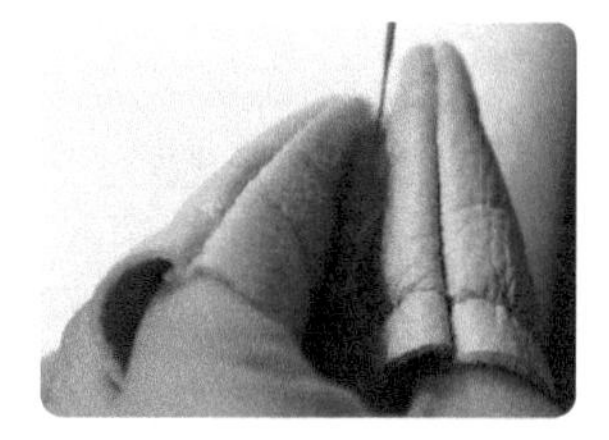
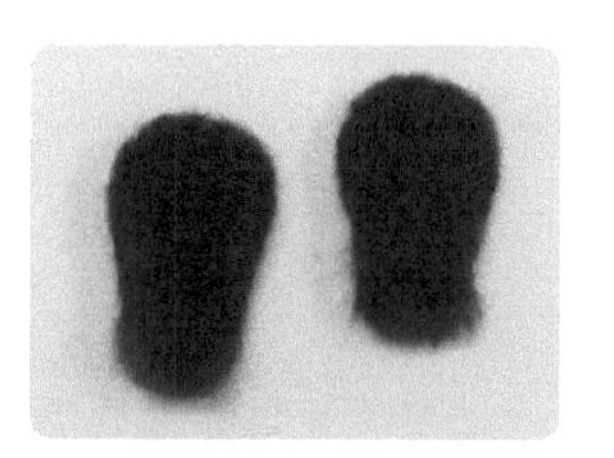

08

调整好耳朵的形状后拨开花栗鼠头顶两侧的毛线，用戳针将耳朵插入毛线中，再滴上酒精胶水将其固定住。

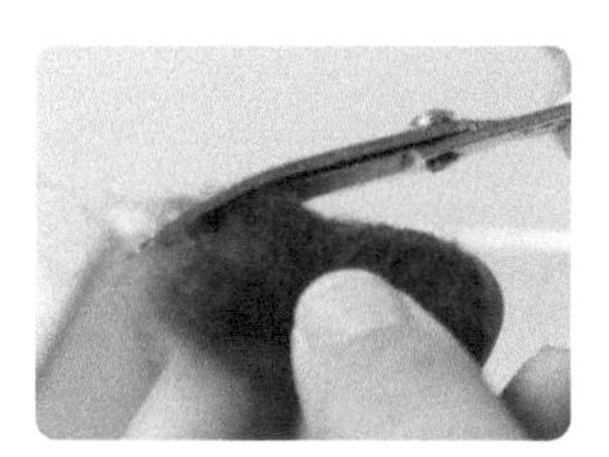

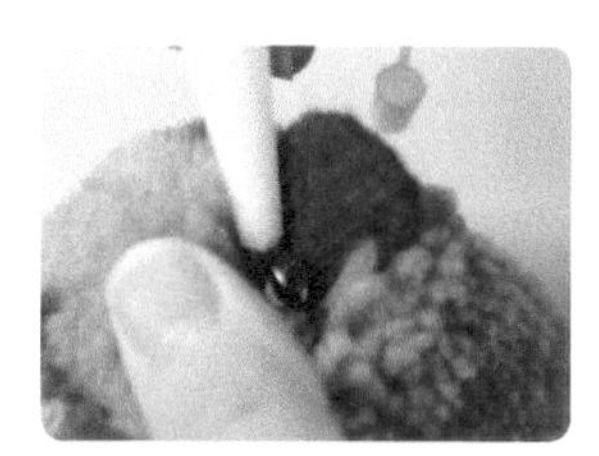

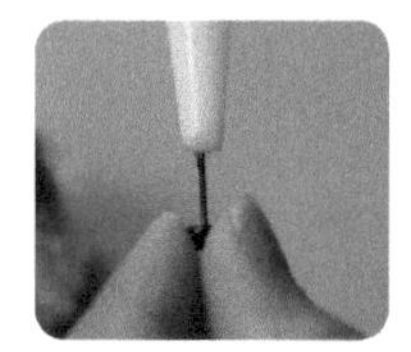

09

准备一对 6mm 针插式黑豆眼，在眼睛的杆子上涂上酒精胶水，将眼睛插入眼部的合适位置。呆萌的花栗鼠就制作完成了。

2.3 羊毛毡的应用

在本书中会使用羊毛制作毛线球小动物，因此我们需要了解一些关于羊毛毡制作的内容，以便做出精致且逼真的毛线球小动物。

2.3.1 羊毛毡的戳针技巧

戳针可以让羊毛快速毡化，从而制作出各种美观的羊毛毡作品。那么戳针该如何使用？戳针有哪些型号，它们各自又有哪些区别？下面，给大家介绍一下戳针的相关内容。

戳针型号及作用

细针：与羊毛的接触面最小，羊毛毡化速度慢，但最终的塑型效果较细致，主要用于局部或细节部位的戳制，如小动物的眼睛、耳朵等面部起伏区域。

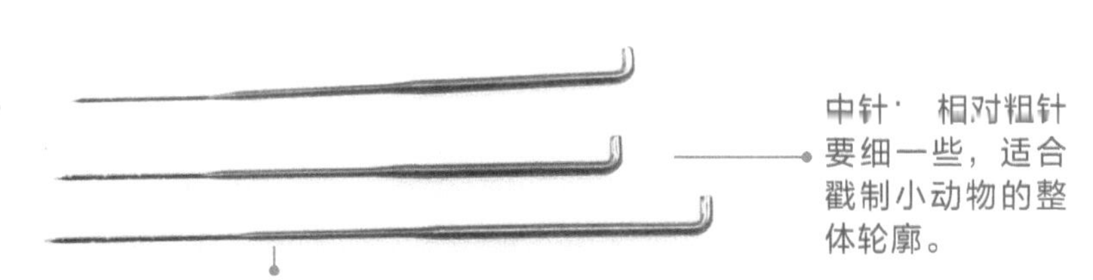

中针：相对粗针要细一些，适合戳制小动物的整体轮廓。

粗针：针粗，能使羊毛迅速毡化，但戳制出的成品表面粗糙、有杂毛，主要用来戳制较大的成品或平面等，一般不用于戳制细节。

戳针使用技巧

1. 戳针使用时要垂直刺入、垂直拔出，使用不当会出现断针的现象。

2. 戳针是有一定韧性的，弯曲变形时不可以继续用力戳刺，否则会出现断针的现象。

3. 根据戳刺物的紧实度更换不同型号的戳针进行戳刺。

2.3.2 羊毛的混色

当没有我们需要的羊毛颜色时应该怎么办？这时，我们可将羊毛进行混色加工得到不同的颜色。羊毛混色并不是改变羊毛本身的颜色，只是通过叠加几种颜色，在视觉上感觉颜色有了变化。在制作英国短毛猫的耳朵时，我们就使用了混色方法。

羊毛混色演示

此处混色演示以灰紫色和灰色羊毛为例。

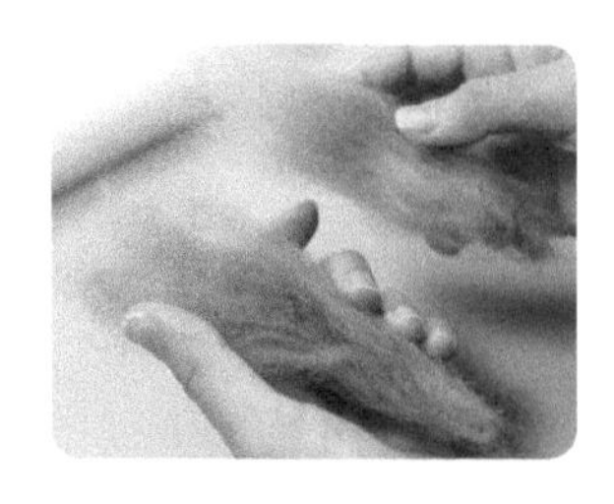

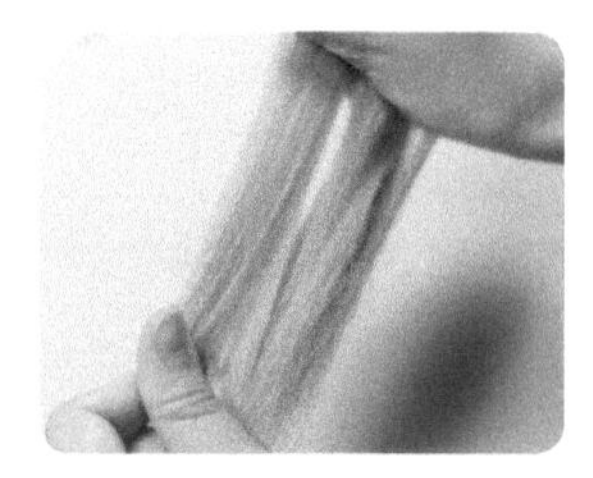

01

取出灰紫色羊毛和灰色羊毛，用手拉扯两种不同颜色的羊毛，将它们混合在一起，然后继续拉扯羊毛，让羊毛重叠。

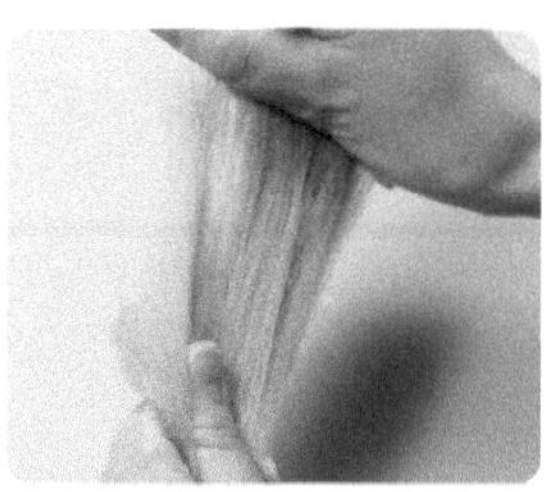

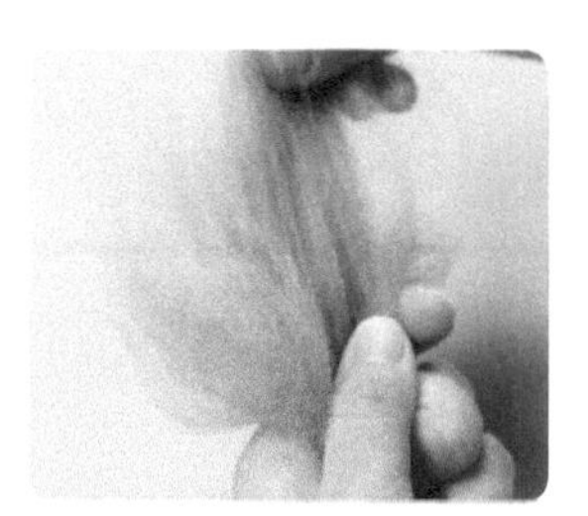

02

不断重复以上操作，直至混合的羊毛颜色变得均匀。这样，我们就得到了一个新的羊毛颜色。学会了这个混色方法，大家就可以混合出自己想要的羊毛颜色，例如白色与黑色混合就会得到灰色。注意，混色的羊毛比例不同，得到的颜色也会不同，大家可以动手多尝试一下。

2.4 羊毛的实际应用

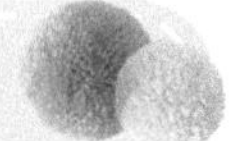

本书中制作的小动物，以毛线球为主体，但像小动物的五官和其他一些细节部件则需要使用羊毛来制作。

2.4.1 小动物五官的制作

毛线球小动物的鼻子、耳朵、嘴巴、舌头等五官部件，都可用羊毛来制作。

戳制鼻子

小猪的鼻子是椭圆状的，所以在用戳针戳制前要将羊毛先卷成椭圆状。

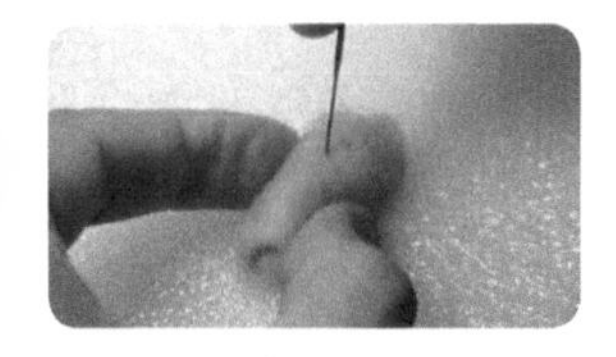

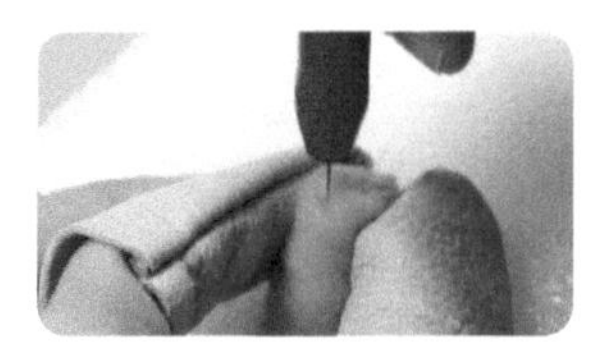

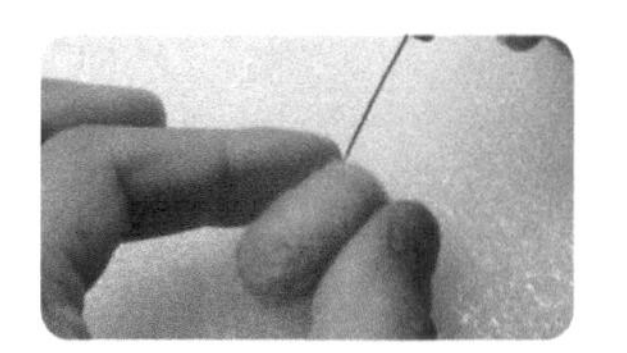

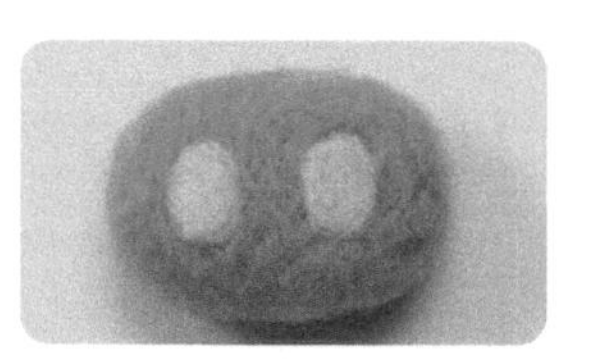

注意要将鼻子戳刺结实，在戳制过程中需要不断调整鼻子的形状，同时戳出小猪的鼻子特征，如椭圆的外形和平整的鼻面。

戳制鼻子

蝌蚪状的鼻子，其长长的羊毛须能使鼻子牢牢地与毛线球主体固定在一起。

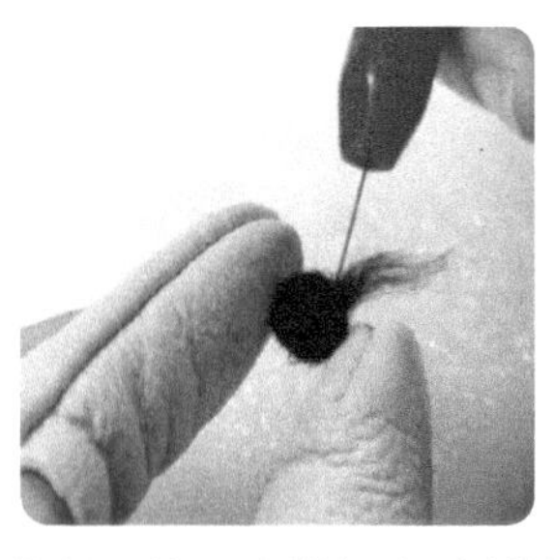
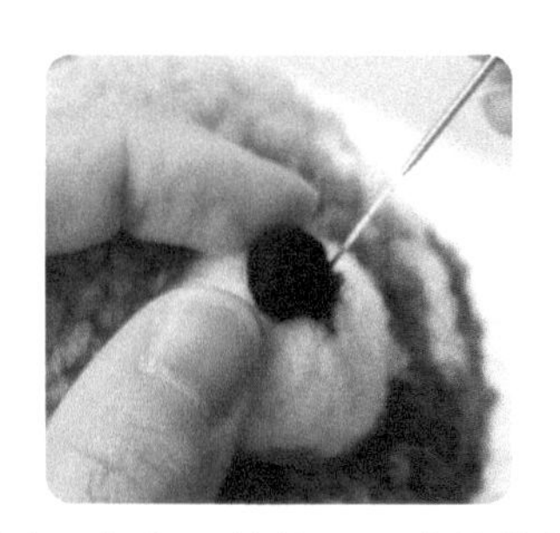

制作蝌蚪状的鼻子时，可先将羊毛的一头卷起来戳制结实，把保留的羊毛须戳刺进鼻子所在区域，再将戳刺结实的部分与毛线球主体连接的区域牢牢固定住。

戳制嘴巴

分别用两根细羊毛线，采用交叉戳刺的方法进行戳制，这是制作小动物嘴巴常用的方法。

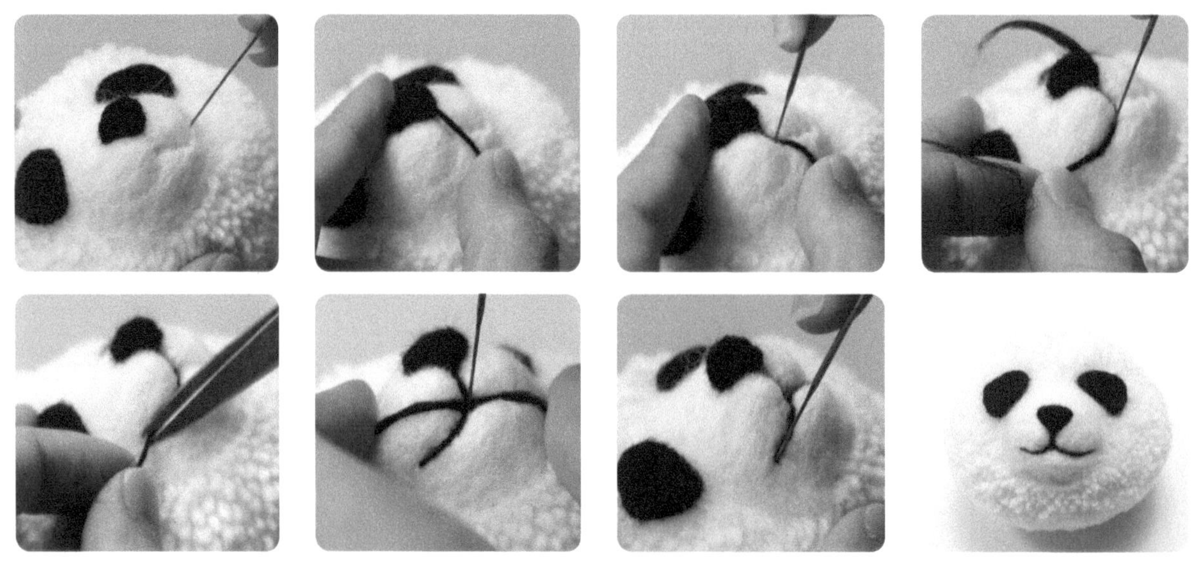

小动物的表情一般都是通过嘴巴的形状来表现的，所以要戳制出准确的嘴巴形状。制作嘴巴时，可先用戳针在毛线球的嘴部位置戳出嘴巴的形状，确定位置后再将细线戳入其中，就完成嘴巴的制作了。

戳制耳朵

小猪的耳朵是三角形的，所以要先将羊毛对折成三角形后再用戳针进行戳制。

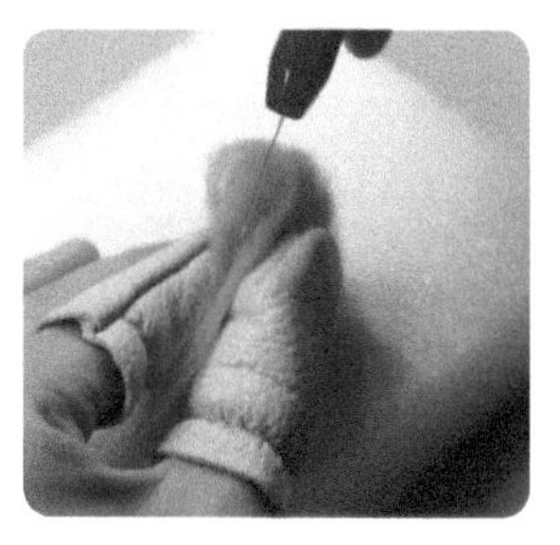

在戳刺薄片时，使用五针笔能大大提高制作的效率。但别忘了耳朵侧面也需要戳刺，注意调整耳朵的形状，保证两边的耳朵是对称的。

戳制舌头

将羊毛戳制出片状的舌头部件，用戳针将其固定在泰迪犬张开的嘴巴内，制作出狗狗伸舌头的造型。

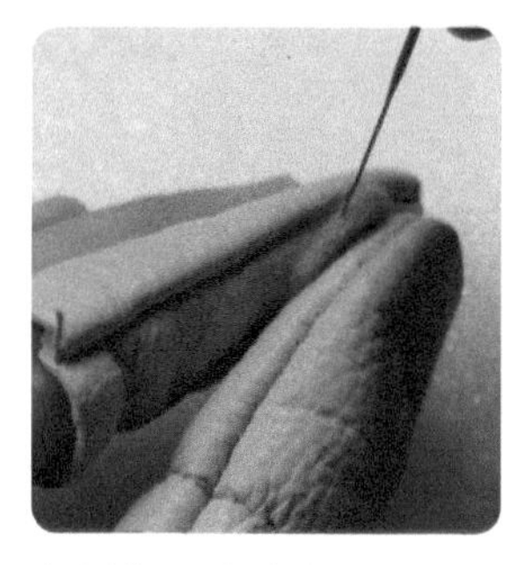
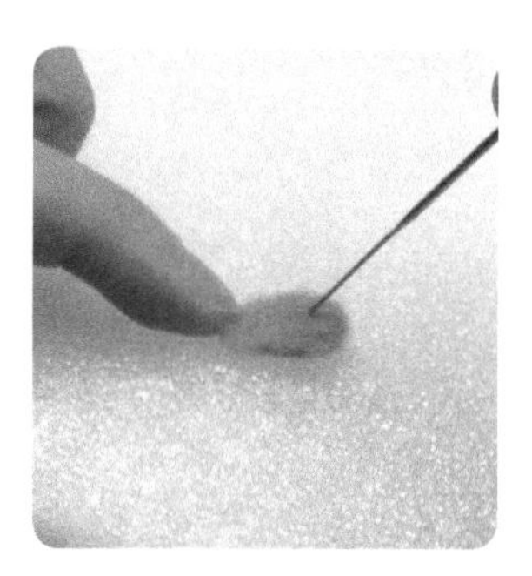
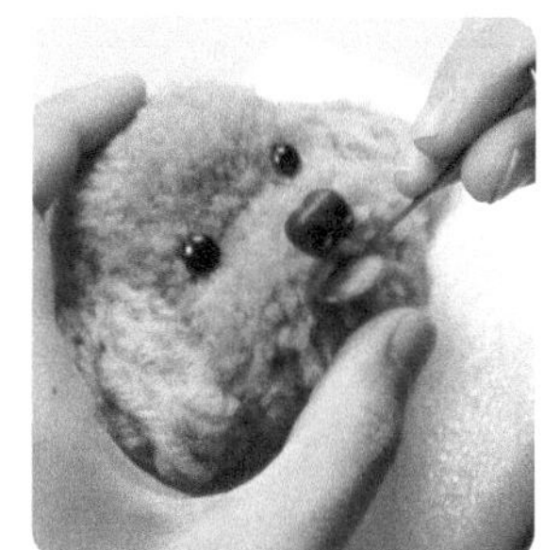

在制作舌头这类细小的部件时，都需要带上指套，保护手指。在固定舌头的时候要涂一些酒精胶水，这样能将其固定得更牢固。

2.4.2 小动物其他部件的制作

羊毛不仅可以用来制作小动物的五官，也可以用来制作小动物的眼线和牙齿，从而丰富它们的整体形象。

戳制眼线

在眼睛周围加一圈黑色眼线，这样可以让狐狸的双眼显得更有神。

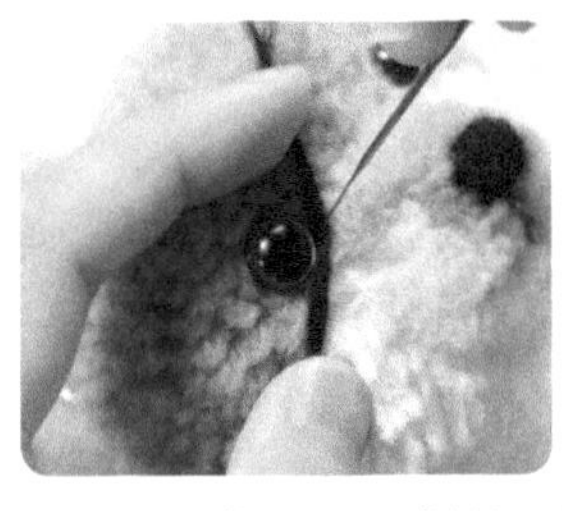
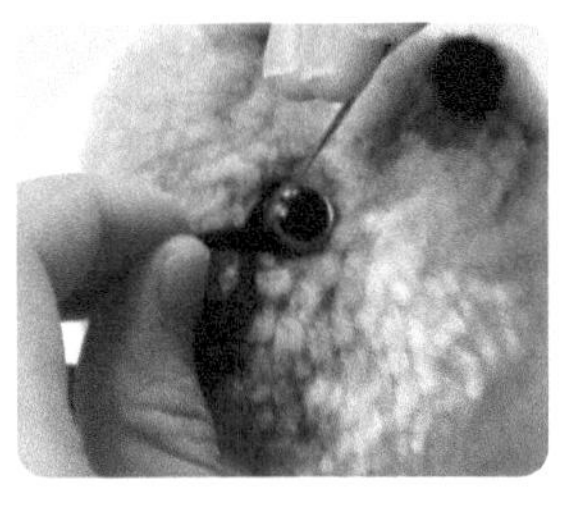

不同的动物有不一样的眼线，有些动物有长长的眼线，有些动物则没有。在添加眼线时，需要先将羊毛搓成细条状，然后将其围绕眼睛一圈再进行戳刺固定。

戳制腮红

把两个豌豆大小的羊毛团戳入小动物的脸颊，作为腮红。

用作腮红的羊毛团大小要一致，其制作方法有两种：一是可直接将羊毛团戳刺在脸颊处固定，二是先用戳针将羊毛团戳刺成结实的小团后，再用酒精胶水将其粘在脸颊处。

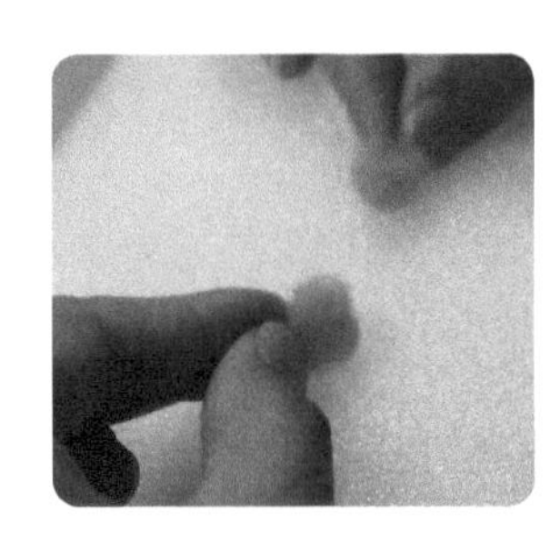

戳制牙齿

给大象粘上缩小版的象牙，大象是不是显得更萌了。

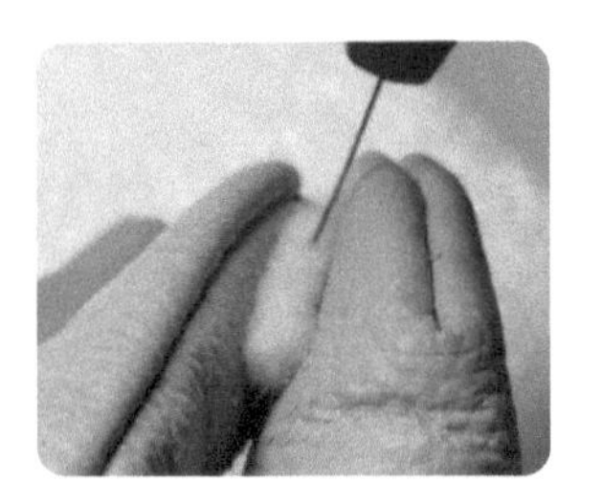

制作牙齿时要注意牙齿的大小和形状。例如大象的牙齿是一端细而尖，另一端粗一些，而且是有弯曲弧度的。

第3章

超简单的蓬蓬毛线球萌宠制作

本章将制作可爱的小动物，主要向大家讲解从基础的球状小动物到经过修剪转变为水滴状小动物和葫芦状小动物的制作过程。

3.1 从球状毛线球开始制作萌宠小猪

本案例的重点是制作出简单的球状小动物，以小猪为例进行讲解。小猪，宠物界的独特存在。制作宠物猪，我们要突出小猪圆滚滚的脑袋和椭圆状的鼻子，颜色选用白色和粉色这一绝佳搭配，呈现出一只完美又可爱的萌宠小猪。

多角度效果图展示

材料、工具与配件

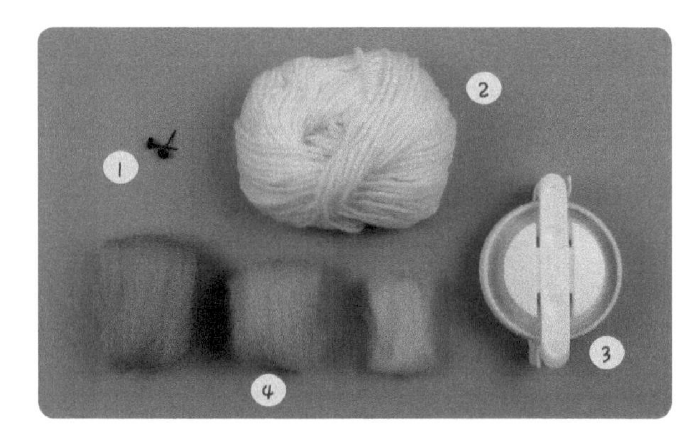

材料、工具与配件名称

1. 5mm针插式黑豆眼
2. 毛线：白色
3. 6.8cm毛线制球器
4. 羊毛：粉色、桃粉色、白色

绕线示意图

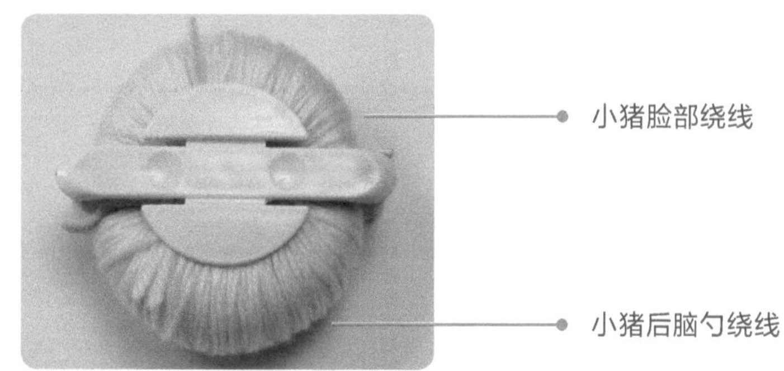

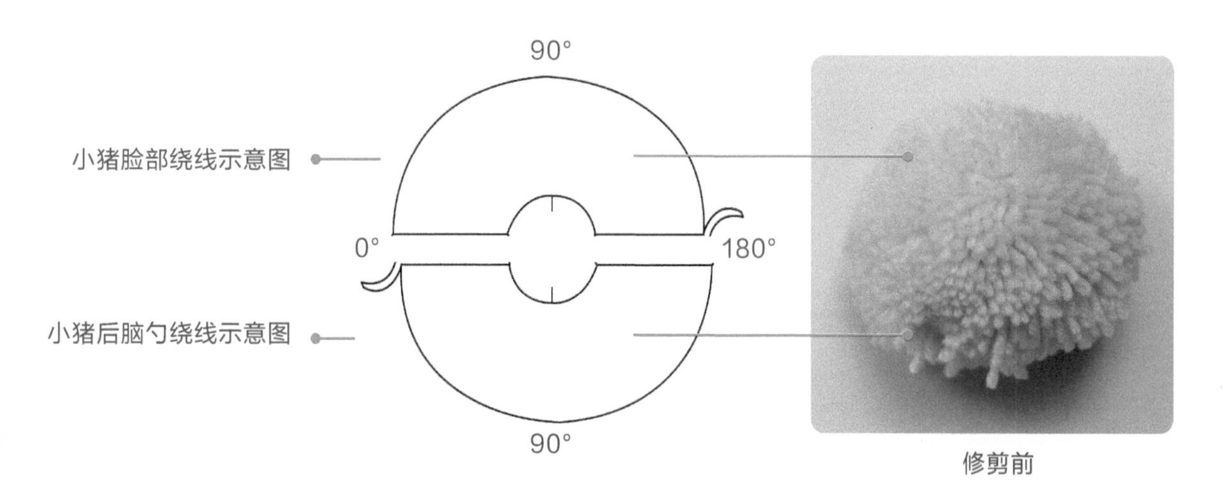

修剪前

制球

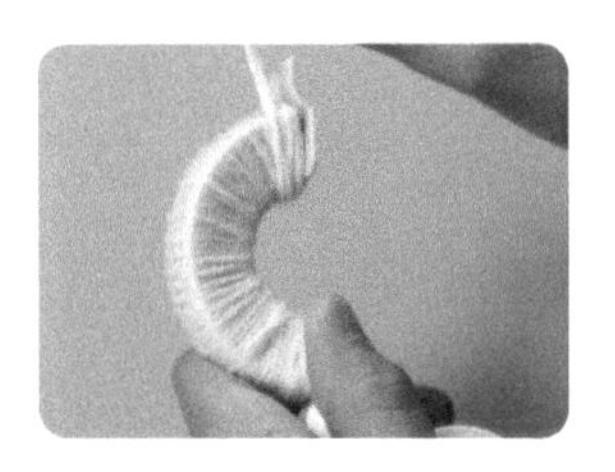
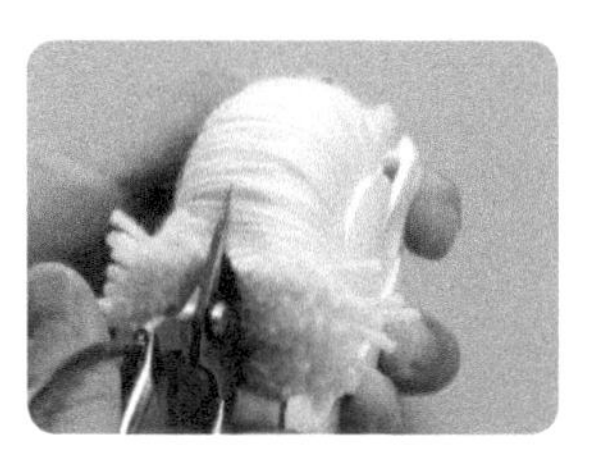

01

打开 6.8cm 的毛线制球器，分别在制球器的两个半圆部件上用白色毛线均匀地缠绕 450 圈，合上制球器，随后剪开毛线并用绑线捆绑固定毛线团，做出用于制作小猪的毛线球。

修剪

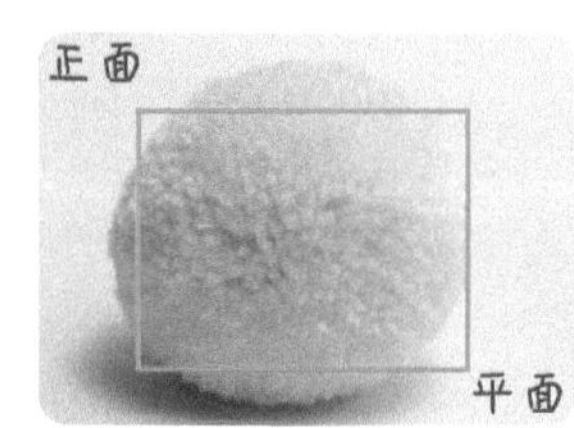

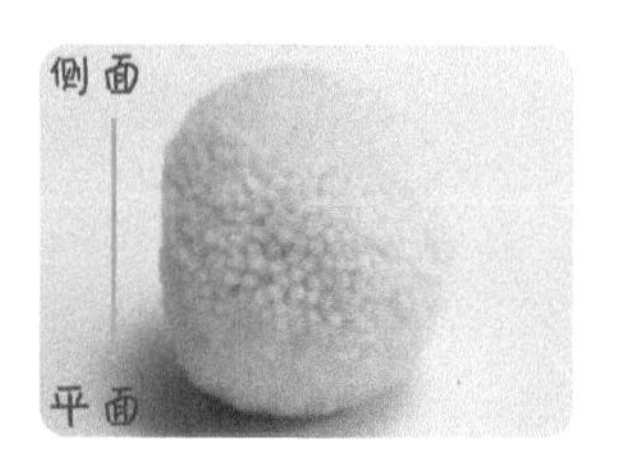

02

用弯头剪刀慢慢地将毛线球修剪成圆润的球状，接着将毛线球的一面修剪成平面作为小猪的脸部。（上右侧为修剪完成后的毛线球的正面与侧面效果图。）

形象制作

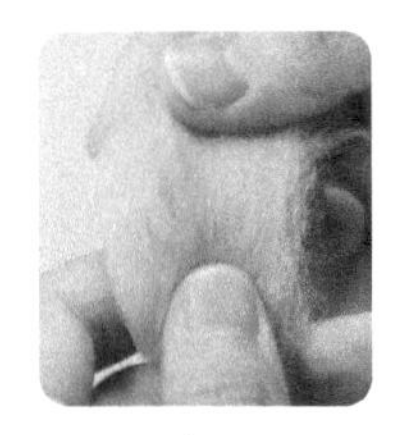
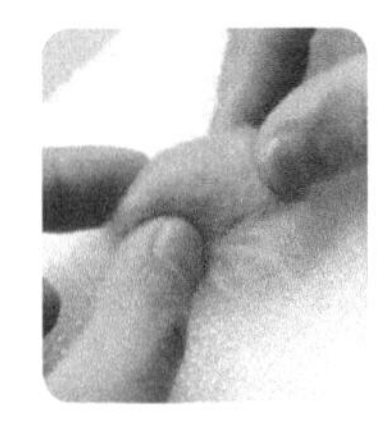

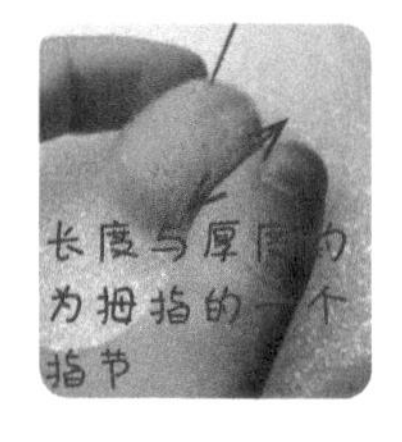

03

取适量粉色羊毛，卷一个长度与厚度约为拇指的一个指节的圆柱体作为小猪鼻子的主体。

04

用戳针反复戳刺羊毛直至戳出小猪鼻子的主体造型。注意，戳刺过程中最好戴上指套，以防手指受伤。

05

用戳针调整小猪鼻子的主体造型。

06

取少量白色羊毛，搓出两个绿豆大小的羊毛团，用戳针将其戳刺在粉色鼻子主体部件上（注意要对称），再将做好的小猪鼻子部件放在一旁备用。

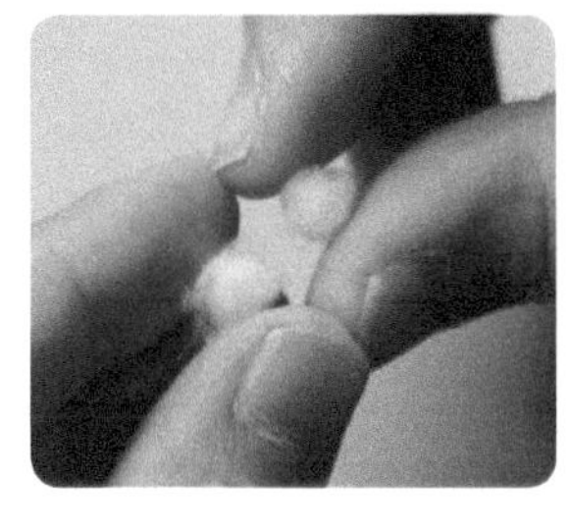
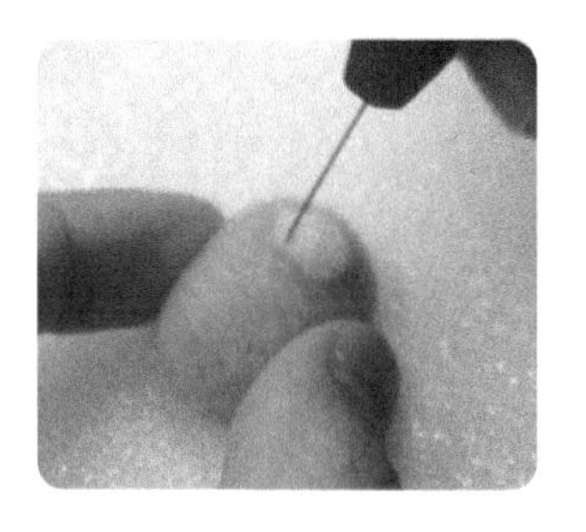
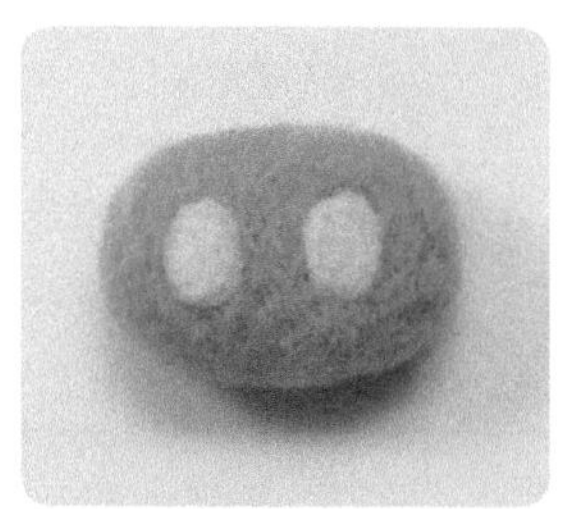

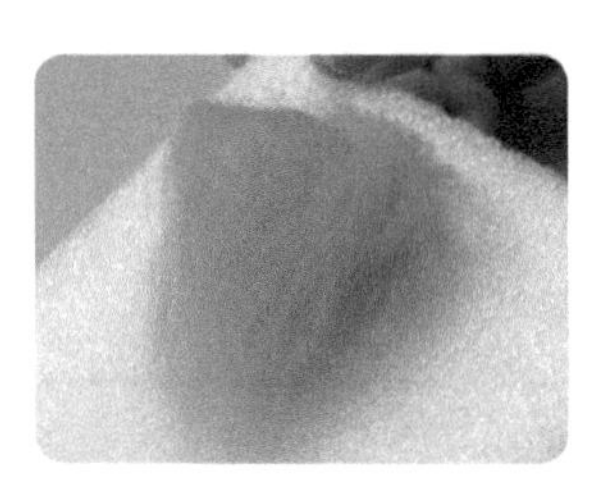

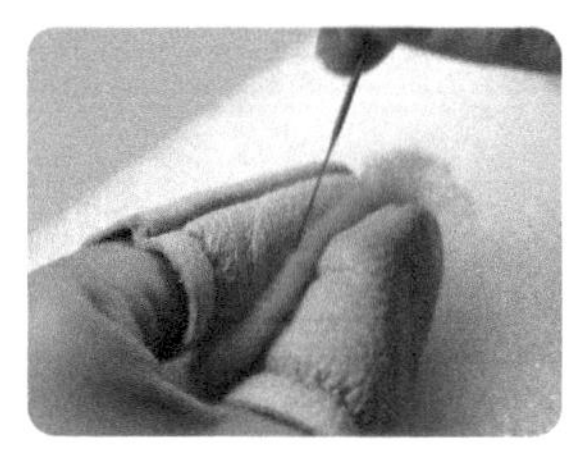

07

取适量桃粉色羊毛制作小猪耳朵。将羊毛铺在泡沫垫上并对折成三角形，用五针笔戳出均匀的片状三角形后，继续用戳针戳刺耳朵部件的两个侧边对其进行收边处理。用同样的方法制作出另一只耳朵。

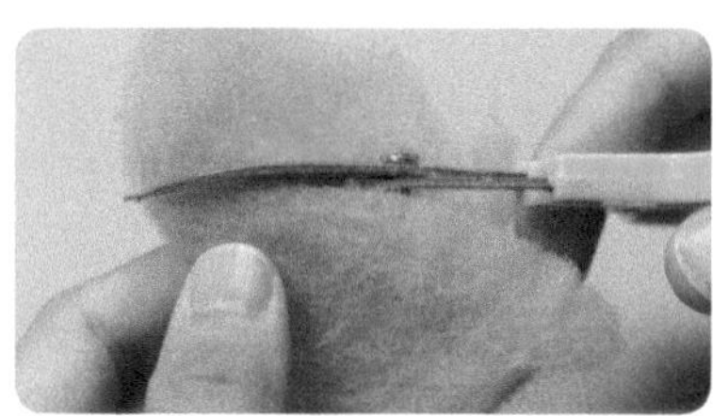

08

将做好的小猪耳朵和毛线球进行对比，用弯头剪刀将其调整到合适大小后放在一旁备用。

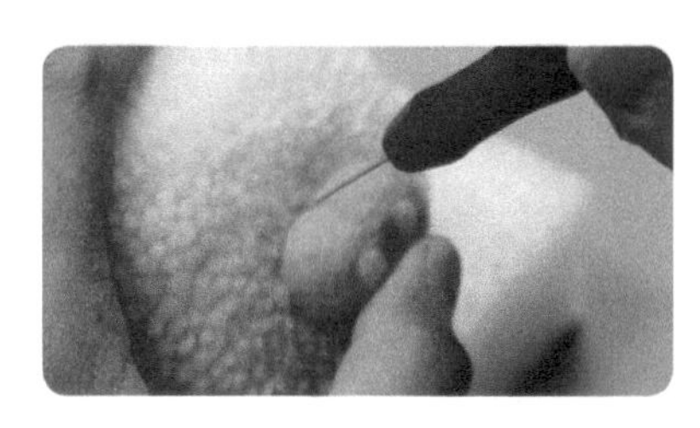

09

在给小猪鼻子中间涂上酒精胶水后，把鼻子粘在毛线球中间靠下的位置并用戳针戳刺鼻子边缘，使其粘得更牢固。

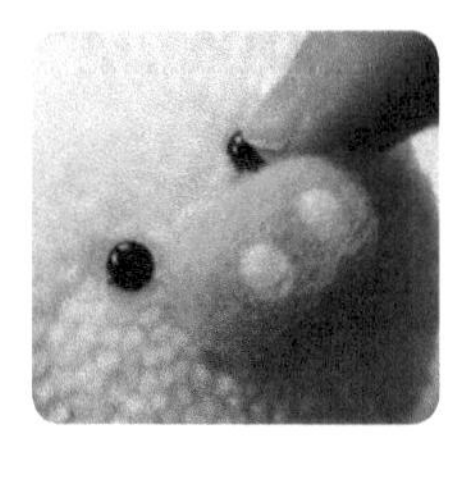

10

将准备好的一对 5mm 针插式黑豆眼涂上酒精胶水后插入眼睛所在位置并固定住。

11

在小猪头顶确定耳朵的位置，把耳朵放入拨开的毛线中并用戳针戳刺固定（观察耳朵的位置是否对称、合适），如果担心耳朵移位可以涂酒精胶水固定。

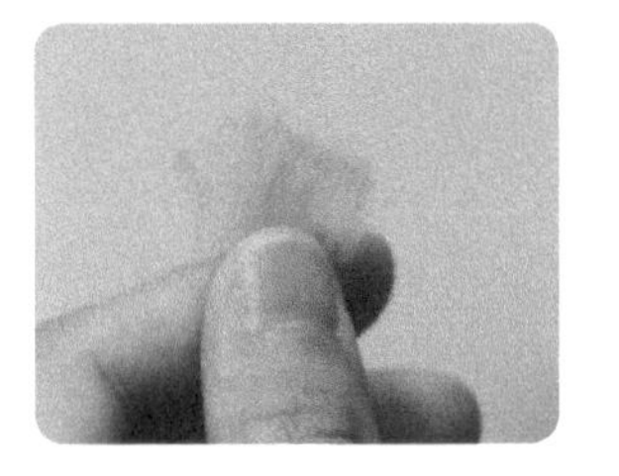
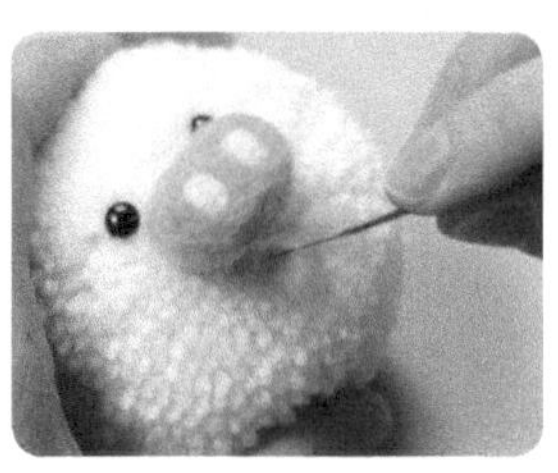

12

取少量桃粉色羊毛，用戳针将羊毛戳刺在小猪鼻子的正下方位置，为后面制作小猪的嘴巴做准备。

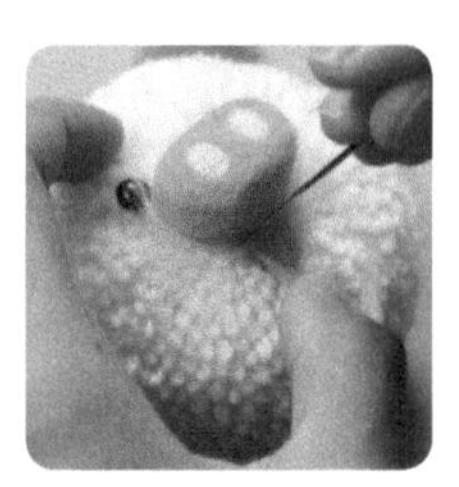
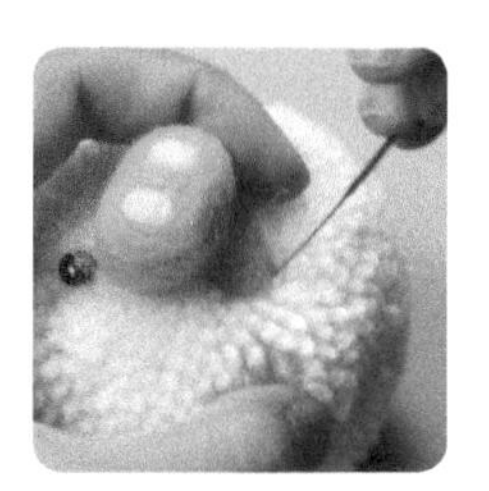

13

取少量浅粉色羊毛搓成细条状，从嘴巴的一端开始将其绕嘴巴外围一圈并用戳针戳刺固定，做出小猪的嘴巴。

14

取少量桃粉色羊毛，卷成两个豌豆大小的羊毛团，用戳针将其戳刺固定在鼻子两侧的合适位置作为腮红。至此，可爱的小猪就完成了。

3.2 从球状毛线球变水滴状毛线球制作萌宠小鸟

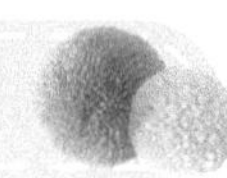

本案例的重点是在球状小动物的基础上，通过修剪将球状小动物变为水滴状的另一种小动物。本案例制作的小鸟，其胸部和头顶呈圆形，背部和腹部逐渐收至尾部呈尖角状，整个小鸟呈水滴状。

多角度效果图展示

材料、工具及配件

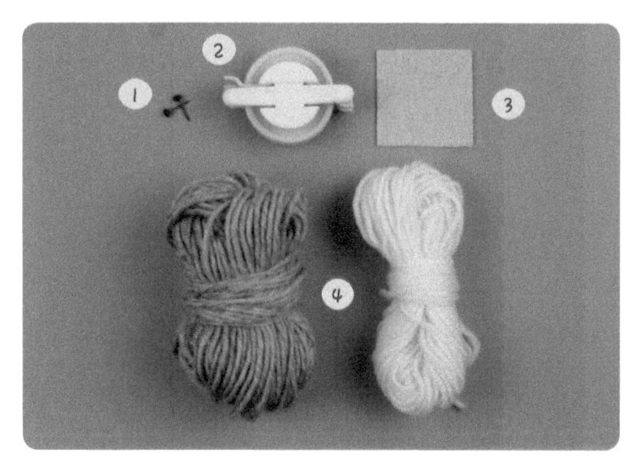

材料、工具及配件名称

1. 4mm针插式黑豆眼
2. 4.8cm毛线制球器
3. 不织布：黄色
4. 毛线：白色、灰色

绕线示意图

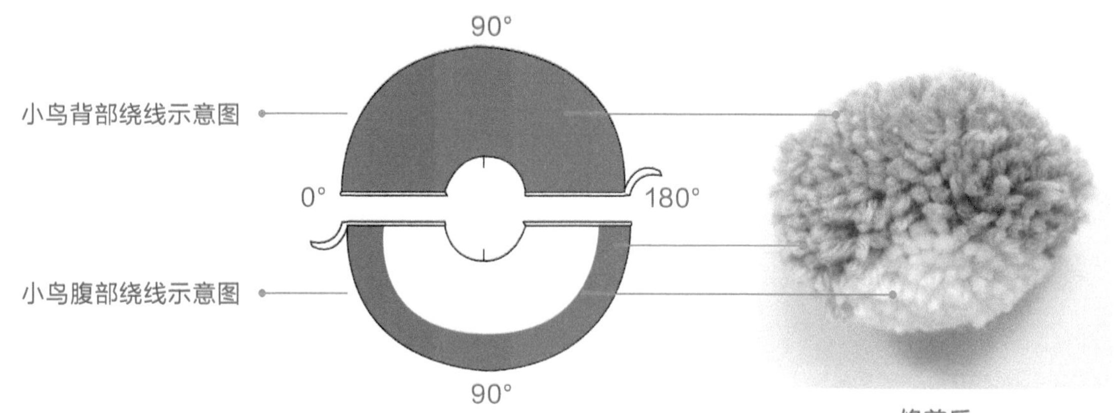

修剪后

制球

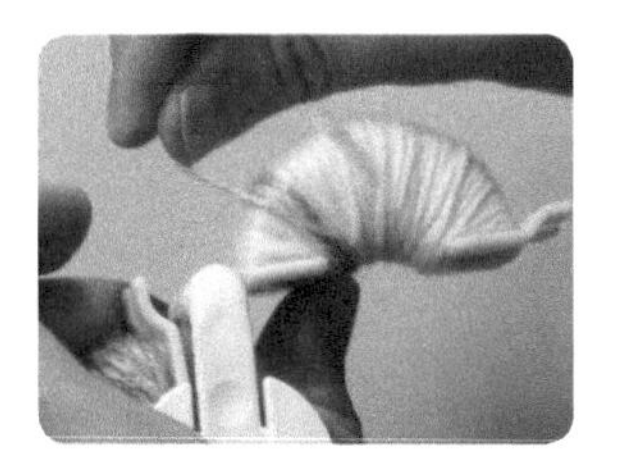

01

打开 4.8cm 的毛线制球器，在制球器的一个半圆部件上用灰色毛线均匀地缠绕 180 圈。

在毛线制球器的另一个半圆部件上，用白色毛线缠绕 100 圈，接着在白色毛线上均匀地缠绕 80 圈灰色毛线，绕线完成后固定线头，并合上制球器。最终绕线效果如上右图所示。

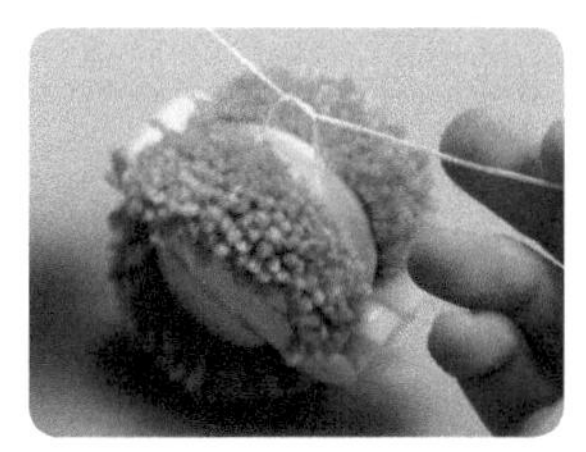

03

用剪刀剪开毛线，用绑线捆绑固定毛线团后取下制球器，用于制作小鸟的毛线球就做好了。注意，剪开毛线时要捏紧制球器，防止毛线散开。

修剪

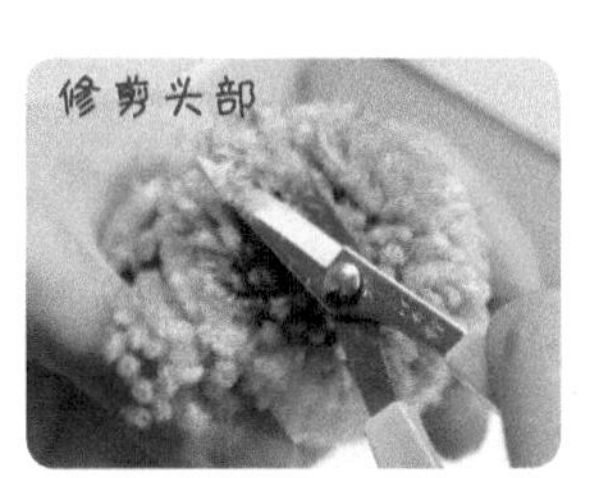

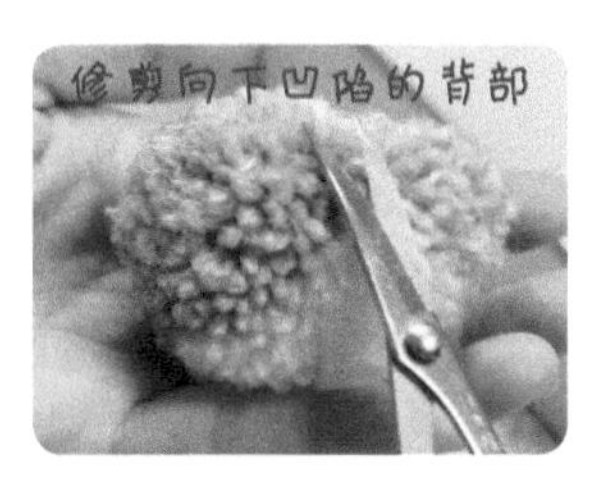

04

用弯头剪刀慢慢地将毛线球修剪成类似水滴的形状，作为小鸟的身体，如上右图所示。

形象制作

05

将灰色毛线剪成长 6cm ~ 8cm 的线段，拿多根打结，用戳针将打结线段戳刺在小鸟尾部和头顶位置，再用酒精胶水固定。

06

用弯头剪刀把尾部和头顶位置的毛线修剪一下，小鸟的尾巴和头顶上的羽毛就制作完成了。

07

将准备好的一对 4mm 针插式黑豆眼涂上适量酒精胶水后固定在小鸟的眼睛位置上。

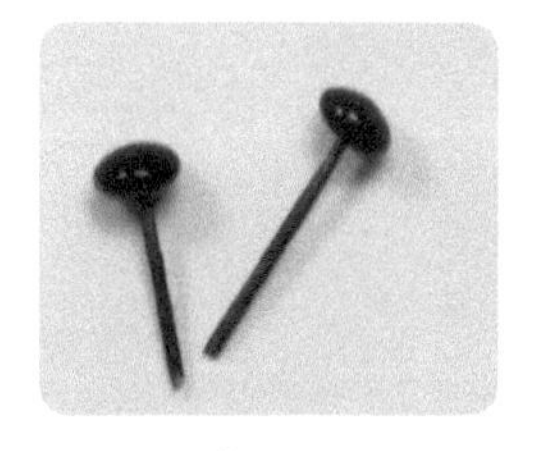
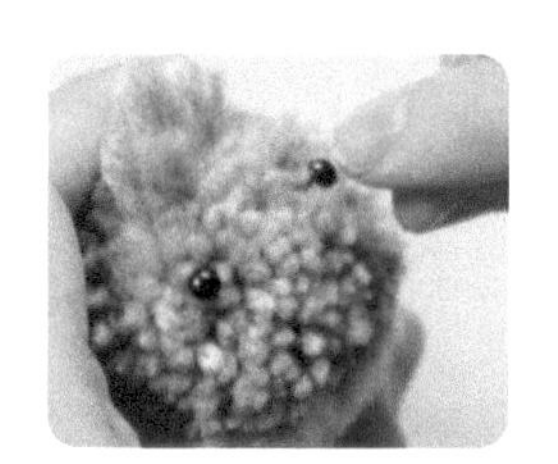

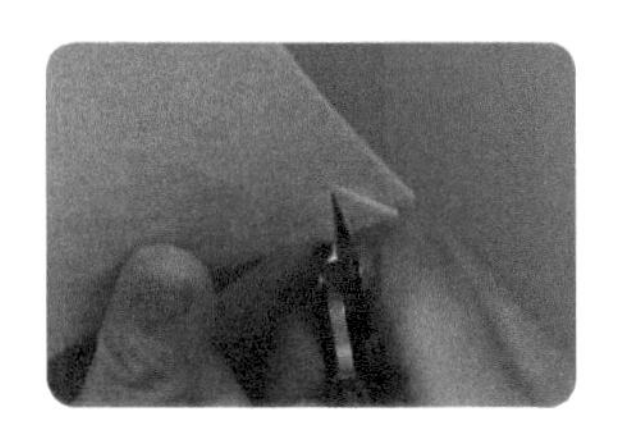
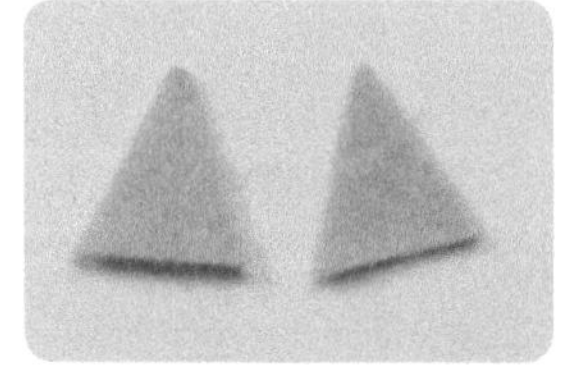
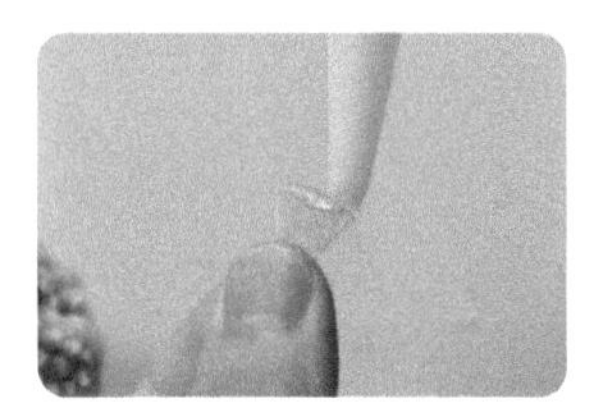
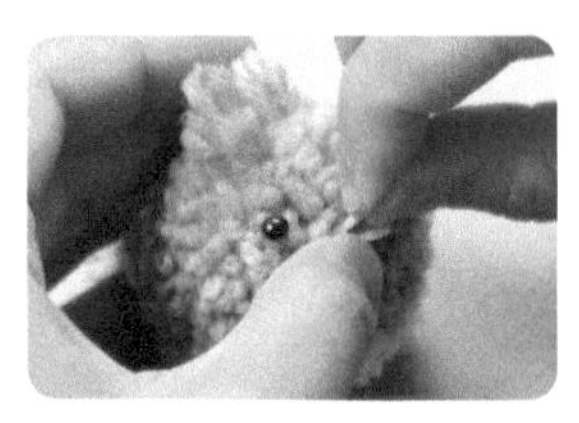

08

用黄色不织布剪出两块边长约 1cm 的三角形，涂上酒精胶水将其粘在小鸟的嘴部位置上作为嘴巴。至此，小巧的小鸟就制作完成了。注意，可用手调整小鸟嘴巴的形状。

3.3 从球状毛线球变葫芦状毛线球制作萌宠仓鼠

本案例的重点同样是在球状小动物的基础上，经过修剪将简单的球状小动物变为外形上稍微复杂一些的其他品种的小动物。就像本案例制作的仓鼠，基础形状为球状，经过修剪就变成了仓鼠独有的葫芦状造型。需注意的是，在修剪仓鼠这类外形较复杂的小动物时，要细致、有耐心。

多角度效果图展示

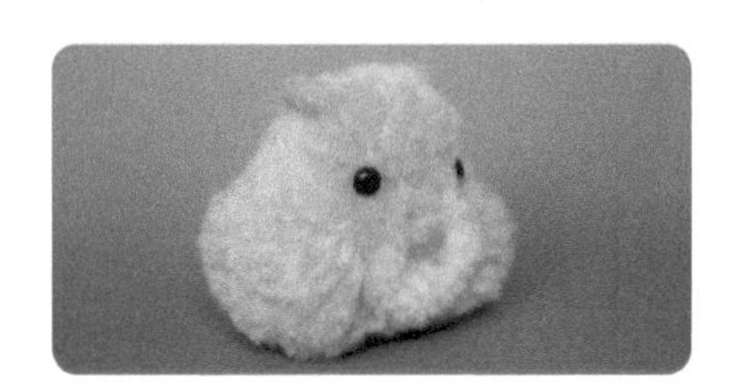

材料、工具与配件

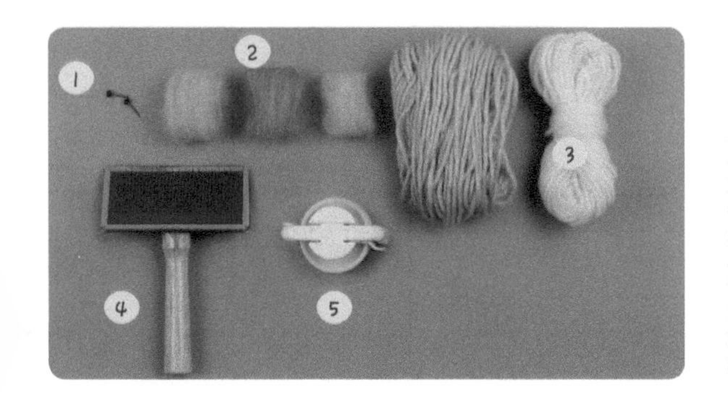

材料、工具与配件名称

1. 4mm针插式黑豆眼
2. 羊毛：米色、桃粉色、浅粉色
3. 毛线：米色、白色
4. 针梳
5. 4.8cm毛线制球器

绕线示意图

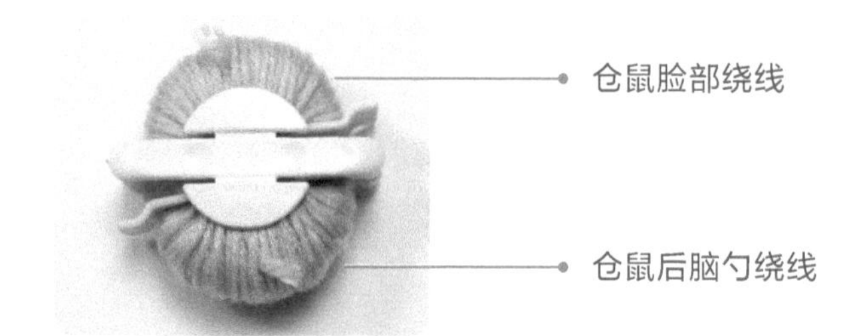

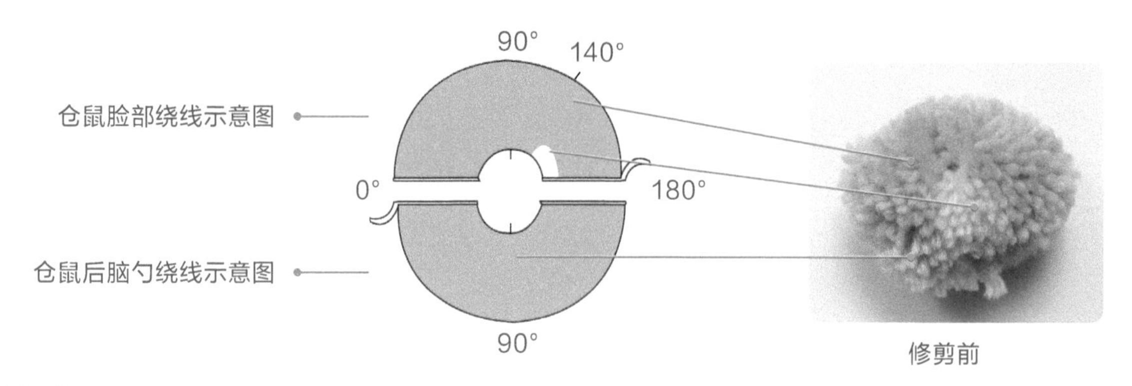

制球

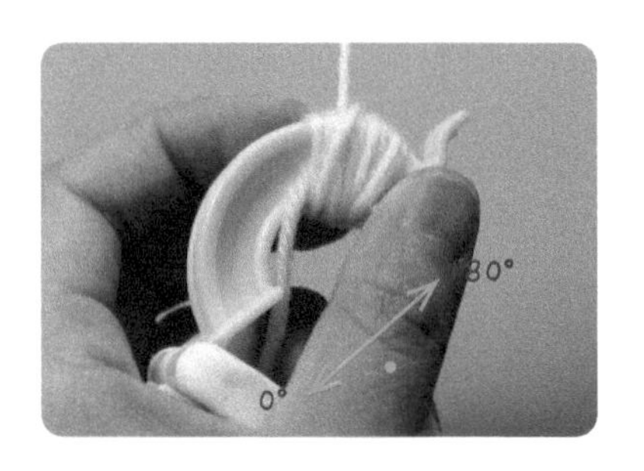

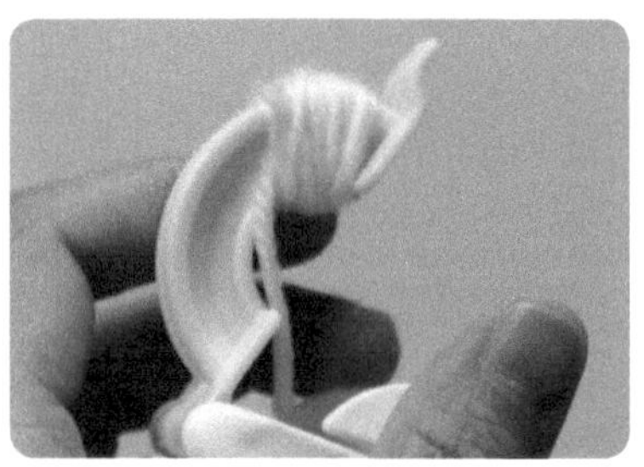

01

打开 4.8cm 的毛线制球器，在制球器的一个半圆部件的 140°～180° 区域内缠绕大约 22 圈白色毛线。

02

用米色毛线在整个半圆部件上均匀地缠绕大约 150 圈，完成一个半圆部件的绕线制作。注意，米色毛线要将白色毛线全部包裹住。

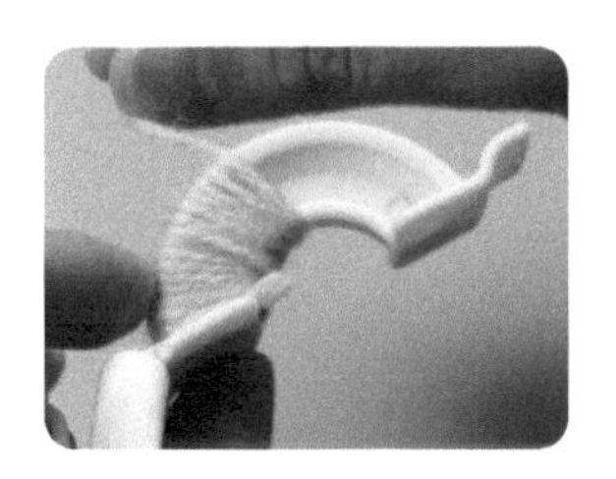

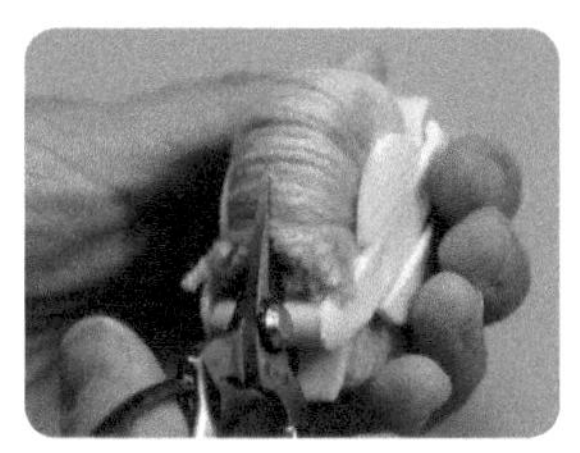

03

用米色毛线在制球器的另一个半圆部件上均匀地缠绕大约 165 圈，随后合上制球器，剪开毛线并用绑线捆绑固定，得到用于制作仓鼠的毛线球。

修剪

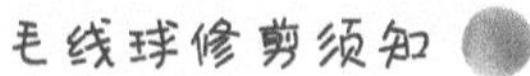

在仓鼠毛线球的基础上修剪仓鼠的具体造型时，先用剪刀剪出仓鼠凹陷的眼部和下巴，再慢慢地修剪出仓鼠鼓鼓的腮帮。修剪后的仓鼠呈一个矮胖的葫芦状。

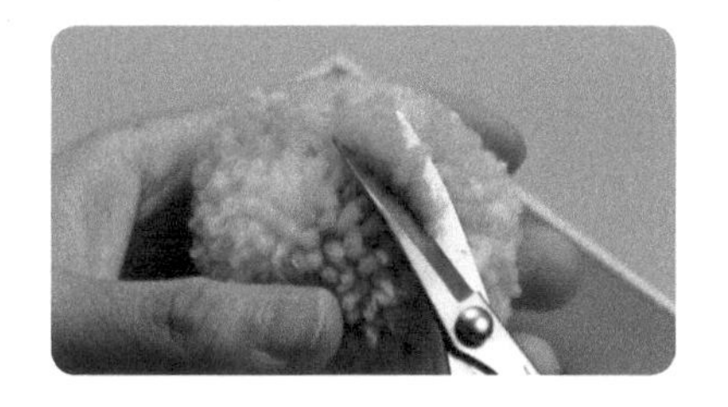

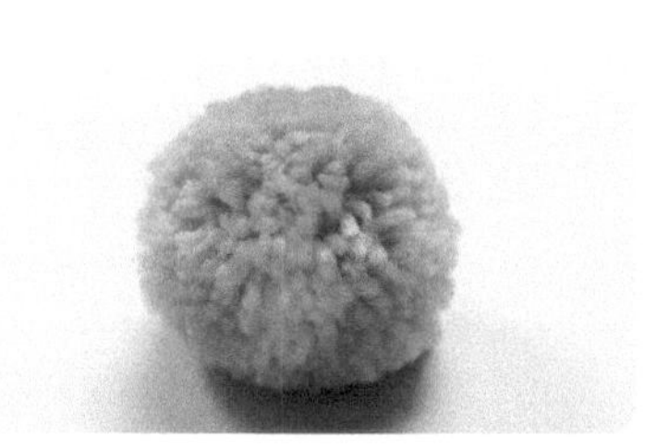

04

用弯头剪刀将表面参差不齐的毛线球修剪成圆润的球状。

05

用针梳梳理毛线，使毛线球更蓬松，呈现出毛茸茸的效果。之后再用弯头剪刀修剪毛线球表面，使其变得更圆润。

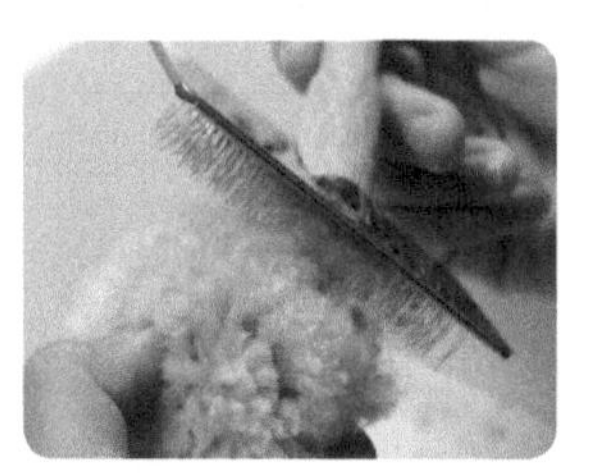

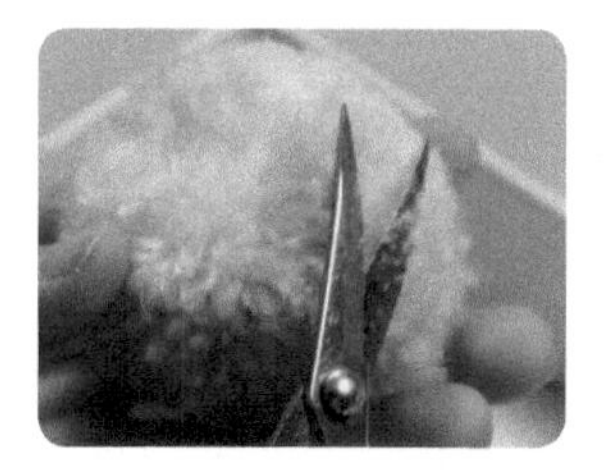

毛线球梳理知识须知 

1. 用针梳梳理毛线球可以使毛线球变得蓬松，呈现出毛茸茸的效果。
2. 梳理毛线球时，左手抓住毛线球，右手拿针梳轻轻梳理毛线球表面，使每根毛线都散开。
3. 注意梳毛的力度要轻，否则会将扎好的毛线拉出。

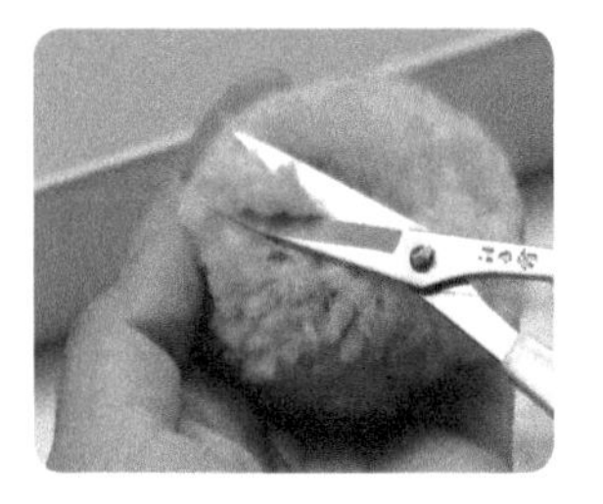

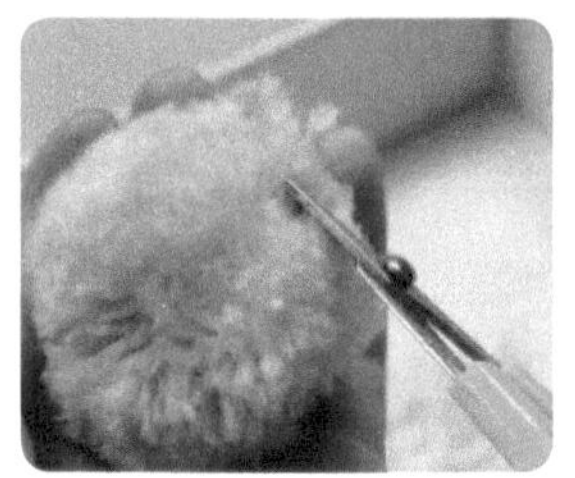

06

用弯头剪刀修剪出仓鼠眼睛凹陷的部分、仓鼠的头部以及仓鼠鼓鼓的腮帮，修剪完成后的效果如左图所示。

形象制作

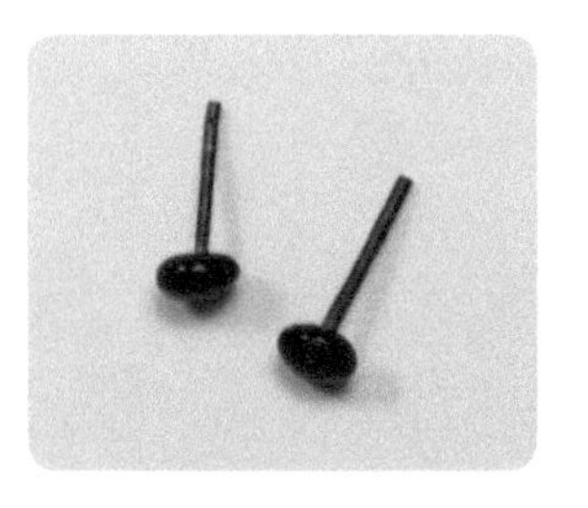

07

为准备好的一对 4 mm 针插式黑豆眼涂上适量的酒精胶水，将其固定在仓鼠脸部合适的位置。

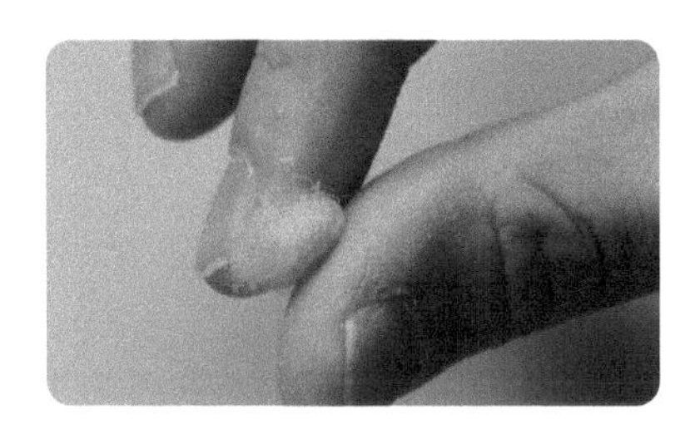
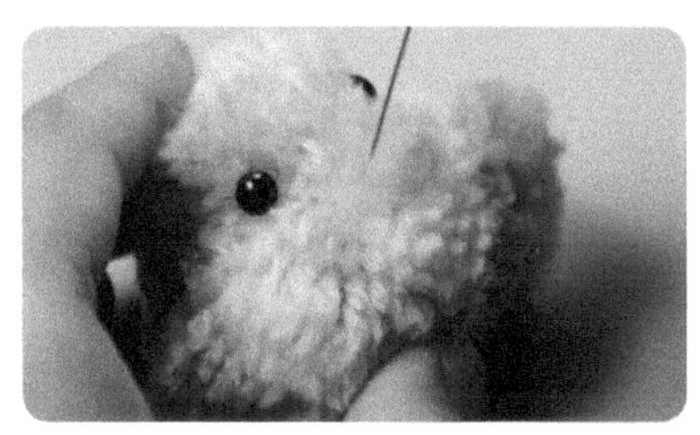

08

取少量桃粉色羊毛，搓出一个豌豆大小的圆团，用戳针将其戳刺固定在仓鼠脸合适的位置作为仓鼠的鼻子。

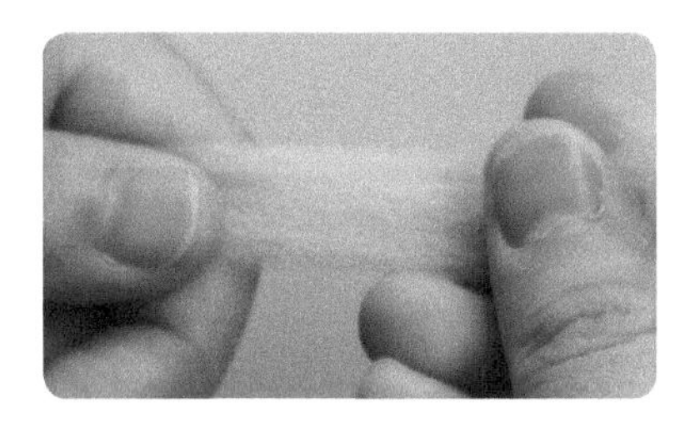
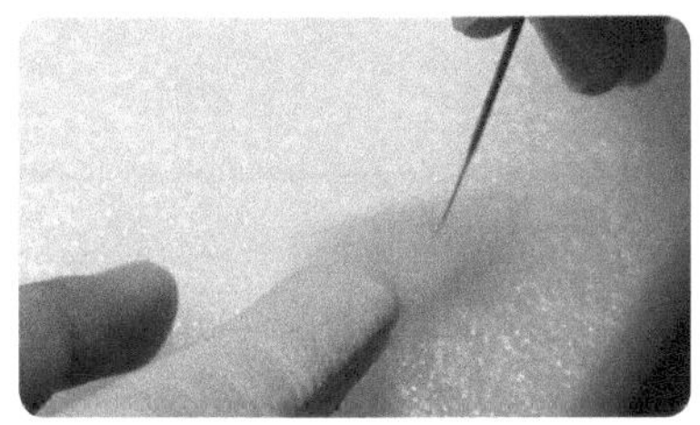
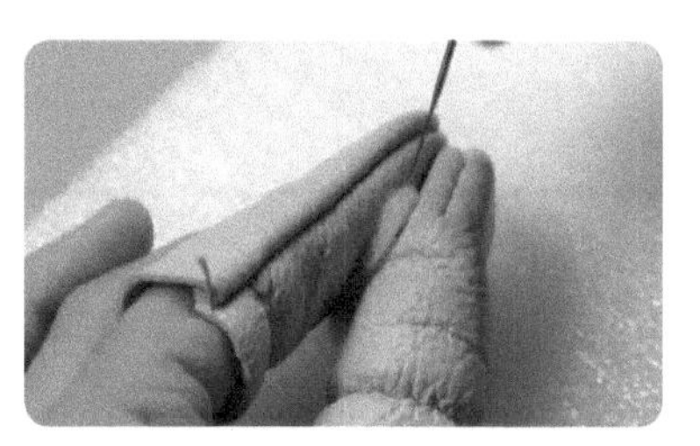

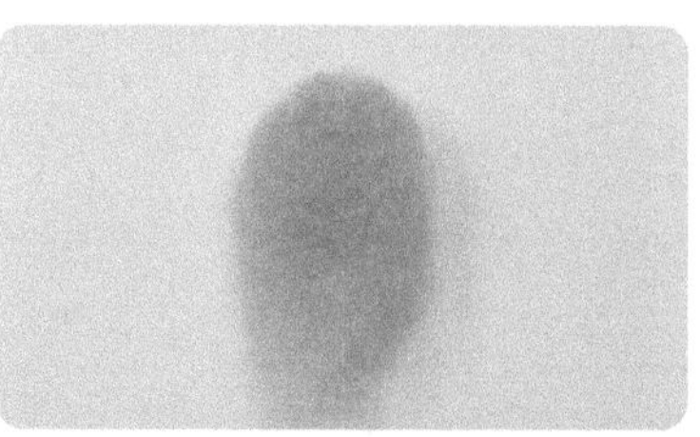

09

取少量米色羊毛做仓鼠的耳朵。先将羊毛叠成一个小方块并用戳针戳刺成薄片，再用戳针戳刺薄片侧面，做出仓鼠耳朵的造型，此时最好带上指套，以防手指受伤。

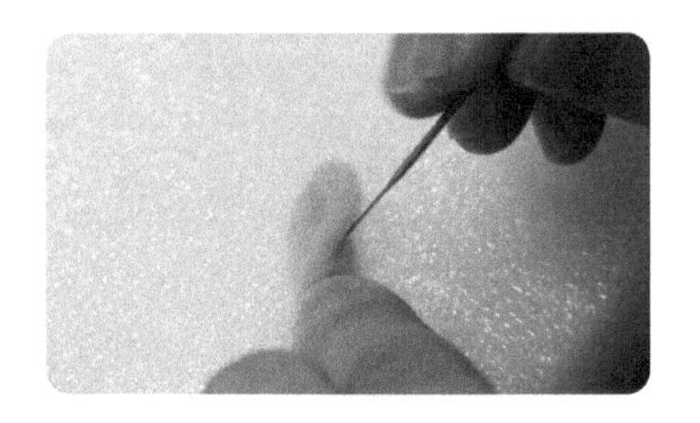
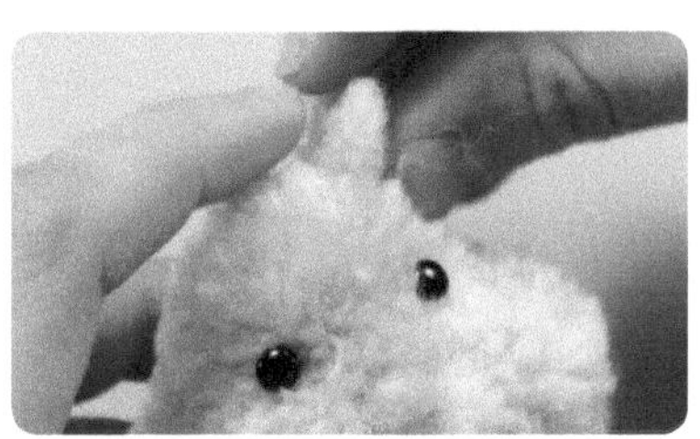
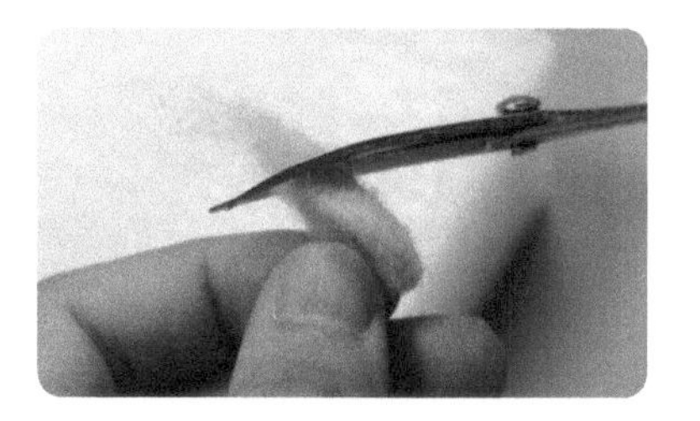

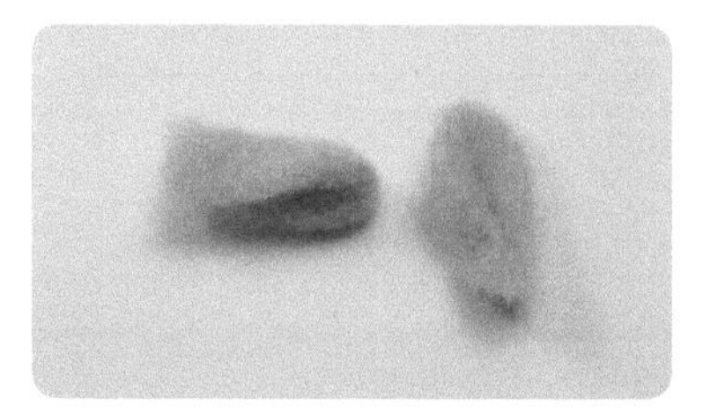

10

将仓鼠耳朵的下半部分对折，用戳针进行戳刺使其合在一起，把做好的耳朵放在仓鼠头顶比对大小是否合适，如果耳朵过长可用弯头剪刀进行修剪。至此，仓鼠的耳朵就制作完成了。

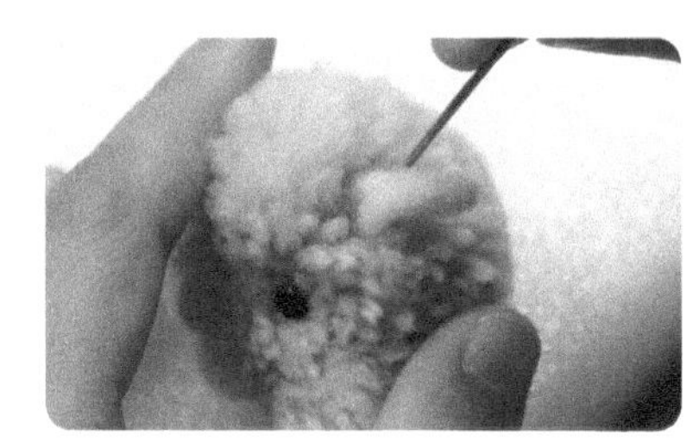

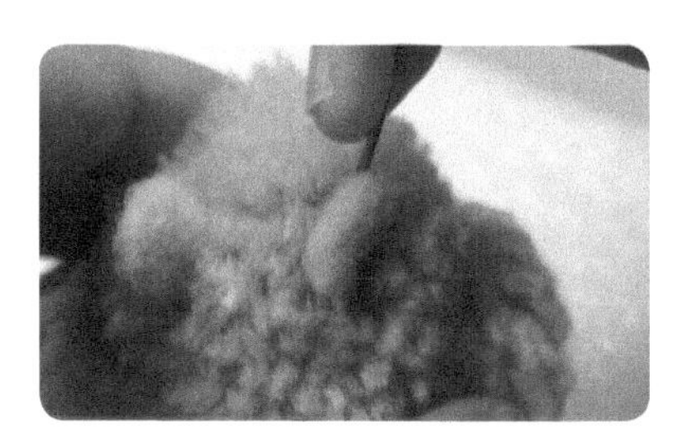

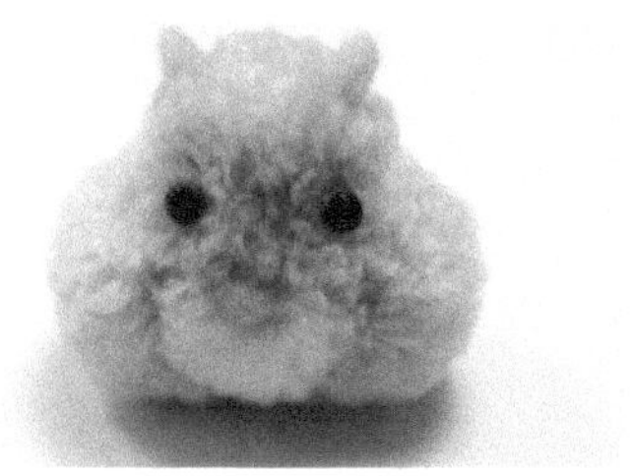

11

确定仓鼠耳朵的位置后，用手拨开毛线并放入耳朵，用戳针戳刺耳朵根部，确定两只耳朵对称后，即可进行耳朵的固定。还可在耳朵根部涂上酒精胶水让耳朵固定得更牢固。

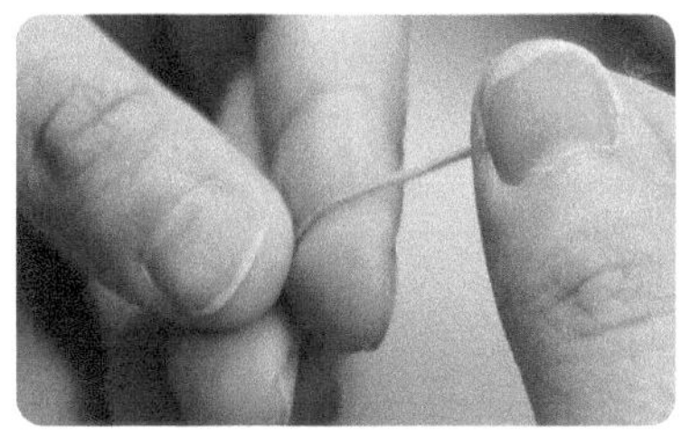

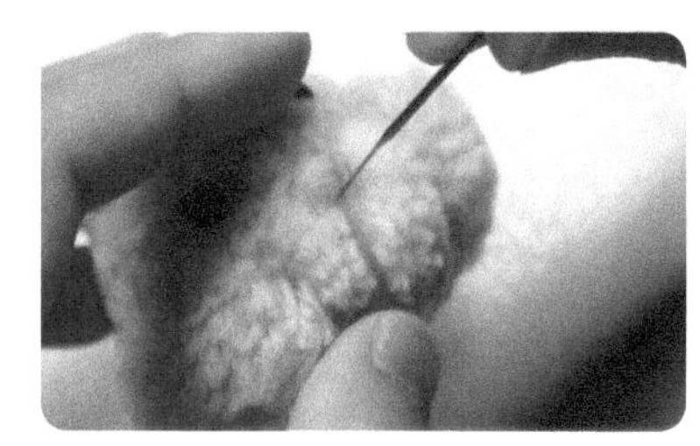

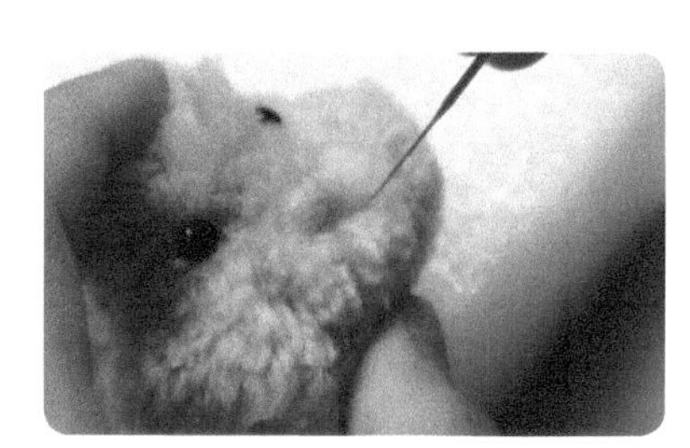

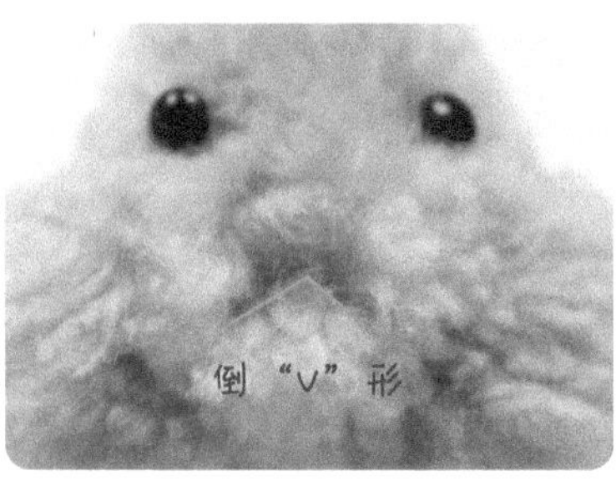

12

再取少量桃粉色羊毛搓成细条状，用戳针将羊毛条戳刺在仓鼠鼻子的正下方作为仓鼠的嘴巴（嘴形呈倒“V”形），戳刺好以后剪掉多余的羊毛。至此，小仓鼠就制作完成了。

第4章

“萌宠”乐园

相信大家都有自己喜欢的小动物，有的人喜欢猫咪，有的人喜欢狗狗，无论是哪类小动物，它们都有治愈人心的“超能力”。本章将以“‘萌宠’乐园”为主题，教大家如何用毛线球将这些可爱的小动物制作出来，把它们捧在我们的手心里。

4.1 圆头黑眼大熊猫

大熊猫，被认为是世界上最可爱的动物之一。圆圆的大脑袋，黑白分明的毛色，圆溜溜的黑眼珠，大大的嘴巴都是我们的制作要点。我们还可以给大熊猫的脸部加上腮红，让大熊猫变得更加可爱。

多角度效果图展示

材料、工具与配件

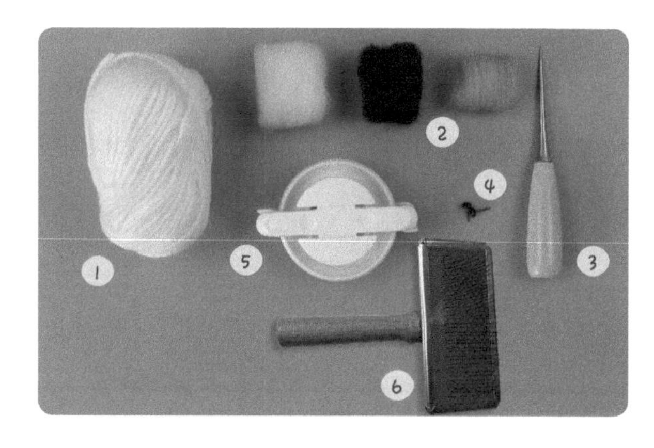

材料、工具与配件名称

1. 毛线：白色
2. 羊毛：桃粉色、白色、黑色
3. 锥子
4. 5mm针插式黑豆眼
5. 6.8cm毛线制球器
6. 针梳

绕线示意图

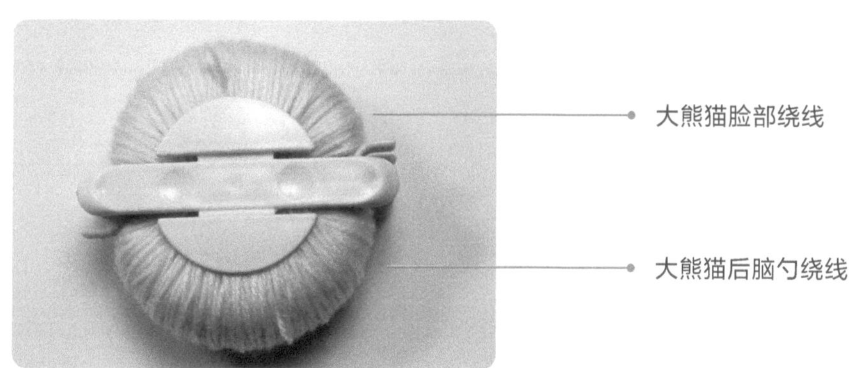

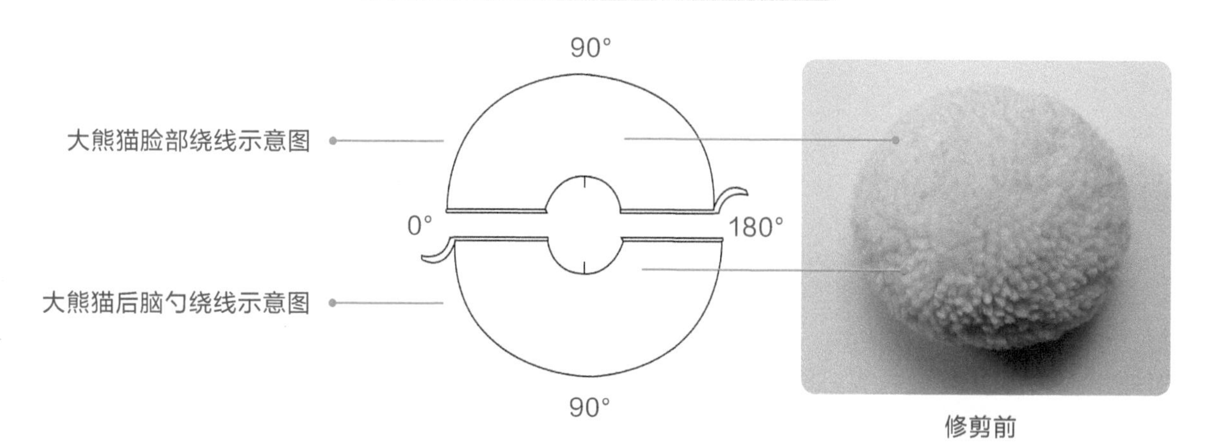

修剪前

制球

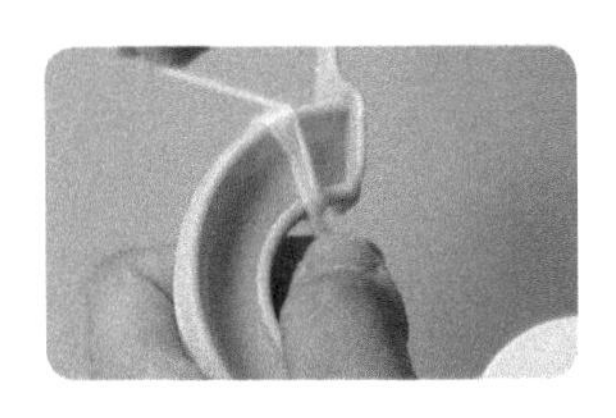
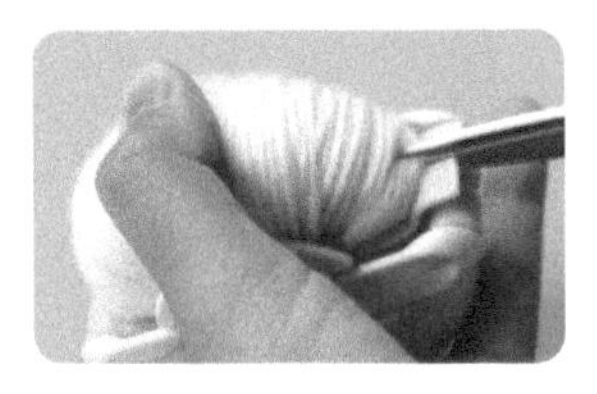

01

打开 6.8cm 的毛线制球器，分别在制球器的两个半圆部件上用白色毛线均匀地缠绕大约 400 圈。随后合上制球器，用剪刀剪开毛线，并用绑线捆绑将其固定，得到用于制作大熊猫的毛线球。

修剪

02

用弯头剪刀将参差不齐的毛线球修剪圆润。

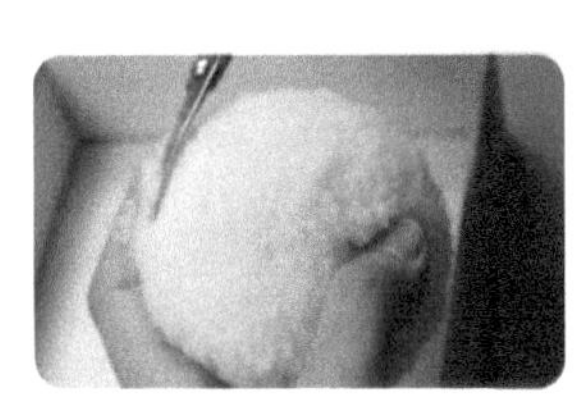
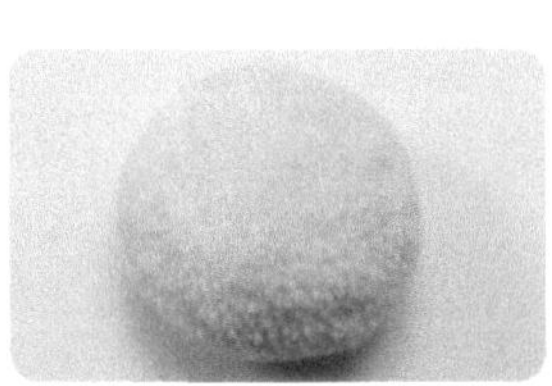

03

用针梳梳理毛线球表面，让毛线球呈现出蓬松感，再用弯头剪刀修剪浮毛和不平整的地方。

形象制作

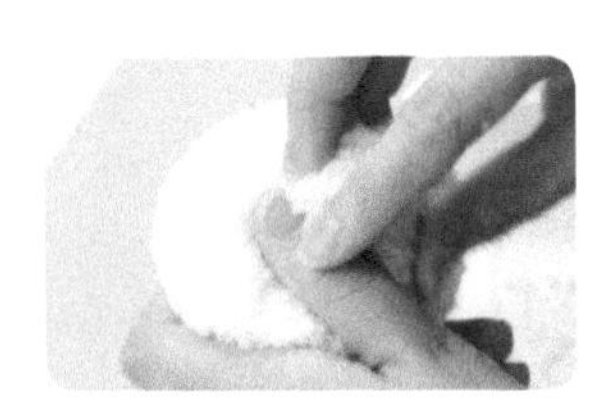

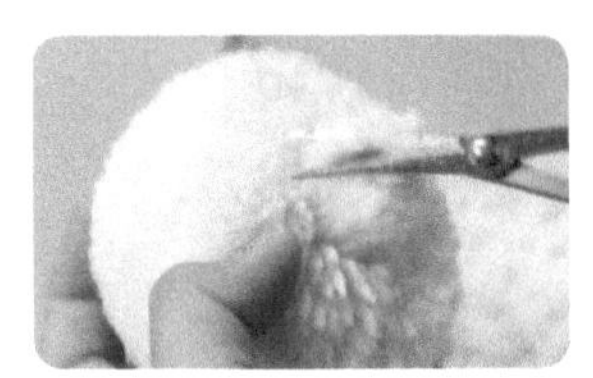
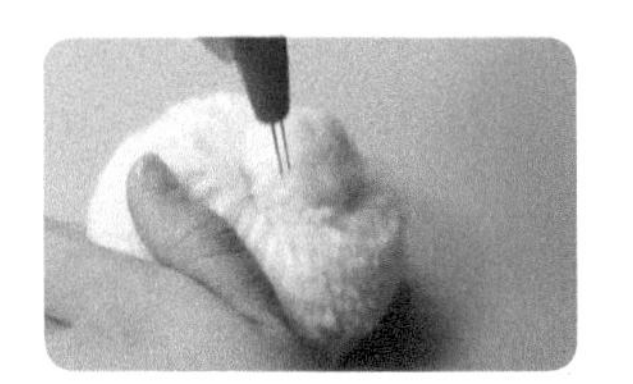

04

选择毛线球的任意一面作为大熊猫的脸部。首先制作大熊猫的鼻子，在所选面的中间用手指把毛线抓出一个圆球作为鼻子，用三针笔将其戳刺成形后用弯头剪刀进行修剪，再继续用戳针把鼻子戳刺结实。

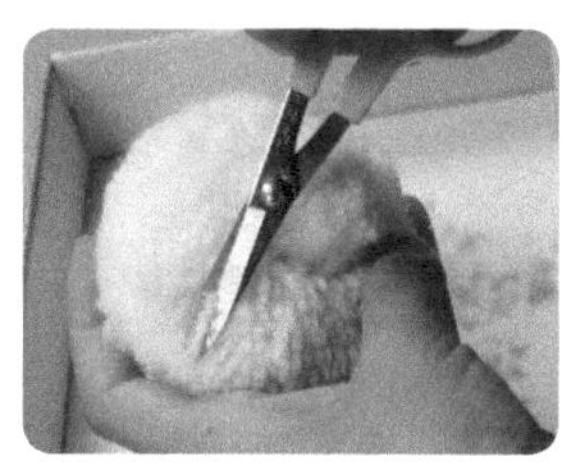
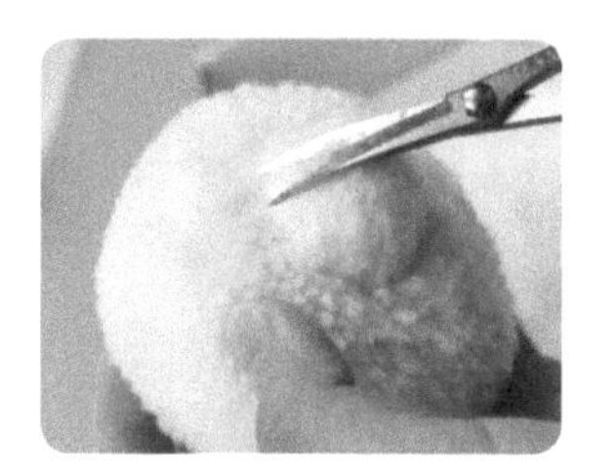

05

用弯头剪刀修剪大熊猫的脸部，将脸部的毛线修剪平整。

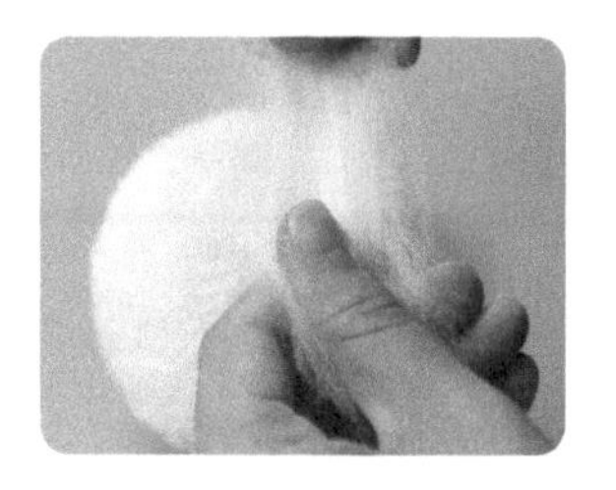
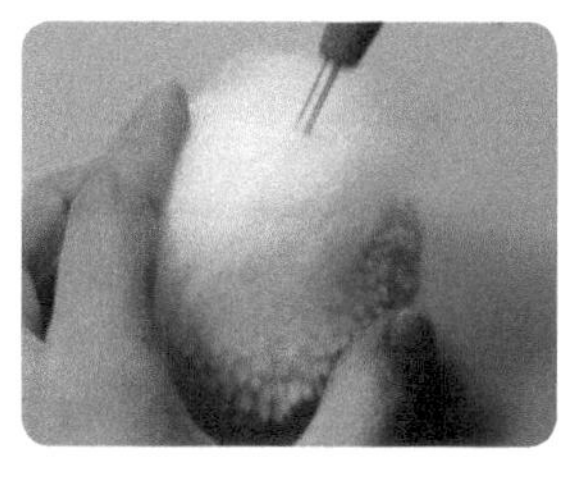
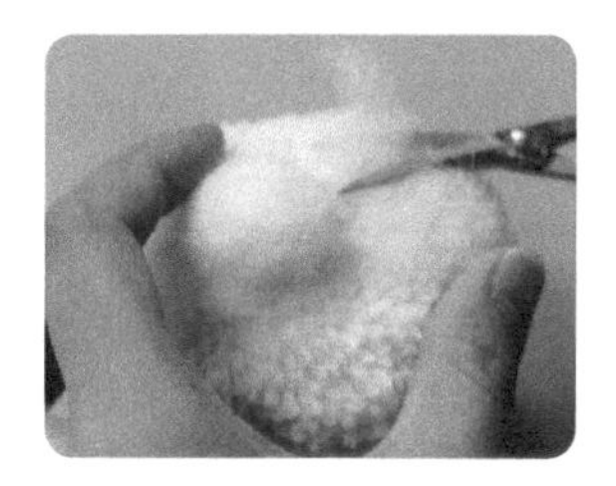

06

如果感觉鼻子不够结实可在鼻子上覆盖一层白色羊毛，用三针笔戳刺结实并对其进行修剪，在戳刺的过程中也要注意调整鼻子的形状。

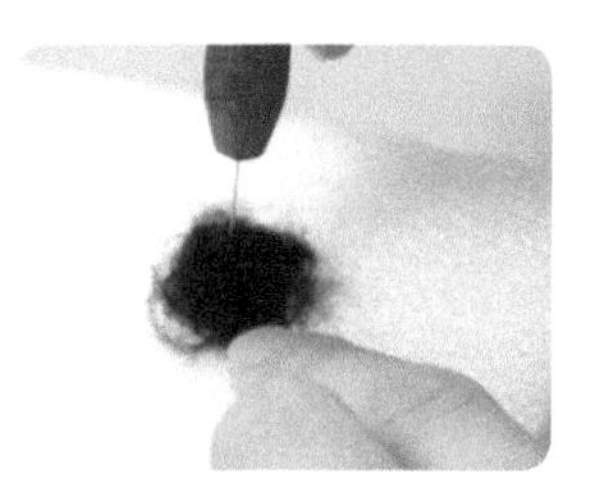
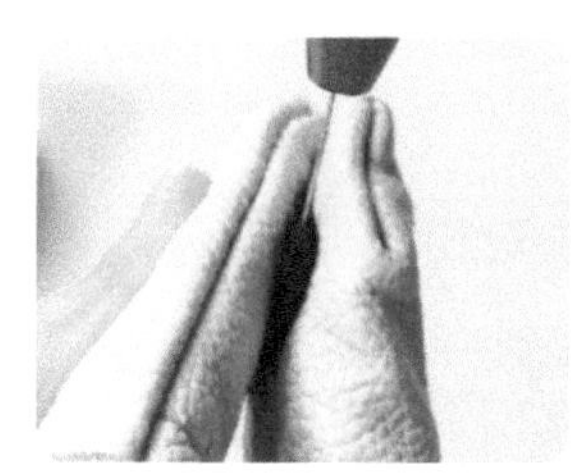
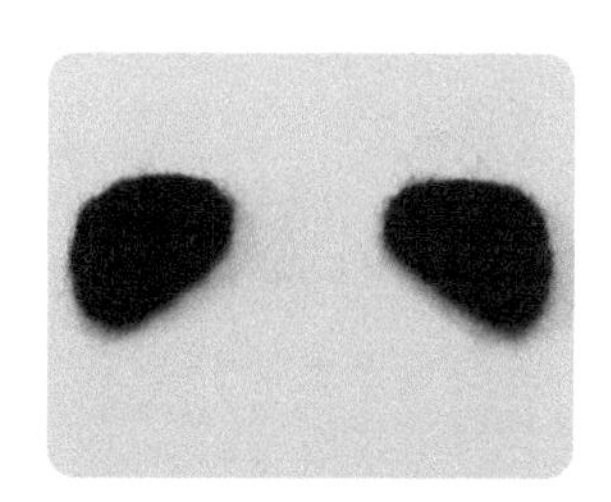

07

取适量黑色羊毛制作大熊猫眼睛部位的黑色毛发。用一针笔将其戳刺成薄片后，带上指套戳刺薄片的侧面，在戳刺的过程中也要注意调整薄片的形状。

08

取一些白色羊毛，用三针笔将其戳刺在眼部黑色毛发的位置，这样能更好地固定黑色毛发。

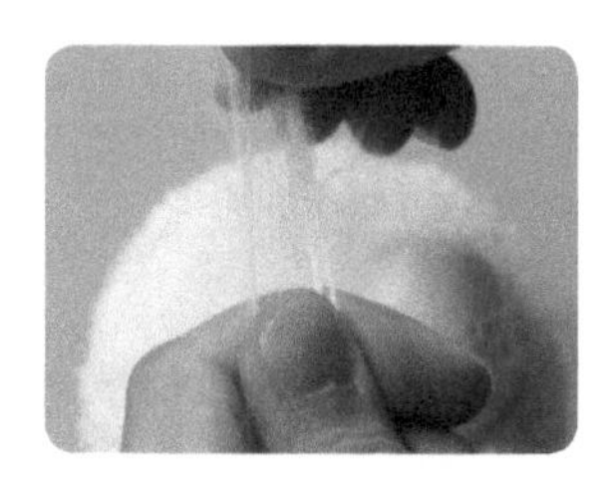
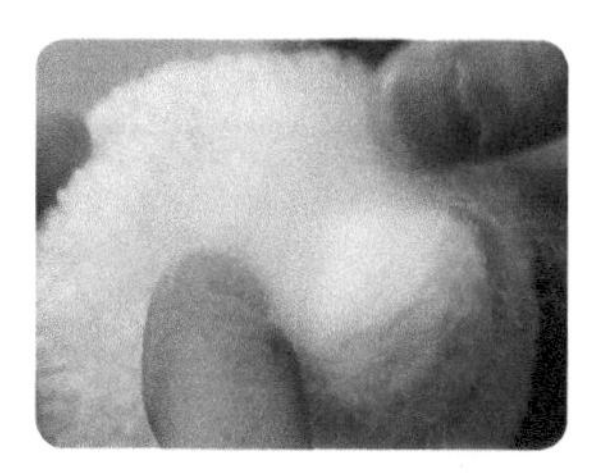

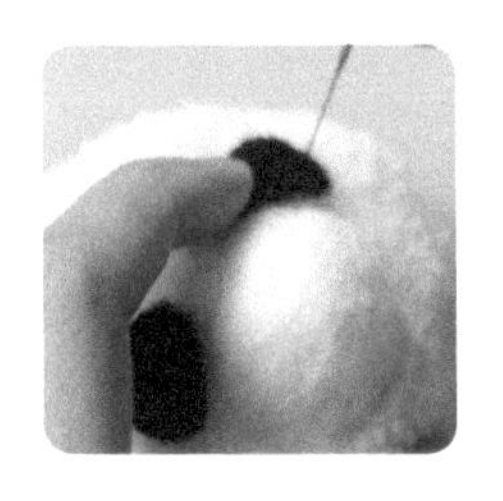

09

将制作好的眼部黑色毛发放在鼻子两侧，并用戳针戳刺固定。

10

取适量黑色羊毛用同样的方法制作一个三角形薄片，并用戳针将其戳刺固定在脸部合适的位置。

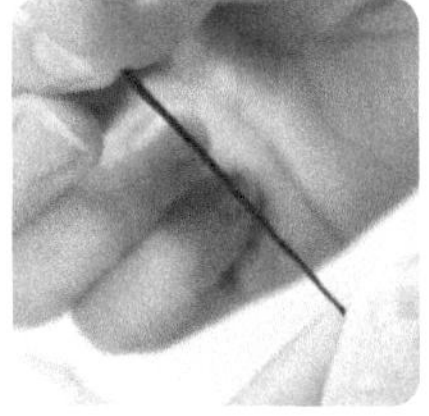

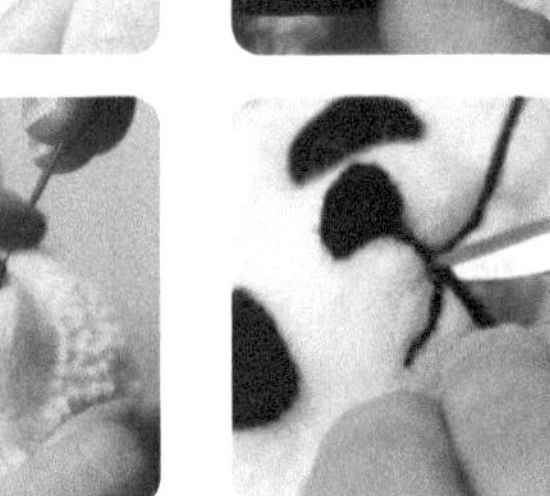

11

用戳针先在鼻子下方戳刺出呈倒“Y”形的嘴巴形状，再取少量黑色羊毛搓成细线状并沿着嘴巴形状戳刺进去，剪掉多余的细线。

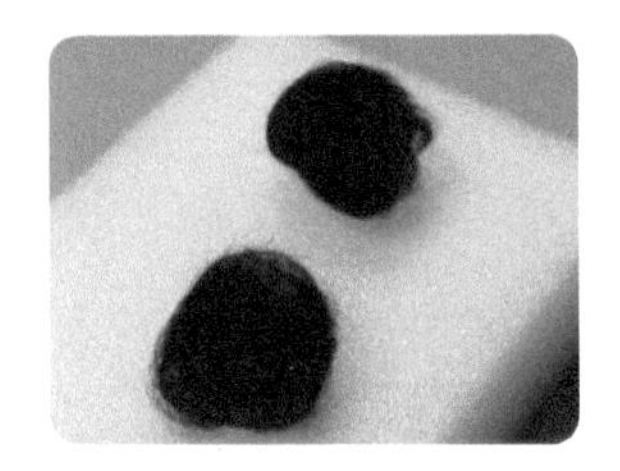

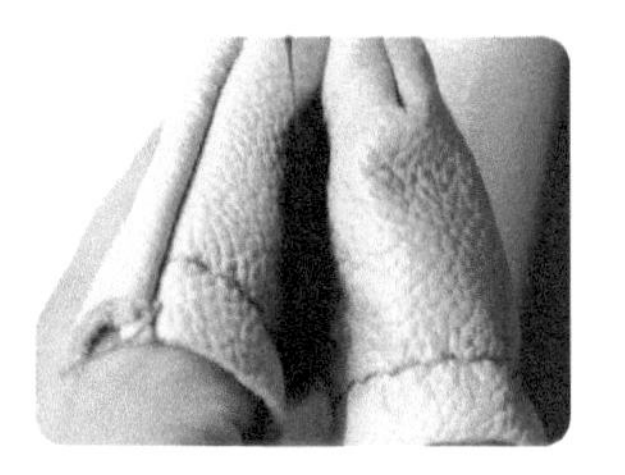
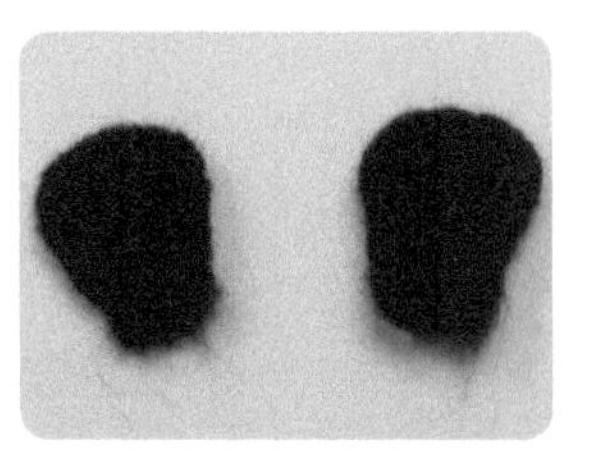

12

取两份大小一致的黑色羊毛制作大熊猫的耳朵，先用五针笔将其戳刺成片状，再用戳针戳刺耳朵侧面。注意，耳朵要比实际呈现出来的大熊猫耳朵长一点，以便将耳朵底端的一部分羊毛戳入毛线球内。

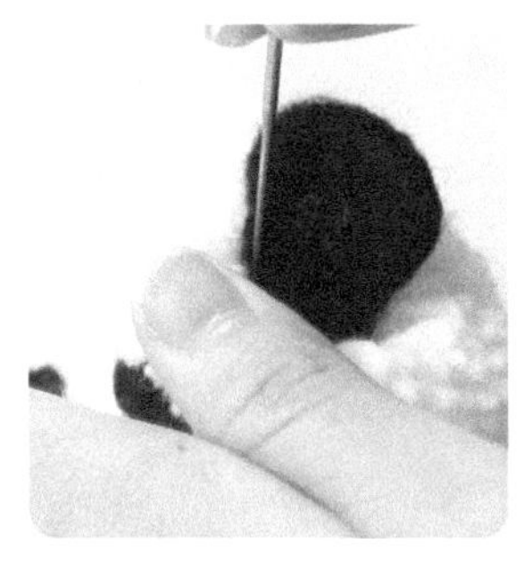

13

拨开大熊猫头顶耳朵位置的毛线，将耳朵放入毛线中，用戳针戳刺耳朵底部两侧，两只耳朵都安装好后在耳朵底部两侧涂上酒精胶水使其更加牢固。

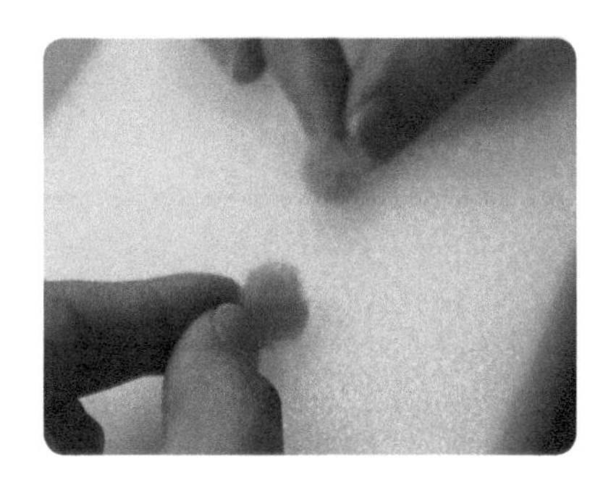

14

取少量桃粉色羊毛，将其搓成两个相同大小的圆团用一针笔戳刺在脸颊位置作为腮红。腮红也可先用戳针戳刺好，再用酒精胶水粘在脸颊位置。

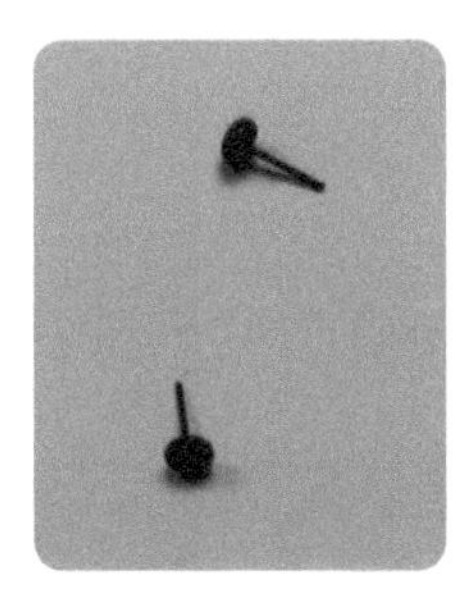
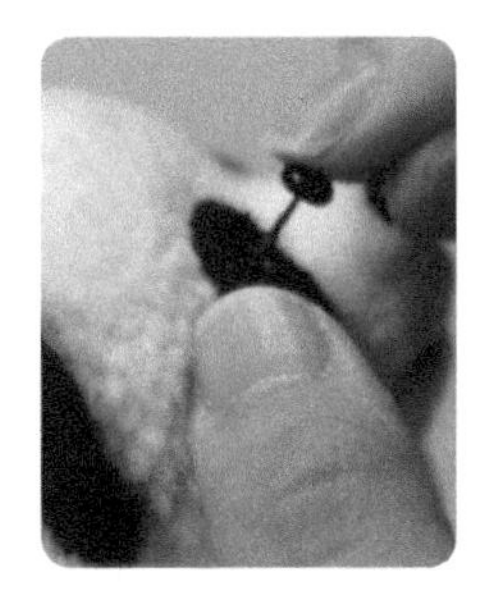

15

用锥子在眼睛上戳出两个孔洞，拿出准备好的一对 5mm 针插式黑豆眼，涂上酒精胶水后将其插入孔洞中即可。

4.2 长嘴大耳贵宾犬

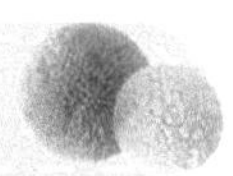

贵宾犬，是一种聪明活泼且擅长跳跃的犬类。特殊的头部造型和毛茸茸的大耳朵是制作贵宾犬的重点。特殊的头部造型由毛线球和羊毛毡鼻子部件组合制作而成，毛茸茸的大耳朵也有相应的制作方法，大家要仔细阅读制作步骤。

多角度效果图展示

材料、工具与配件

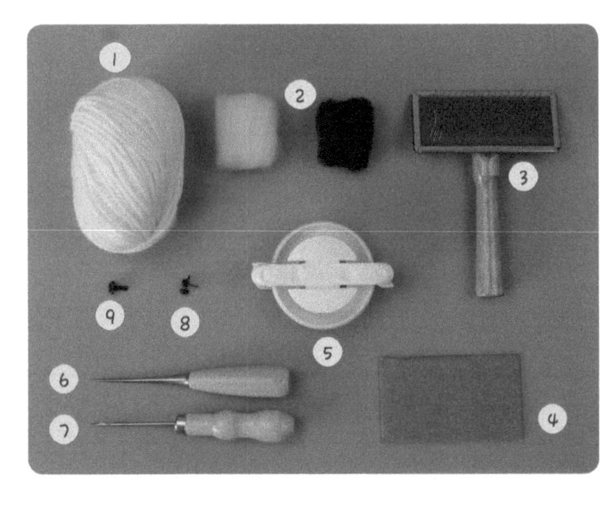

材料、工具与配件名称

1. 毛线：白色
2. 羊毛：白色、黑色
3. 针梳
4. 宽 5cm 的长方形纸板
5. 6.8cm 毛线制球器
6. 锥子
7. 带孔锥子
8. 5mm 针插式黑豆眼
9. 8mm 黑色的狗狗鼻子

绕线示意图

贵宾犬脸部绕线

贵宾犬后脑勺绕线

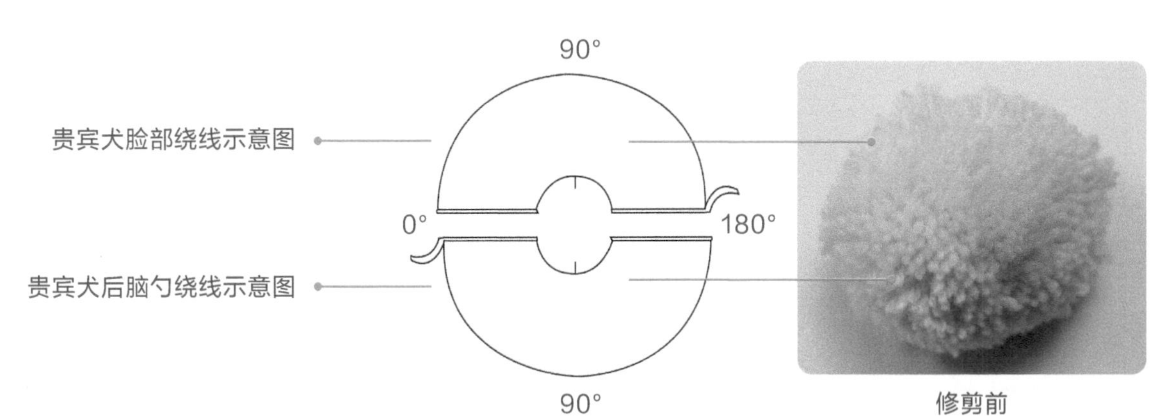

制球

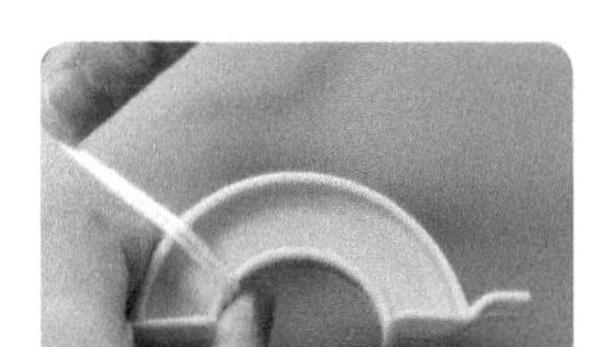
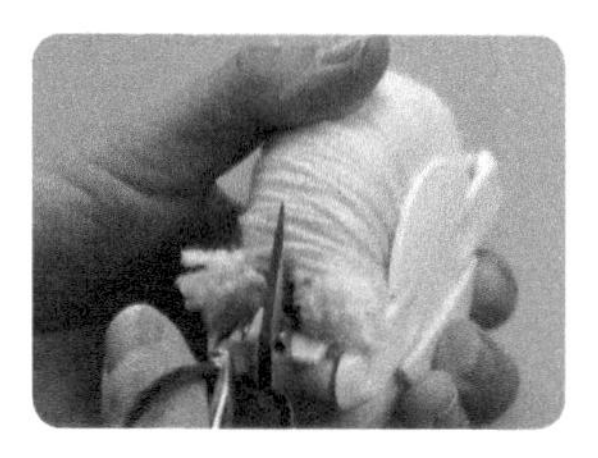

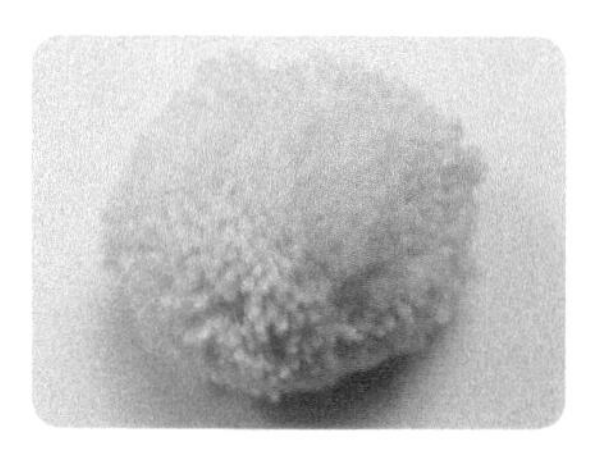

01

打开 6.8cm 的毛线制球器，分别在制球器的两个半圆部件上用白色毛线均匀地缠绕大约 400 圈（如果用两根线绕制则圈数减半），随后合上制球器，剪开毛线并用绑线捆绑固定，得到用于制作贵宾犬的毛线球。

修剪

毛线球修剪须知 

贵宾犬的脸偏长，头顶有较长的毛发，整个头部造型看起来就像一个蘑菇。所以，在修剪毛线球时，要先确定贵宾犬的脸长及位置后再进行修剪，以免修剪得过多。

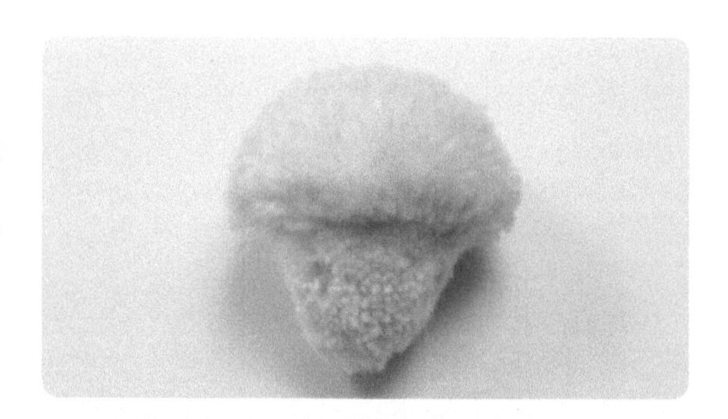

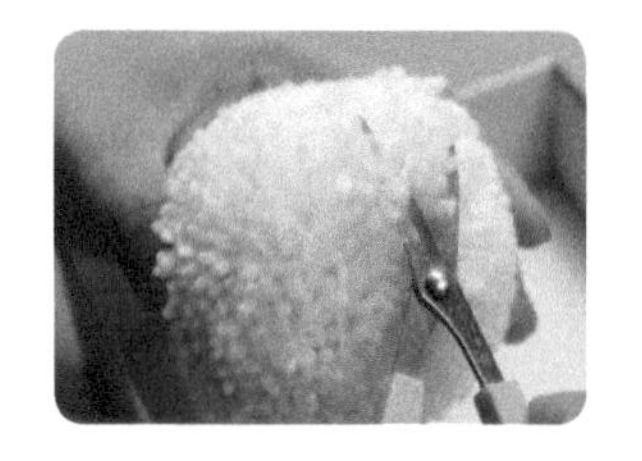
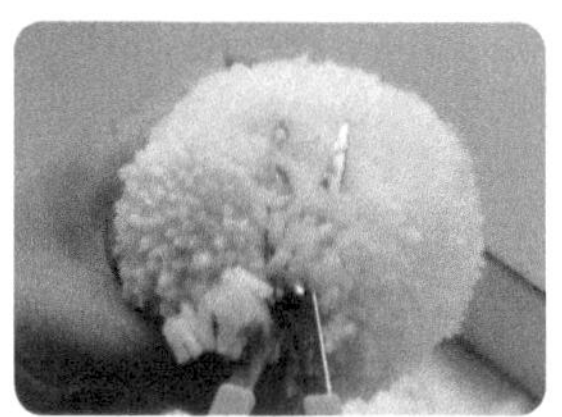

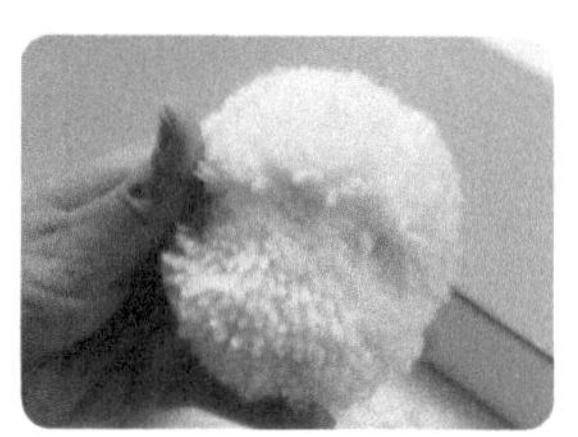

02

用弯头剪刀将毛线球修剪成圆润的球状，接着以毛线球的中间位置为水平分界线，用弯头剪刀修剪毛线球的下半部分。

03

继续用弯头剪刀将毛线球的下半部分修剪成一个锥体，使整个毛线球呈蘑菇形状。

形象制作

04

取白色羊毛卷成一个一端较细的圆柱体，放在修剪好的毛线球上比对一下大小是否合适，确定大小后将其用来制作贵宾犬的嘴巴。

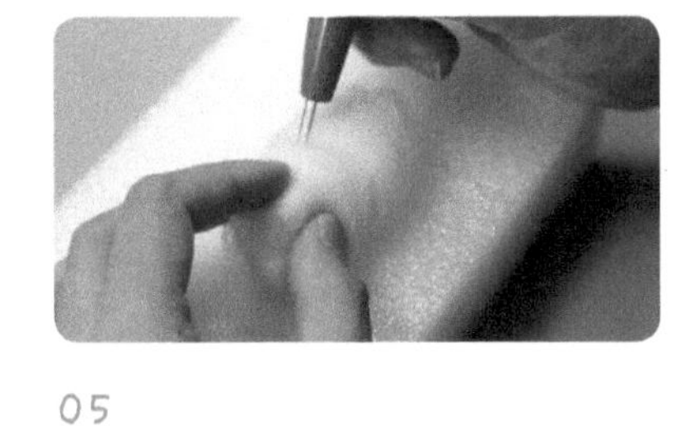

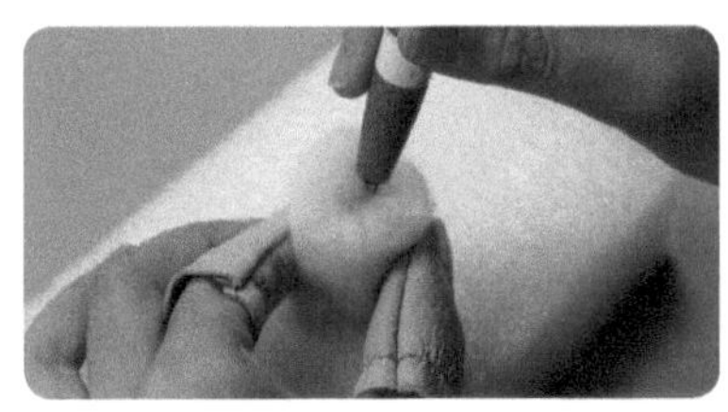

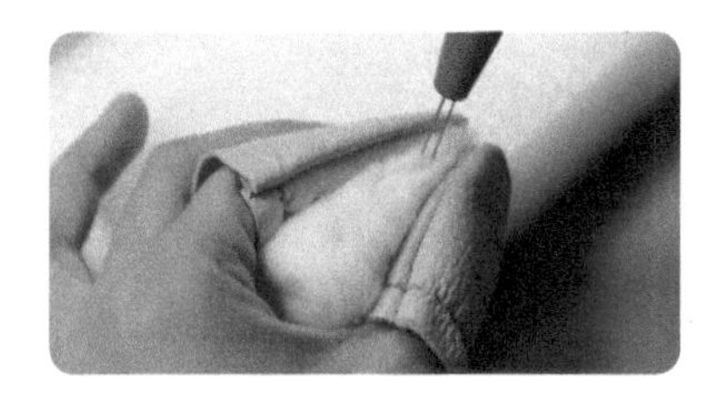

05

用戳针将嘴巴戳刺成一个锥体，在戳刺的过程中要不断地调整形状。

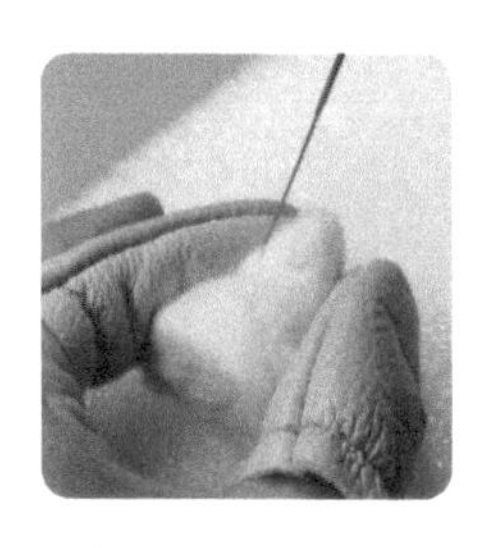
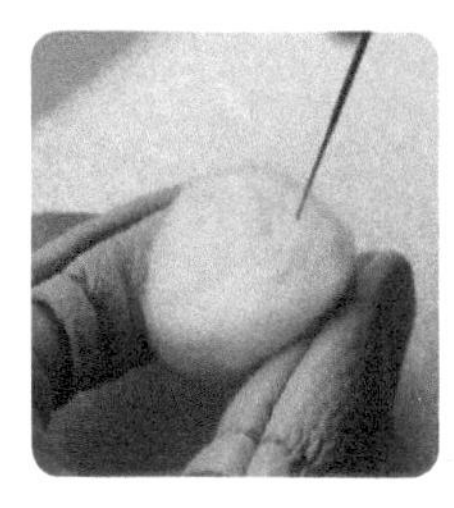

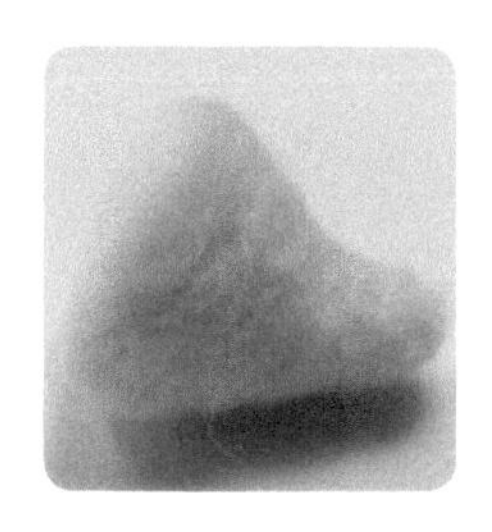

06

要将嘴巴戳刺出一点弧度，让尖的那一头稍微翘起，戳刺好以后修剪一下表面的浮毛，再比对一下大小是否合适。

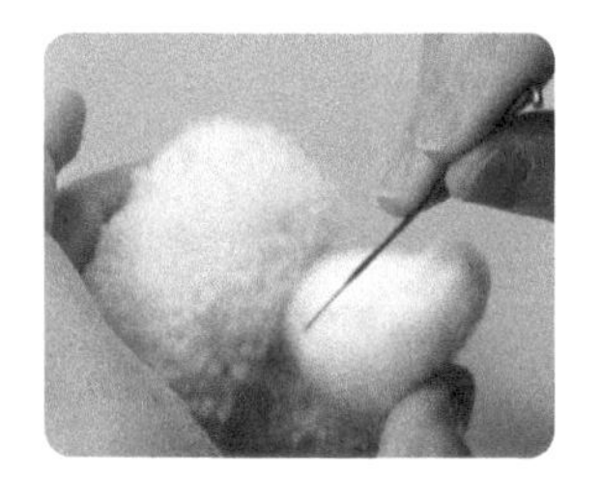
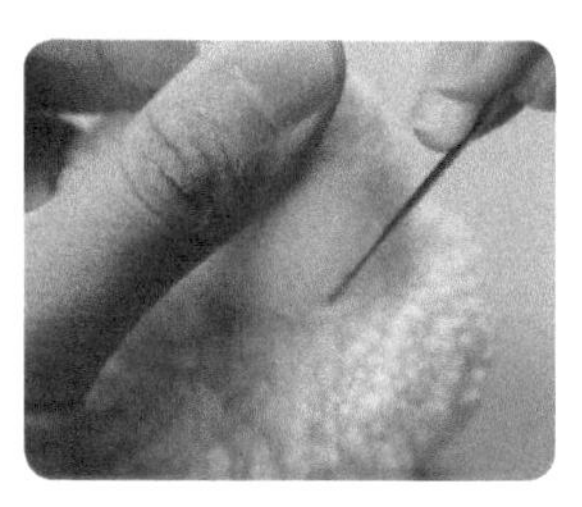

07

将制作好的嘴巴用戳针固定在脸部的适当位置。

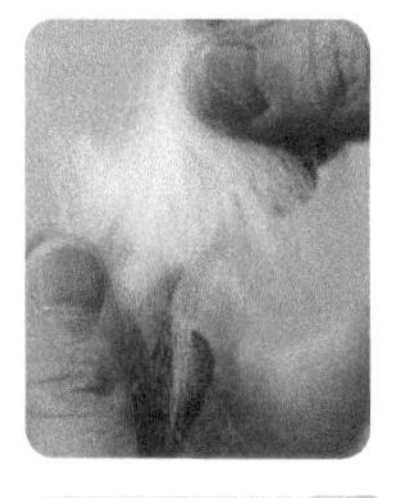
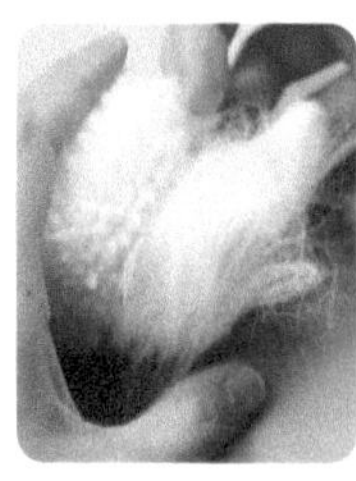
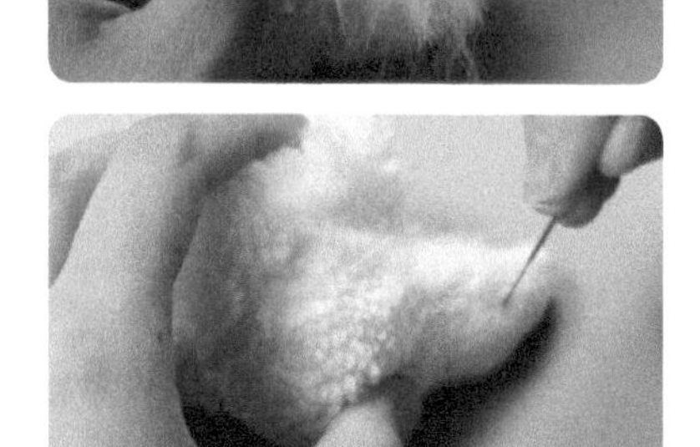

08

取少量白色羊毛，将其平铺在嘴巴和毛线球连接的位置上，用戳针对其进行戳刺，使嘴巴和毛线球连接得更自然，多余的羊毛可用弯头剪刀剪掉。

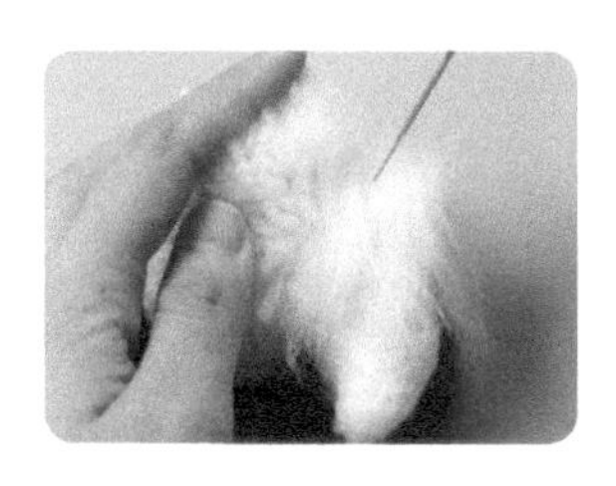
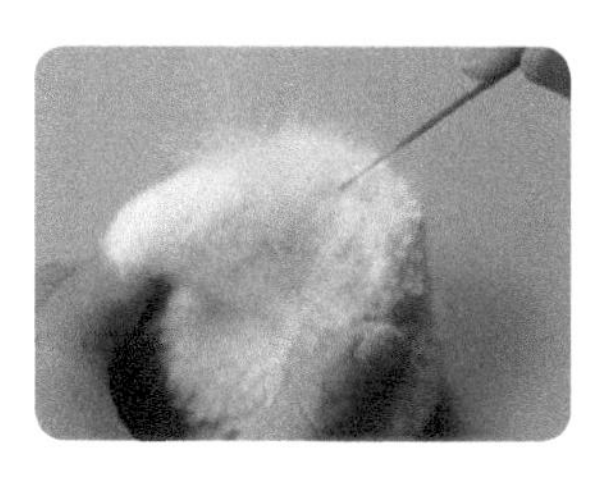
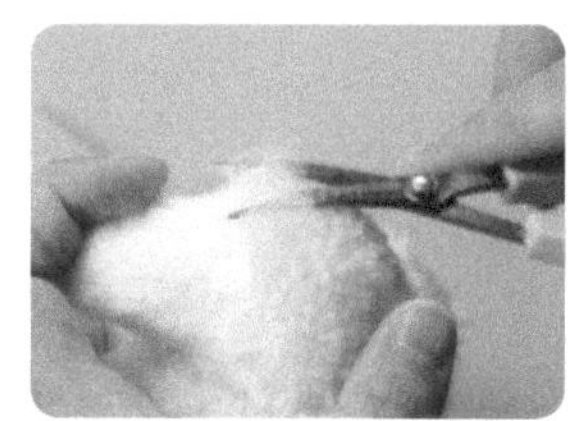
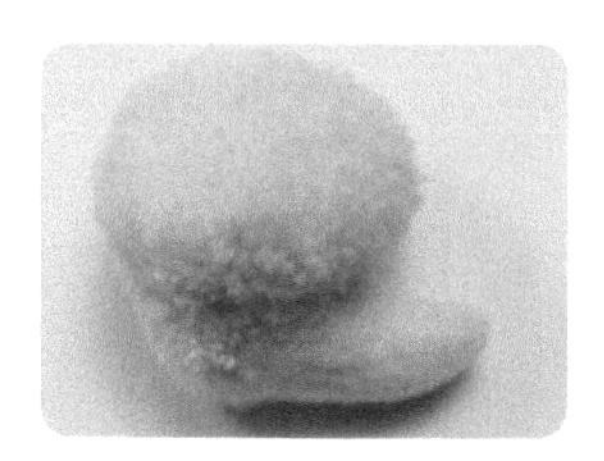

09

继续在嘴巴的两侧和毛线球底部，用相同的方法戳刺一些羊毛使其连接得更自然。

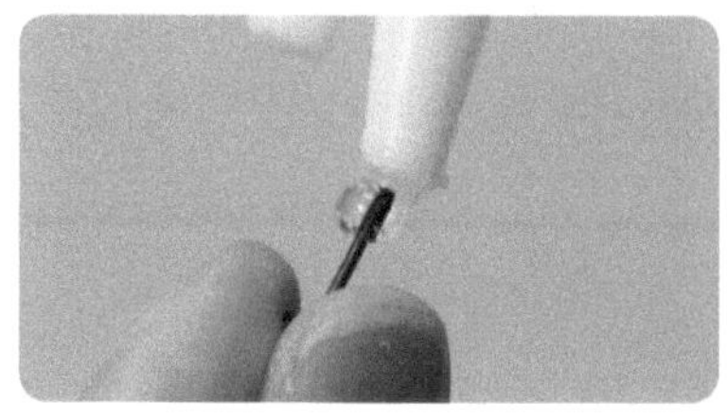

10

先将一对 5mm 针插式黑豆眼涂上酒精胶水，插到贵宾犬脸部的合适位置，完成眼睛的制作。

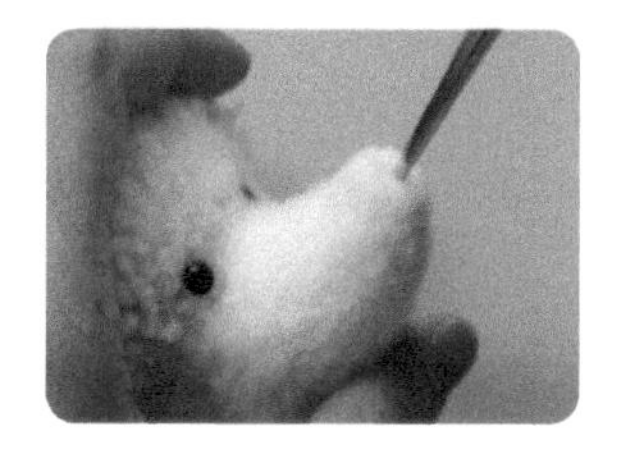
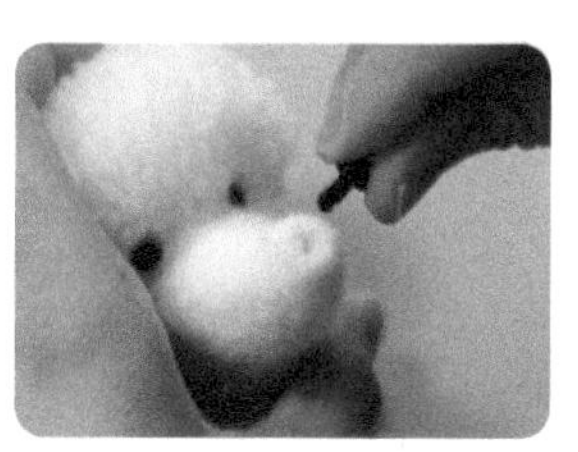
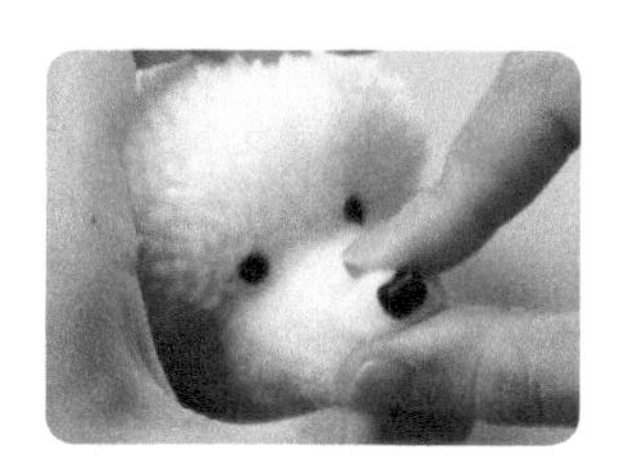

11

用锥子在羊毛毡鼻尖上扎一个洞，将涂胶后 8mm 黑色的狗狗鼻子插入洞中。

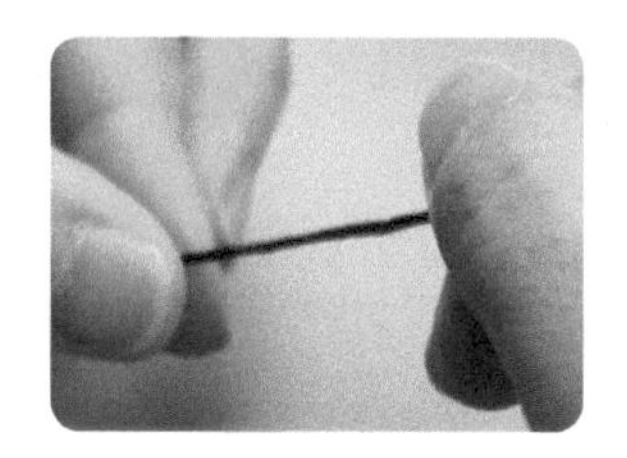
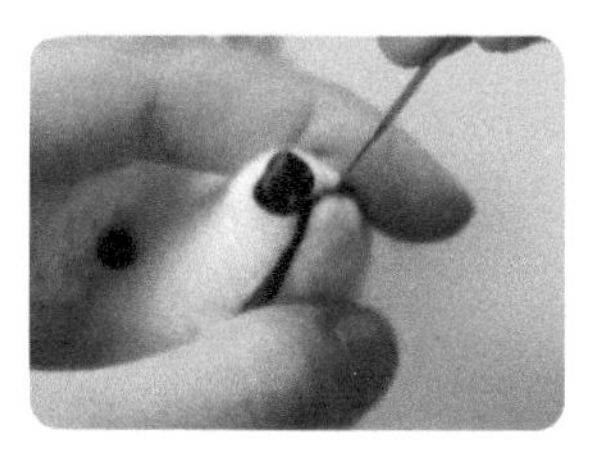

12

取少量黑色羊毛搓成细线，用戳针将其戳刺在鼻子下方，做出倒“V”形，剪掉多余的羊毛后完成嘴巴的制作。

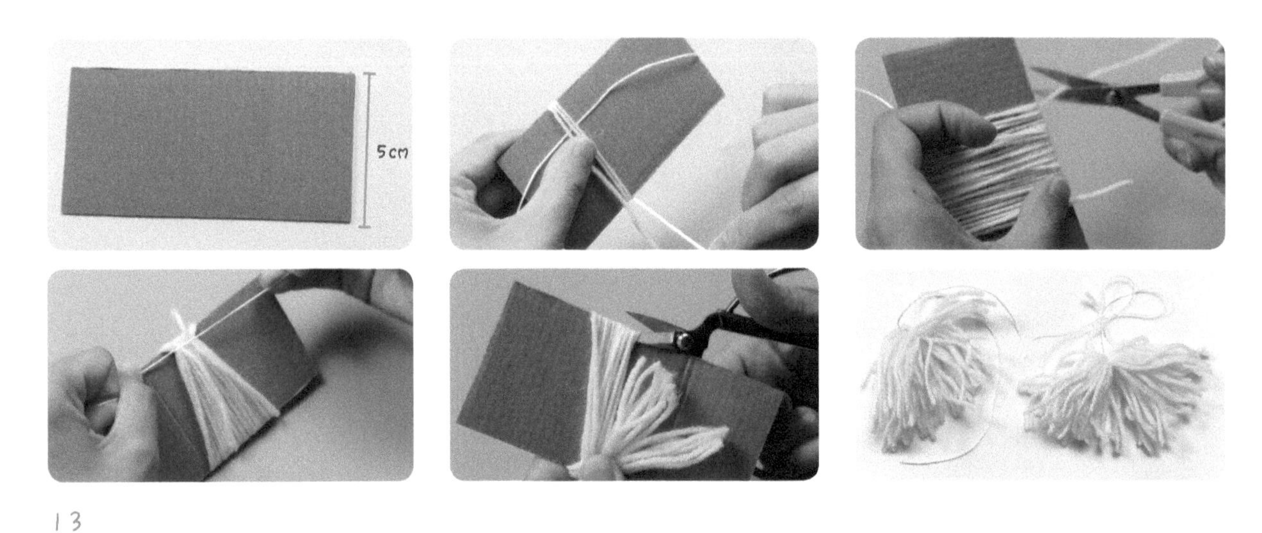

13

准备一块宽 5cm 的长方形纸板，在纸板上横向放置一根绑线，垂直于绑线缠绕白色毛线大约 25 圈，在纸板一边系紧绑线后，沿纸板另一边用剪刀剪开毛线，做出狗狗耳朵的雏形。注意，如果没有纸板，可将自己的手指并拢，取 4 指宽度进行绕线。

贵宾犬耳朵的制作

可用手把每根毛线都撕开，还可以用针梳将毛线梳开，两种方法呈现出来的效果不太一样，大家可以自行选择。

做法一：手撕

做法二：用针梳梳理

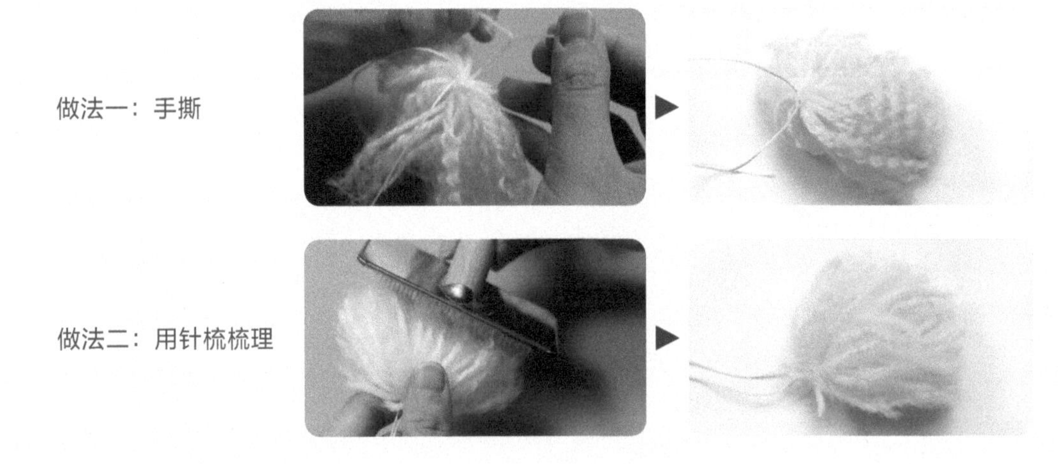

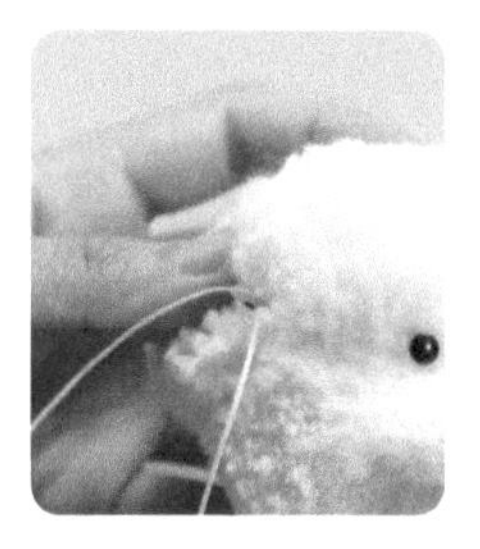

14

将耳朵上的一根绑线穿入带孔锥子的孔中，让带孔锥子从贵宾犬耳朵位置的一侧穿入，拉出带孔锥子的同时绑线也就穿过了毛线球，用同样的方法安上另一只耳朵。

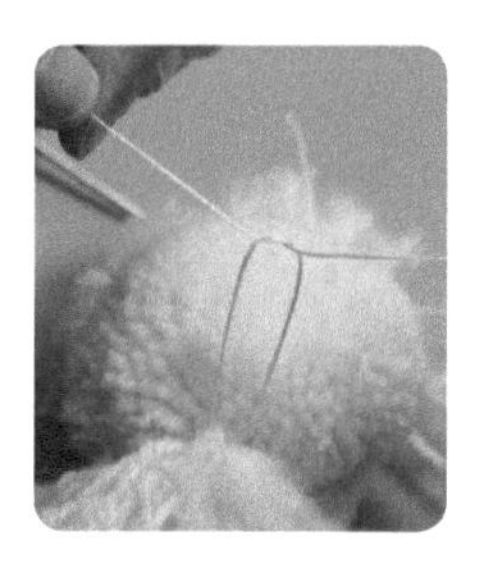
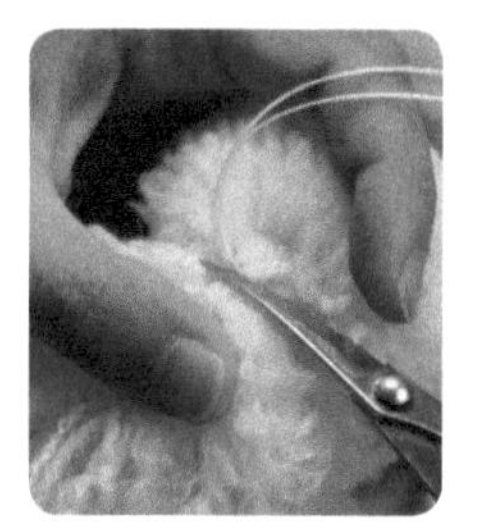

15

将耳朵上的两根绑线打结系紧，剪掉多余的绑线，在打结处涂上酒精胶水固定。

16

修剪耳朵至合适的长度，用戳针轻轻戳刺耳朵的表面，让耳朵上蓬松的毛发变得紧凑一些。可爱的贵宾犬就制作完成了。

4.3 直立长耳葫芦脸形的兔子

兔子是一种很可爱的、深受人们喜爱的动物。类似仓鼠的葫芦状脸型与内凹的眼窝、独特的三瓣嘴和长耳朵都是制作的重点，此外，在修剪毛线球时，需要一点一点地耐心修剪。

多角度效果图展示

材料、工具与配件

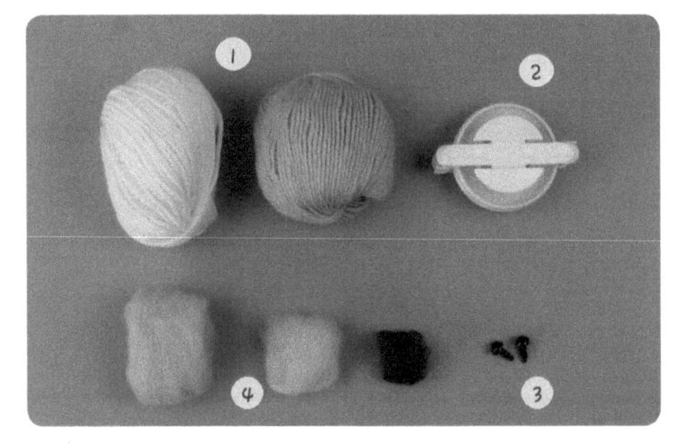

材料、工具与配件名称

1. 毛线：卡其色、白色
2. 6.8cm毛线制球器
3. 10mm黄色水晶眼
4. 羊毛：米黄色、浅粉色、棕色

绕线示意图

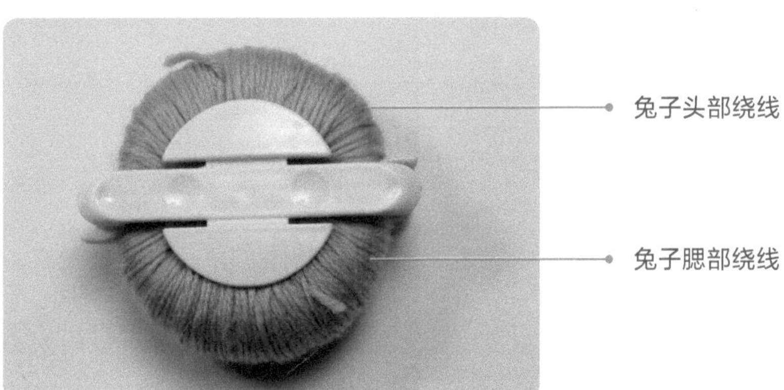

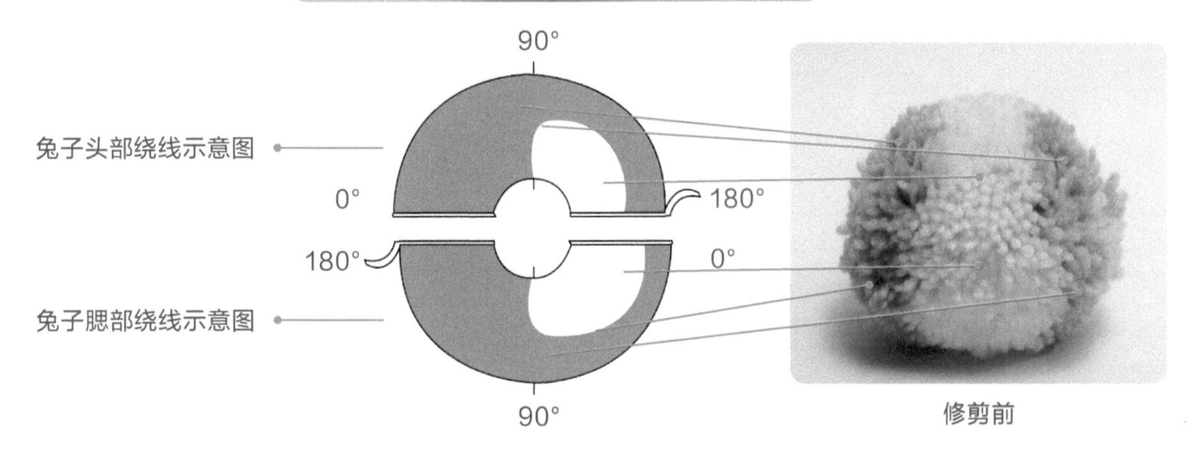

修剪前

制球

01

取出6.8cm毛线制球器的一个半圆部件，在90°~180°区域内缠绕大约100圈白色毛线，再取出卡其色毛线缠绕整个半圆部件约300圈。

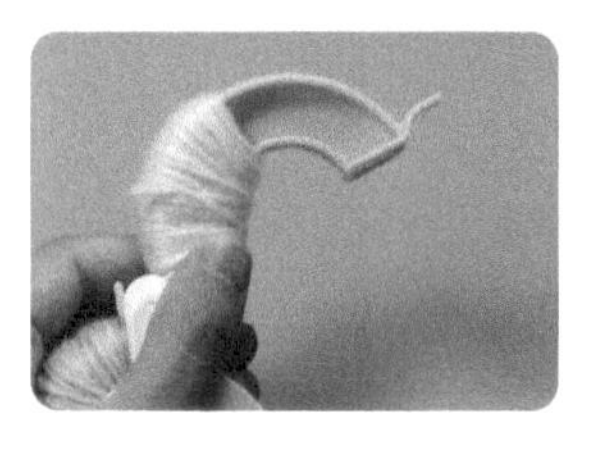

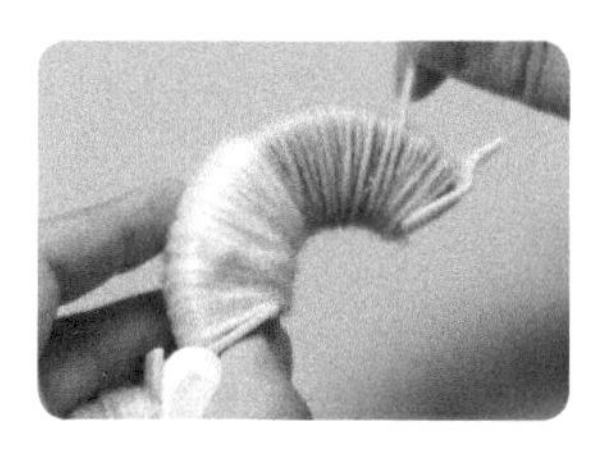

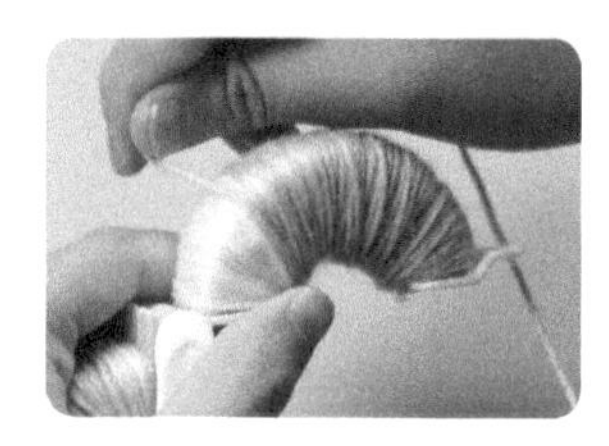

02

取出制球器的另一个半圆部件，在0°~90°区域内缠绕大约130圈白色毛线。

03

取出卡其色毛线在整个半圆部件上缠绕大约270圈，同样，卡其色毛线要盖住之前缠绕的白色毛线。

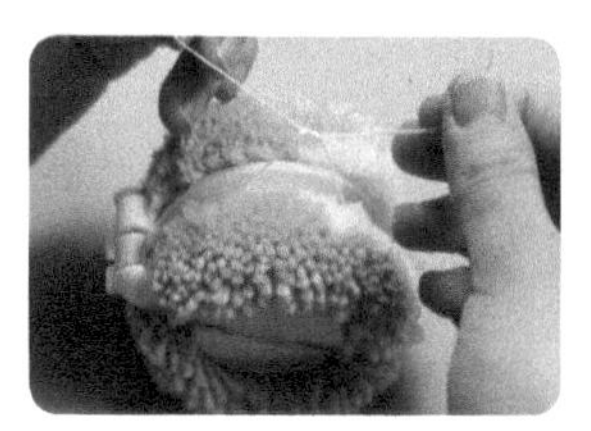

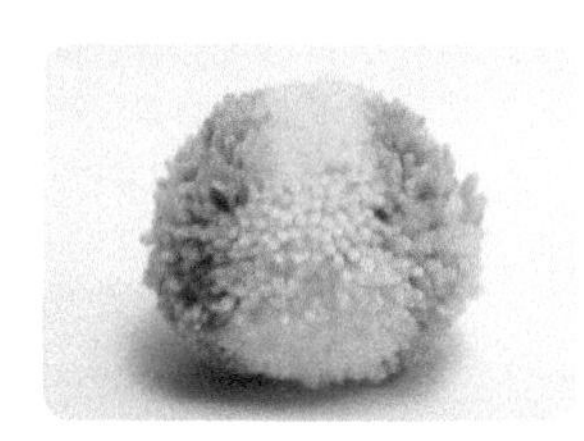

04

合上制球器，用剪刀剪开毛线团后用绑线打死结固定，得到用于制作兔子的毛线球。

修剪

毛线球修剪须知 

兔子的头部形状与仓鼠类似，眼窝深陷，下巴内凹，脸部两侧有鼓鼓的腮帮。兔子的整体造型同样可以看作一个矮胖的葫芦。

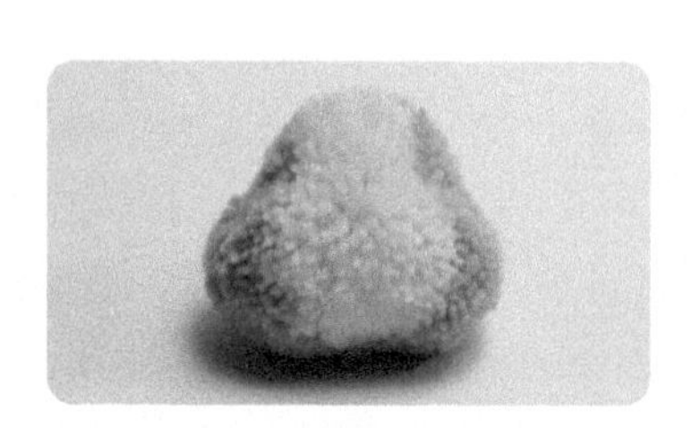

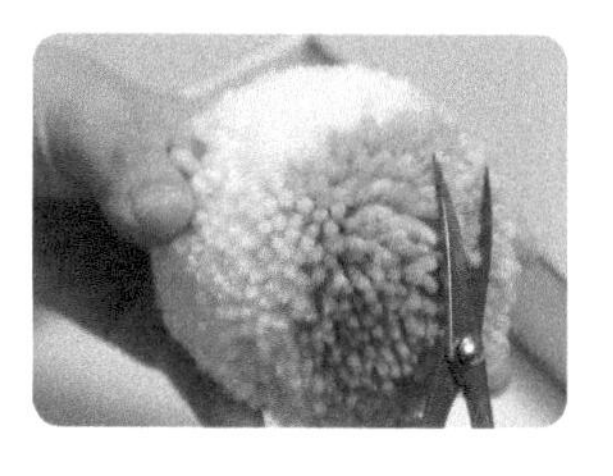
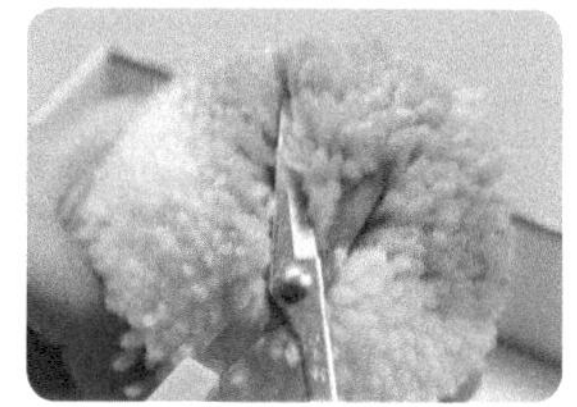

05

用弯头剪刀将毛线球修剪成圆润的球状。

06

用弯头剪刀修剪白色毛线中间位置的两侧，修剪出兔子的眼窝。

07

将准备好的 10mm 黄色水晶眼插入兔子的眼窝位置，再将眼睛周围的毛线修剪整齐，接着将毛线球修剪成类似葫芦的形状。

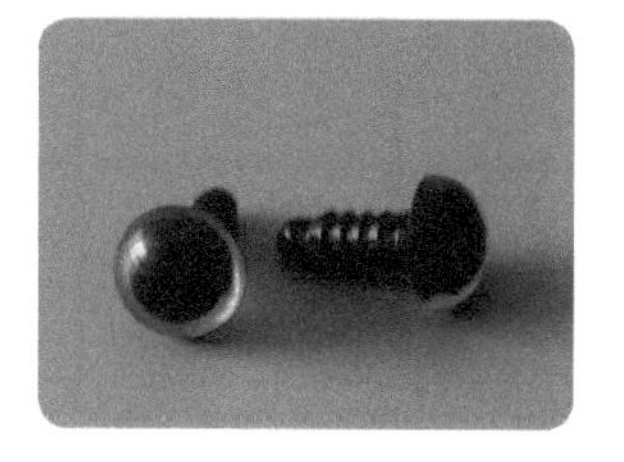

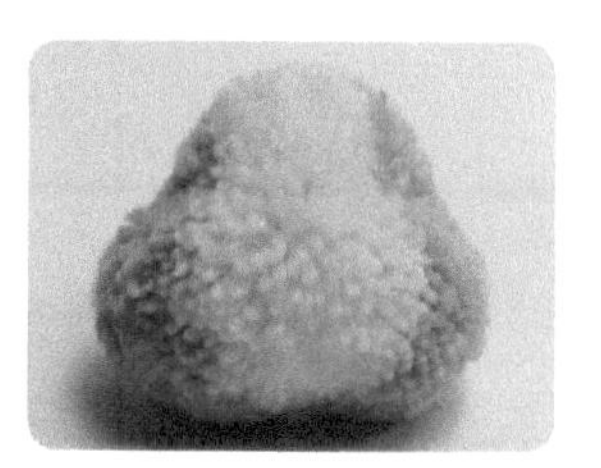

形象制作

08

取出眼睛，给眼睛杆子上涂上酒精胶水，将其插入眼窝处并进行固定。

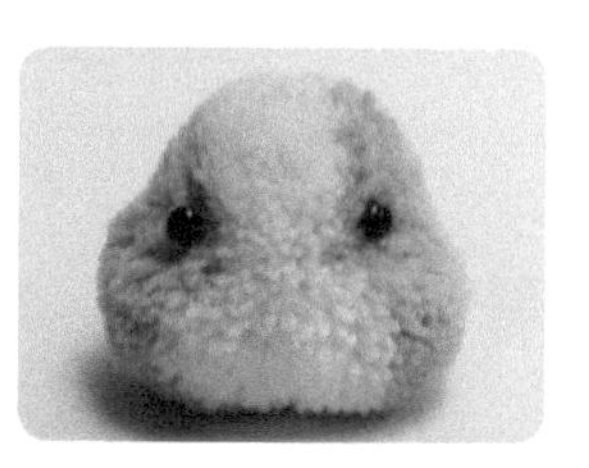

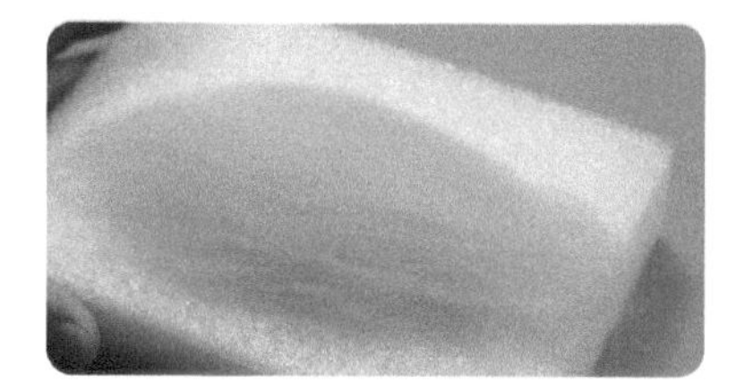
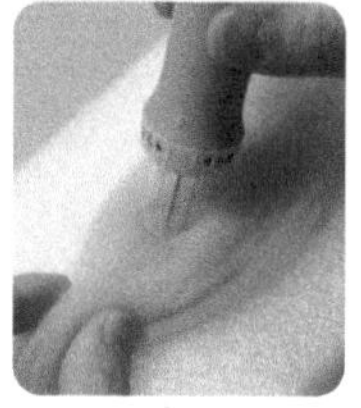
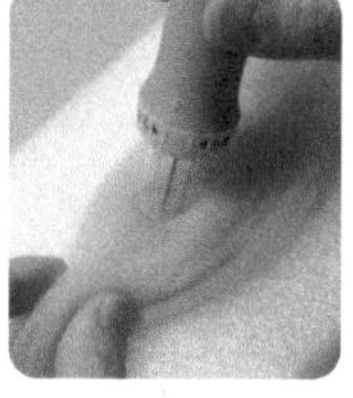

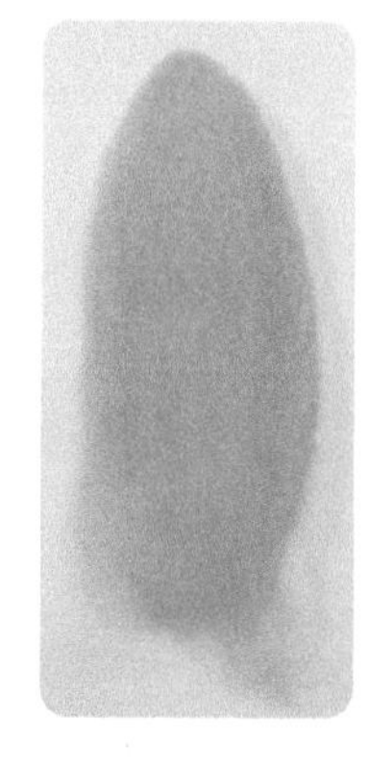

09

取出米黄色羊毛将其平铺在泡沫垫上，调整成长叶片形状，用来制作兔子的耳朵。

10

用五针笔将羊毛戳成片状，再用戳针戳刺出兔子耳朵的侧面和耳尖。

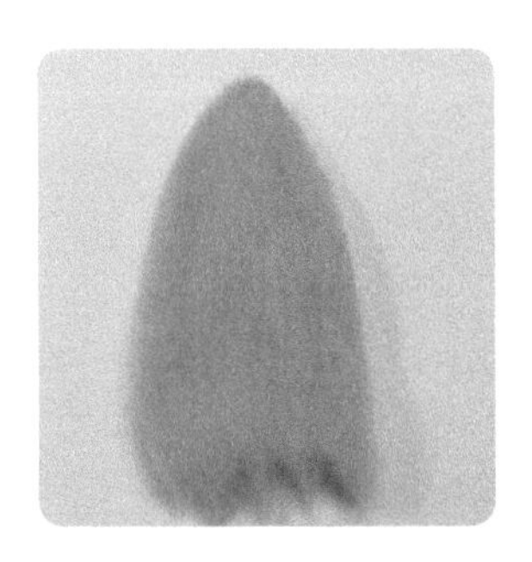

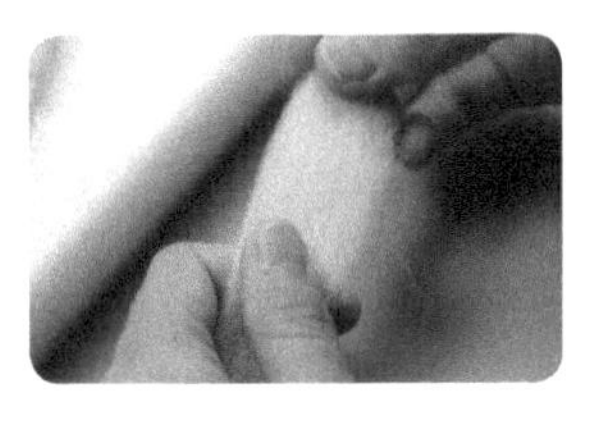

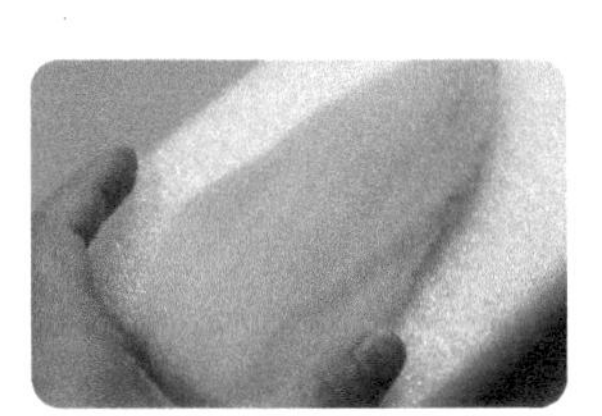

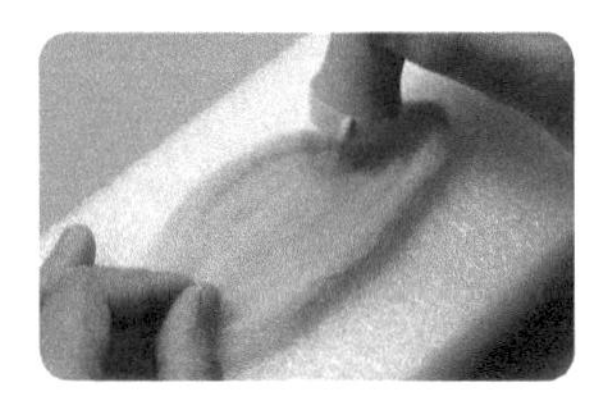

11

取出浅粉色羊毛，用五针笔将其戳刺在耳朵的中间位置。

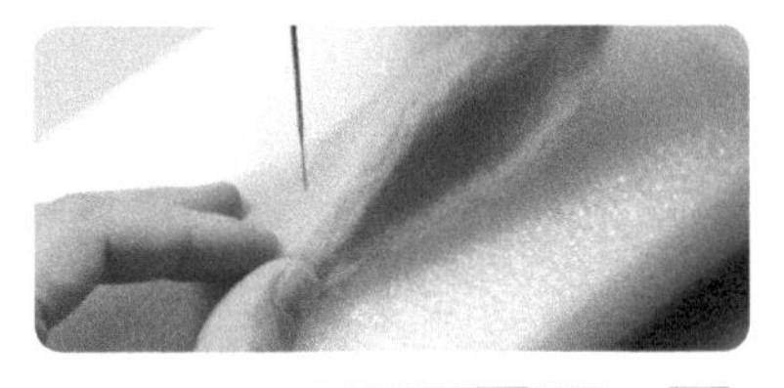

12

将耳朵底部向内对折用戳针将其戳刺在一起后调整耳朵长度，接着拨开兔子头顶两侧的毛线，将耳朵放入毛线中，再用戳针戳刺固定。注意，可在耳朵底部两侧涂上酒精胶水，使其更牢固。

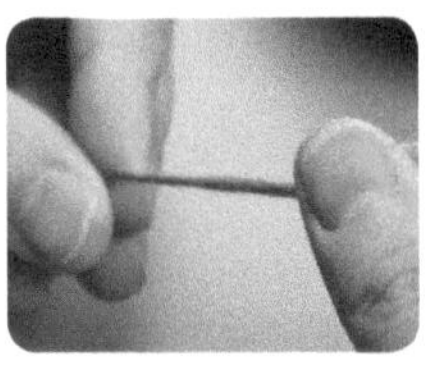

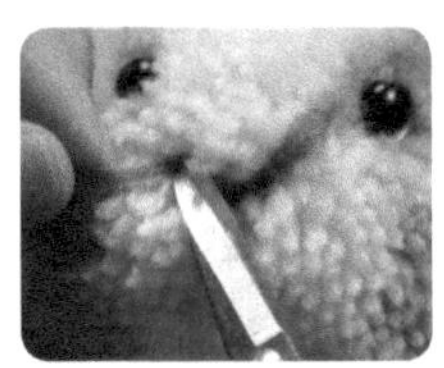

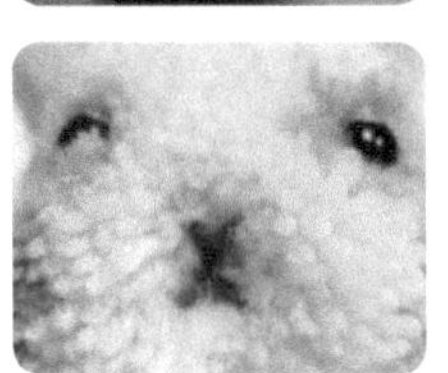

13

制作兔子的嘴巴。取棕色羊毛搓成细线，将其戳刺在兔子的嘴巴位置，嘴巴的形状为“X”形。至此，可爱的兔子就制作完成了。

4.4 三角耳花脸小熊猫

小熊猫，外形与猫相似，圆脸且脸颊处有白色花纹，眼部上方有少许白色眉毛，耳朵较大，呈三角形，以上这些特征在制作小熊猫时需要着重表现出来。另外，毛线颜色的选择要符合小熊猫的本色。

多角度效果图展示

材料、工具与配件

材料、工具与配件名称

1. 毛线：白色、浅棕色、深棕色
2. 6.8cm 毛线制球器
3. 5mm 针插式黑豆眼
4. 羊毛：米黄色、深棕色、黑色

绕线示意图

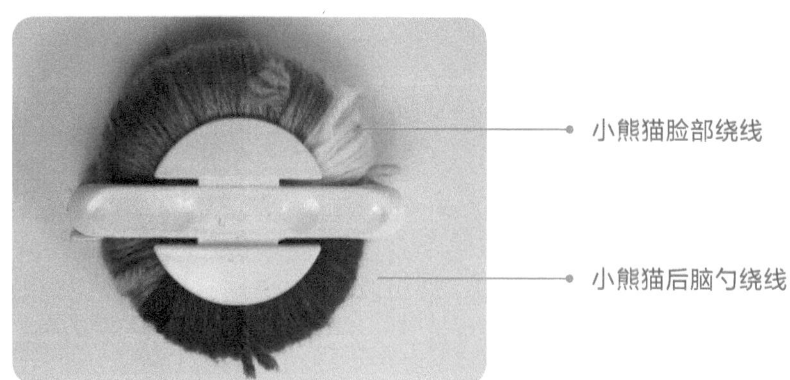

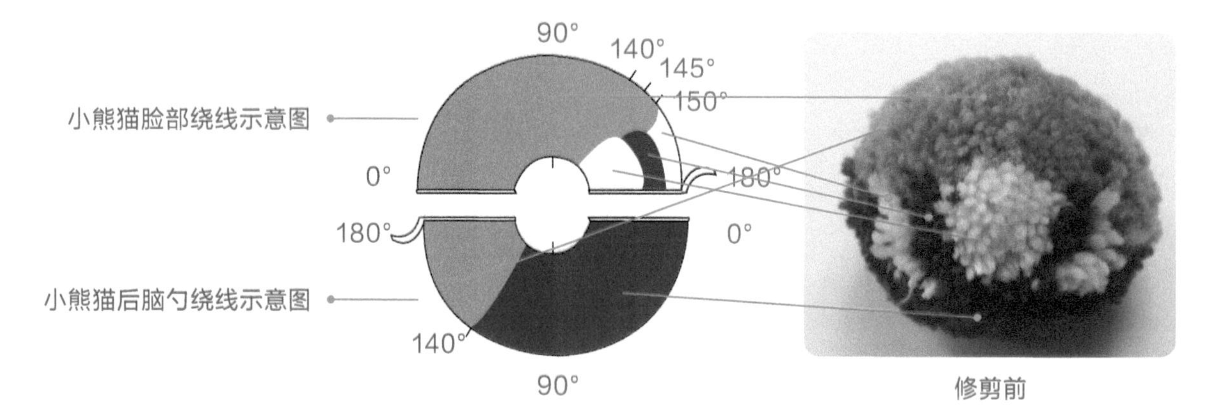

修剪前

制球

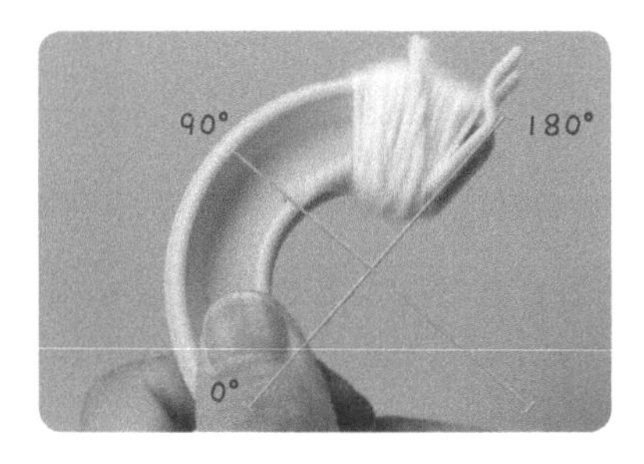

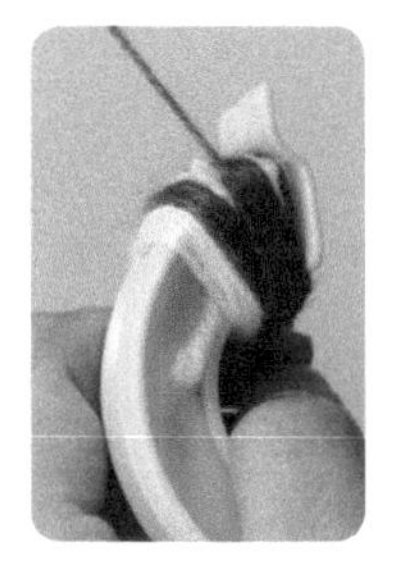

01

取出 6.8cm 毛线制球器的一个半圆部件，在半圆部件的 140° ~ 180° 的区域内绕大约 45 圈白色毛线。

02

在同一个半圆部件的 145° ~ 180° 的区域内绕大约 25 圈深棕色毛线。

03

在半圆部件的 0° ~ 150° 区域内绕大约 310 圈浅棕色毛线。

04

在 140° ~ 180° 的区域内绕 25 圈白色毛线，这样制球器的一个半圆部件的绕线就制作完成了。

05

取出制球器的另一个半圆部件，先在 140° ~ 180° 的区域内绕大约 110 圈浅棕色毛线，然后在 0° ~ 140° 的区域内绕大约 290 圈深棕色毛线，完成后的效果如上右图所示。

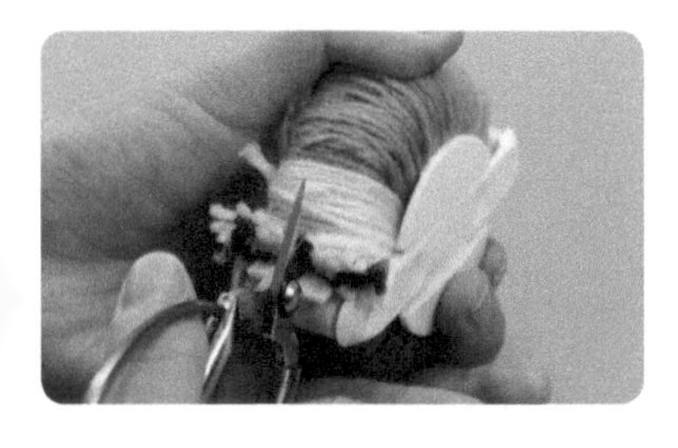

06

合上制球器，用剪刀剪开毛线后用绑线打死结固定，得到用于制作小熊猫的毛线球。

修剪

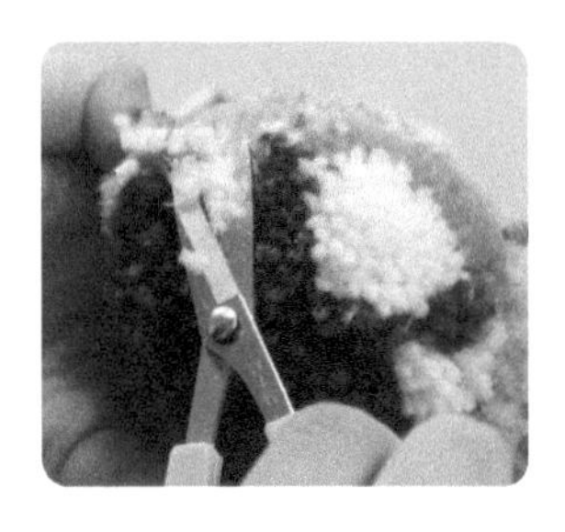

07

用弯头剪刀将毛线球表面修剪成圆润的球状。

形象制作

08

修剪小熊猫的脸部，将脸部中间除白色毛线以外的地方修剪得平整一些。

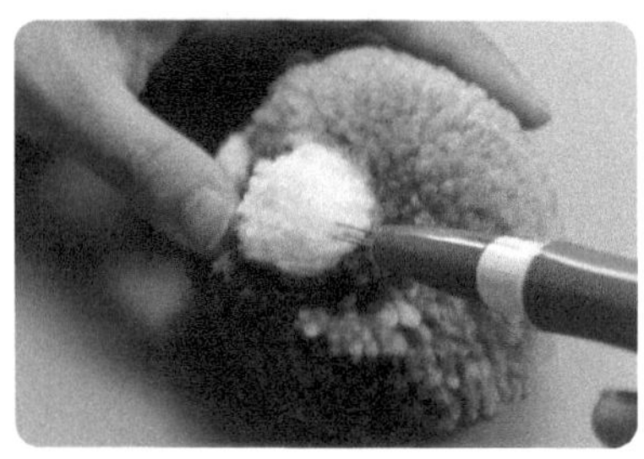

09

用三针笔戳刺脸部中间的白色毛线，做出小熊猫的鼻子。

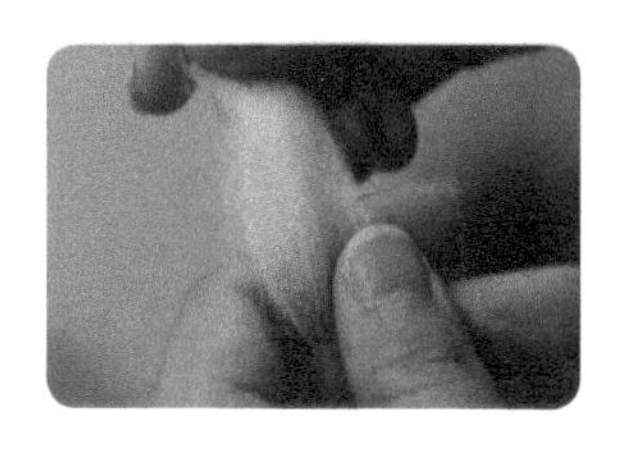  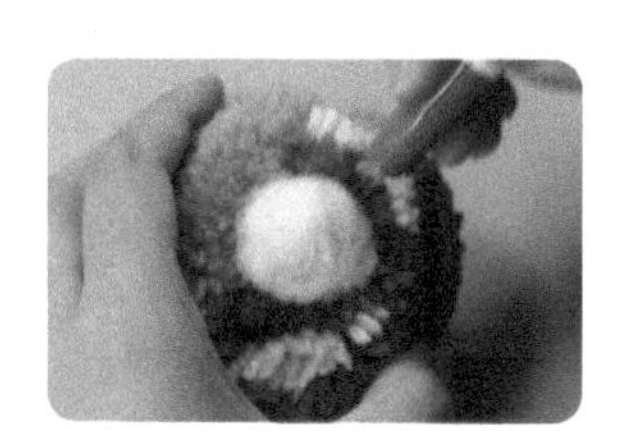 

10

取少量白色羊毛覆盖在鼻子上，用三针笔将羊毛戳刺结实。

 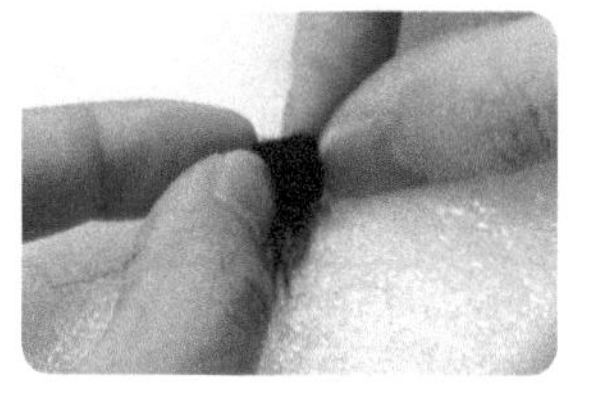 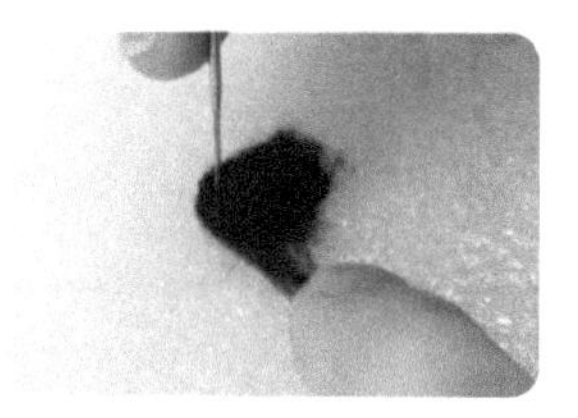 

11

取少量黑色羊毛，将羊毛的一端卷起来，另一端保留一点羊毛须，然后用戳针将卷起来的一端戳圆，如上右图所示。

 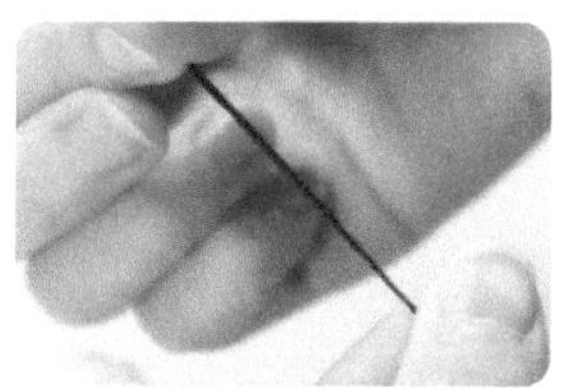  

12

用戳针将黑色羊毛留有羊毛须的那端戳进鼻头，再取少量黑色羊毛搓成细线，将其戳进鼻子下方作为嘴巴，嘴巴的形状为倒“T”形。

 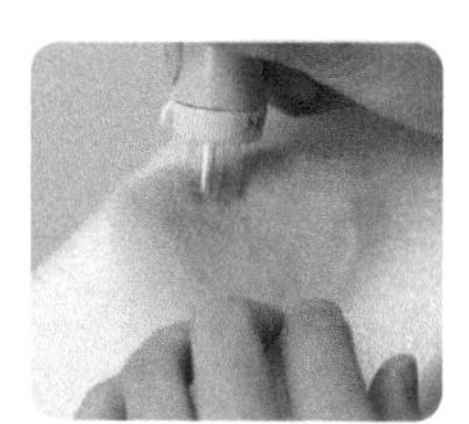   

13

取适量米黄色羊毛折叠成三角形，用戳针将其戳刺成三角形片状后，再用弯头剪刀对其进行修剪，用来做小熊猫的耳朵。

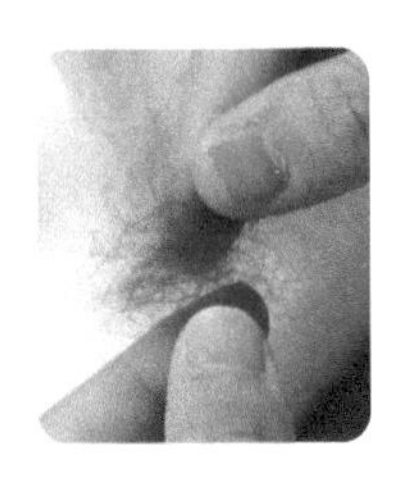
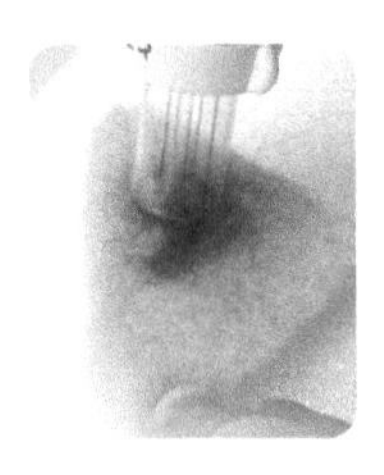

14

取适量深棕色羊毛，用五针笔将其戳刺在耳朵的中间位置。

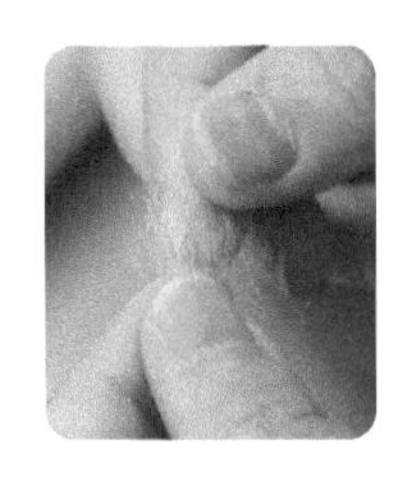
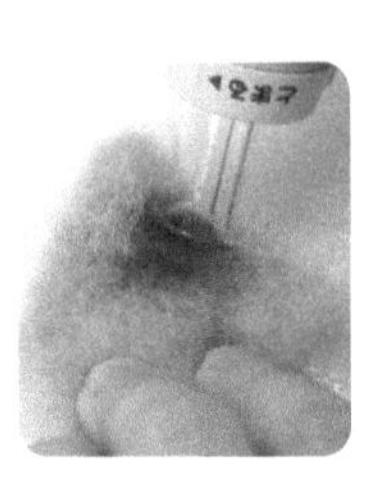
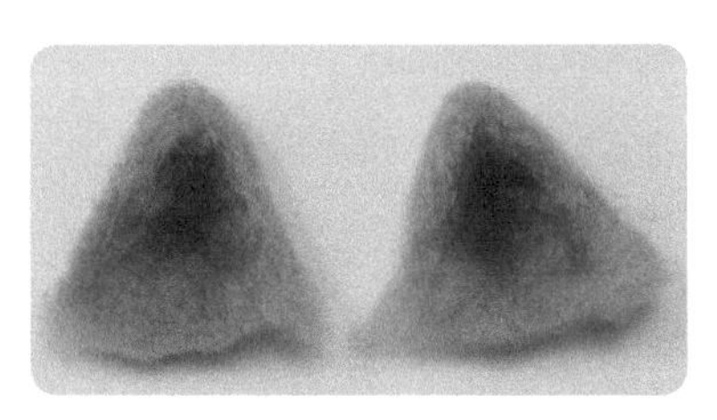

15

取少许白色羊毛，用五针笔将其戳刺在耳朵顶部尖角处。

16

为准备好的一对 5mm 针插式黑豆眼，涂上酒精胶水，然后将其插到小熊猫的眼部位置。

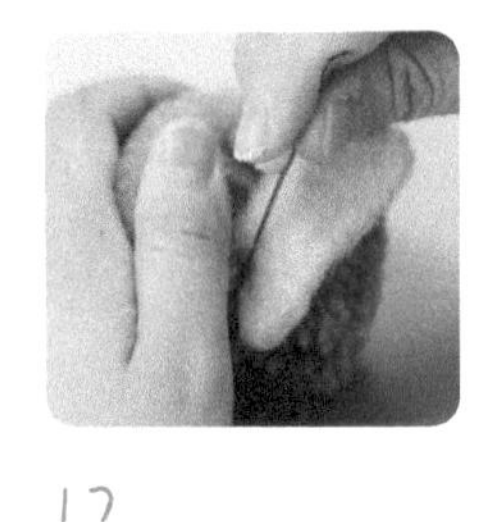
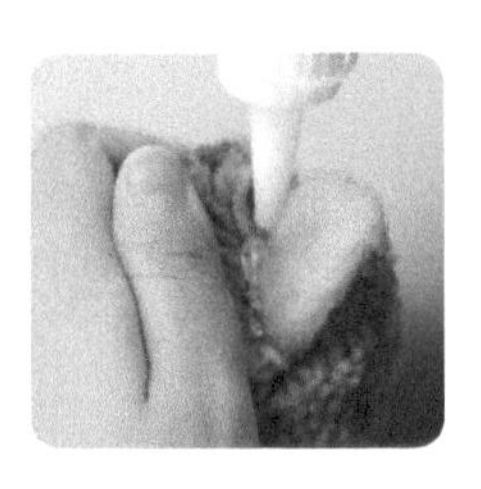

17

将耳朵放入小熊猫头顶的毛线中，用戳针进行戳刺的方式将耳朵安装好，在耳朵底部两侧涂上酒精胶水使其固定。

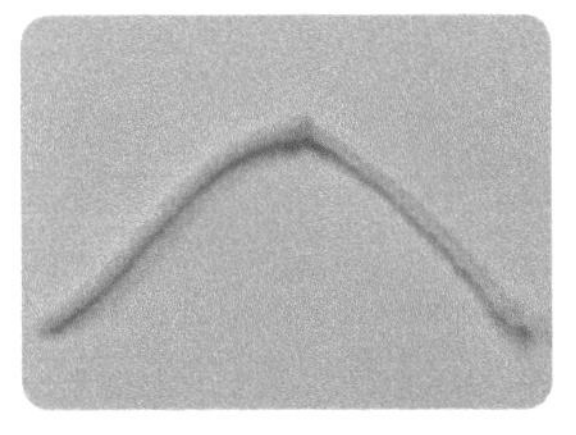

18

取一段白色毛线在中间位置打结，用戳针将绳结戳入眼睛上方（1 ~ 2 根即可），为其涂上酒精胶水固定后用弯头剪刀剪掉多余的线头，完成小熊猫的制作。

4.5 嘴鼻两色大耳树袋熊

树袋熊，也叫考拉，是一种珍贵的原始树栖动物。在本案例中，除了制作出树袋熊的一对大耳朵，其扁平的上下两色的鼻子和嘴巴也是需要重点表现的部分。

多角度效果图展示

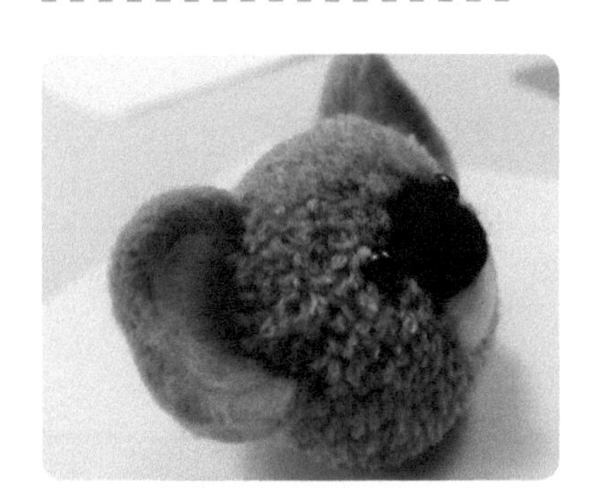

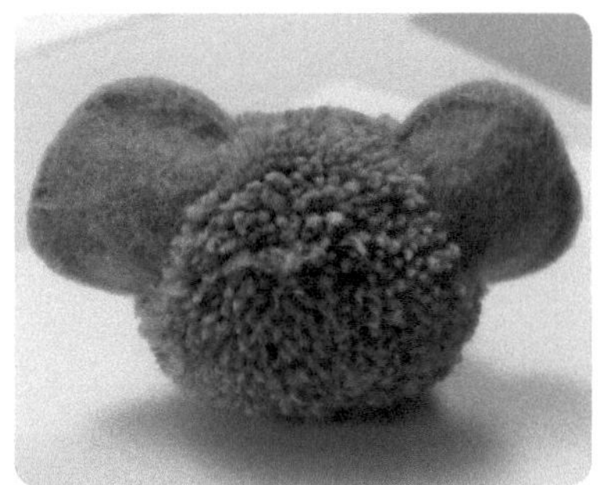

材料、工具与配件

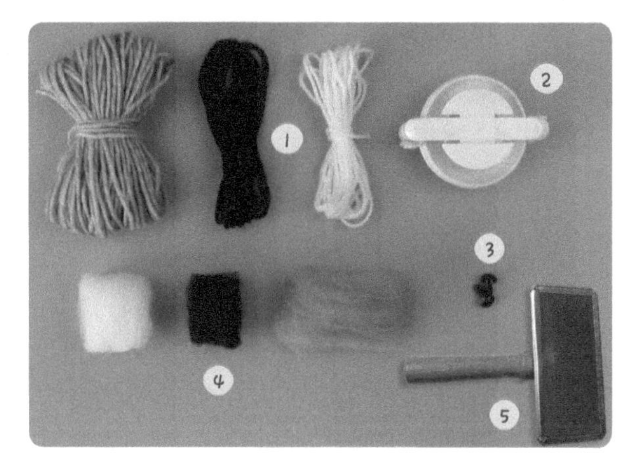

材料、工具与配件名称

1. 毛线：黑色、白色、浅灰色
2. 6.8cm 毛线制球器
3. 10mm 棕色水晶眼
4. 羊毛：黑色、白色、浅灰色
5. 针梳

绕线示意图

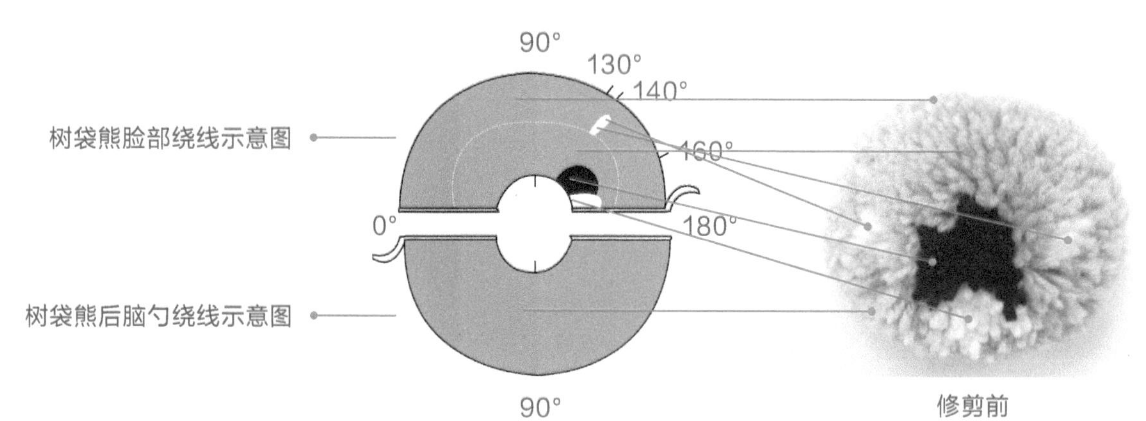

修剪前

制球

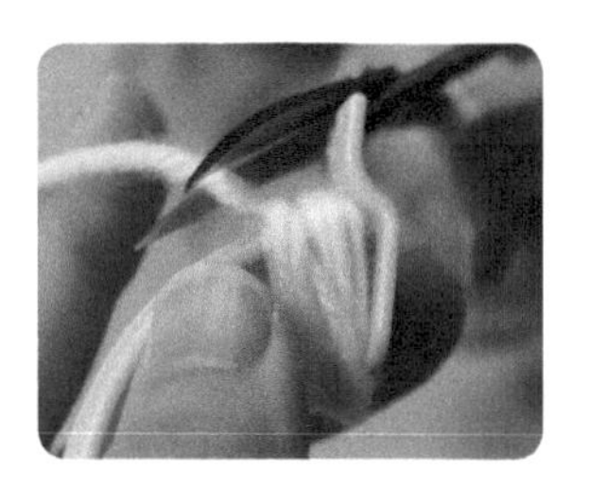
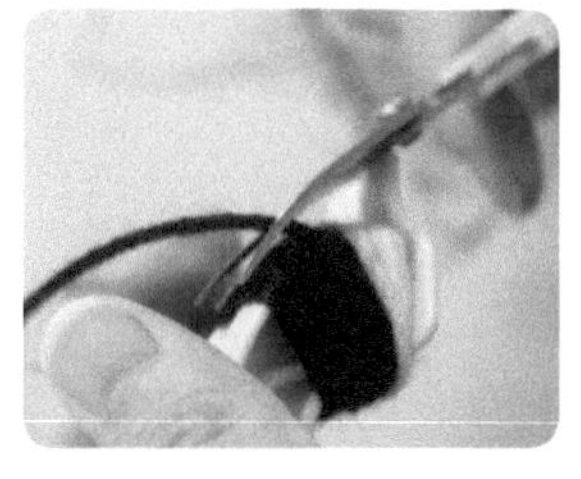
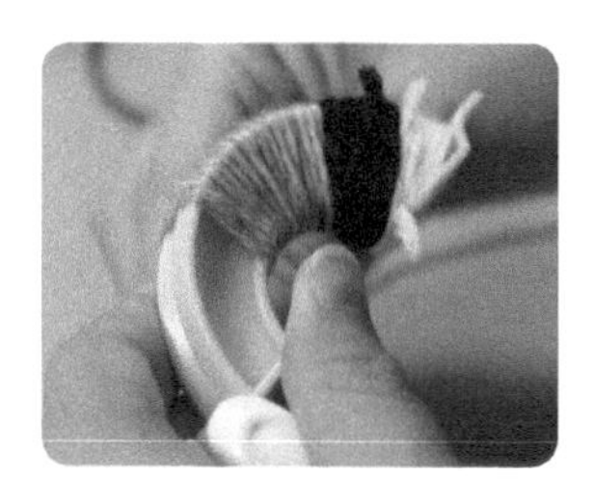

01

取出6.8cm毛线制球器的一个半圆部件，在160°～180°的区域内缠绕大约25圈白色毛线。

02

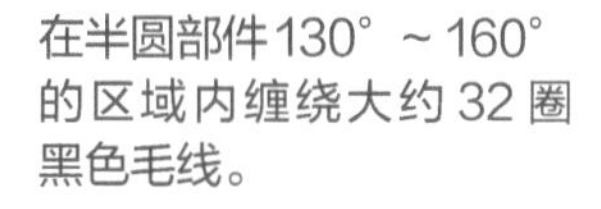

在半圆部件130°～160°的区域内缠绕大约32圈黑色毛线。

03

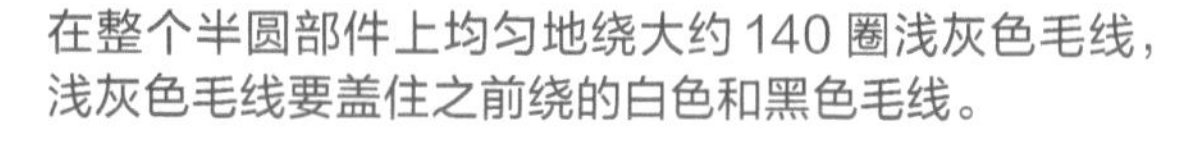

在整个半圆部件上均匀地绕大约140圈浅灰色毛线，浅灰色毛线要盖住之前绕的白色和黑色毛线。

04

在半圆部件130°～140°的区域内缠绕8圈白色毛线。

05

在整个半圆部件上均匀地绕大约200圈浅灰色毛线。

06

取出制球器的另一个半圆部件，用浅灰色毛线在上面均匀地绕满大约400圈，绕好后合上制球器。

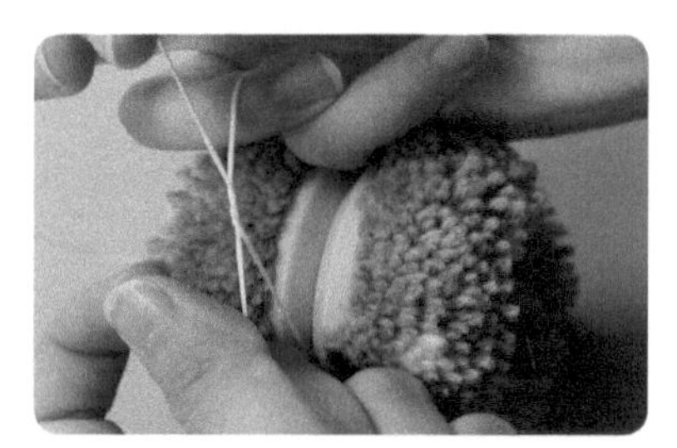

07

用剪刀剪开毛线，并用绑线将毛线球固定住，得到用于制作树袋熊的毛线球。

修剪

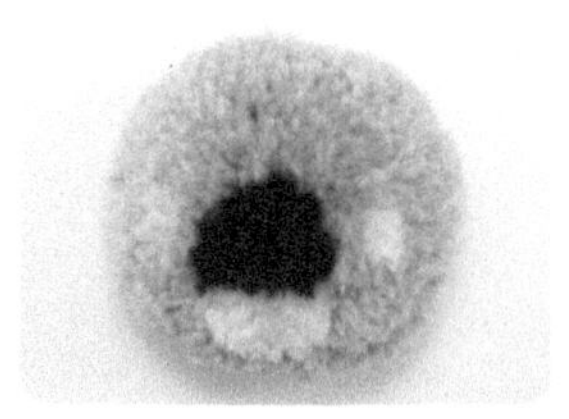

08

先用弯头剪刀将毛线球表面修剪圆润，接着用针梳梳理毛线，使毛线球更蓬松，呈现出毛茸茸的效果，继续用弯头剪刀把表面修剪得更圆润。

形象制作

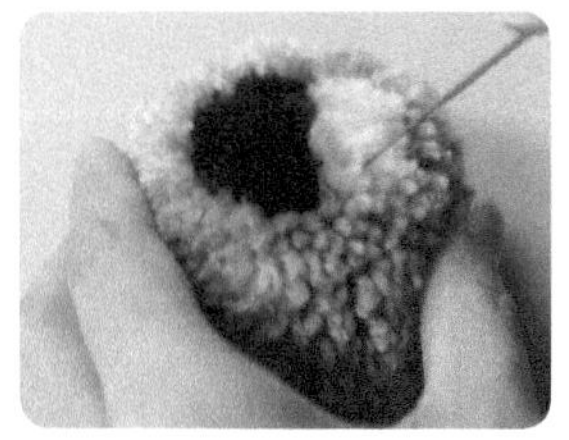

09

用戳针戳刺树袋熊嘴鼻处的黑色和白色毛线，再将嘴巴、鼻子以外的脸部毛线修剪平整，使鼻子和嘴巴突出一些。

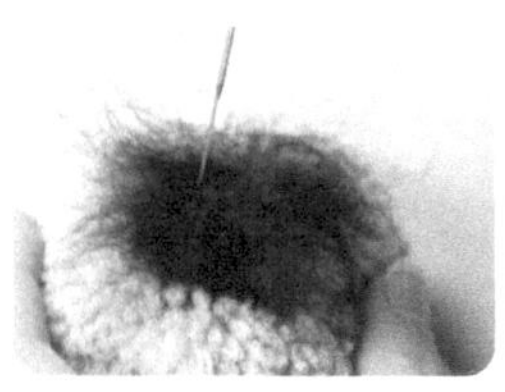
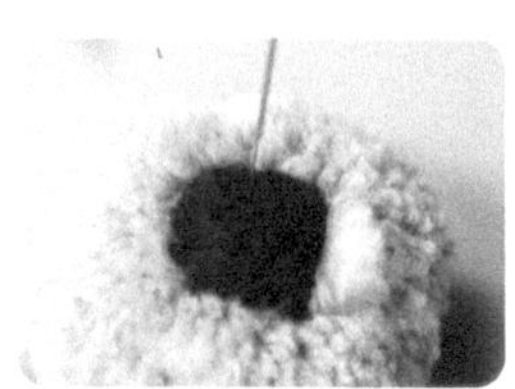
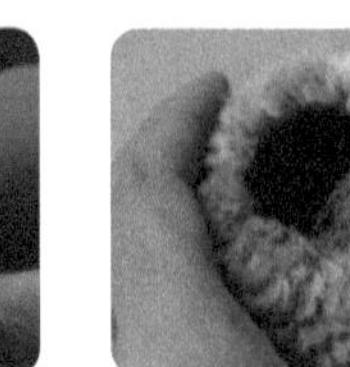
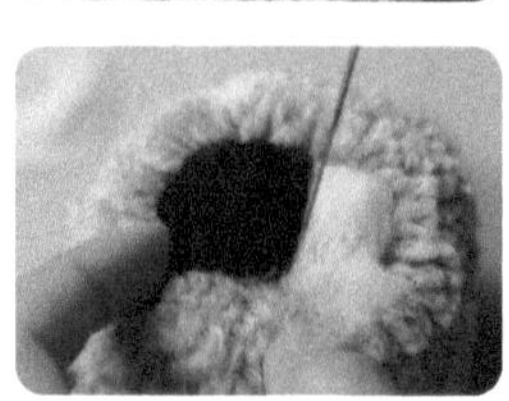

10

取适量黑色羊毛将其均匀地覆盖在鼻子的黑色毛线上，用戳针将其戳刺结实，再取适量白色羊毛用同样的方法戳刺在嘴巴上，戳刺的过程中要使嘴巴保持平整。

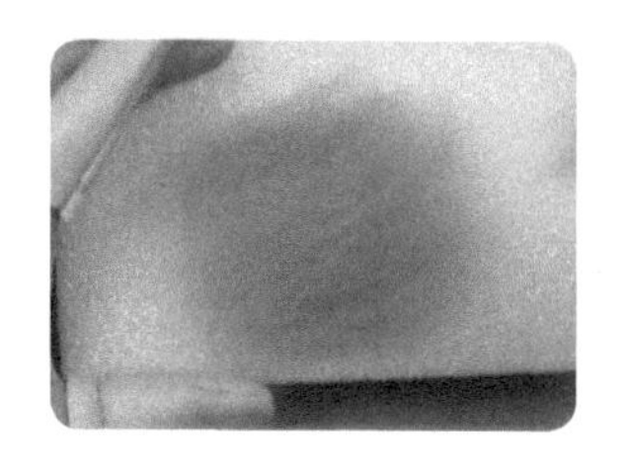
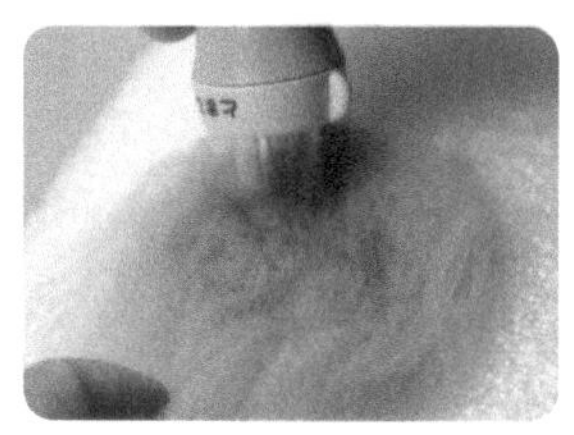
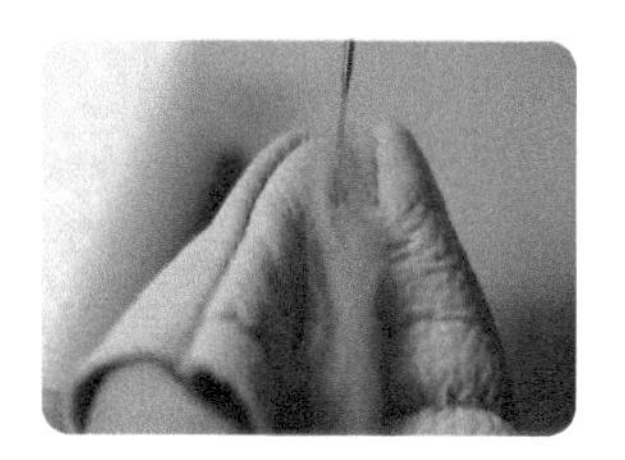
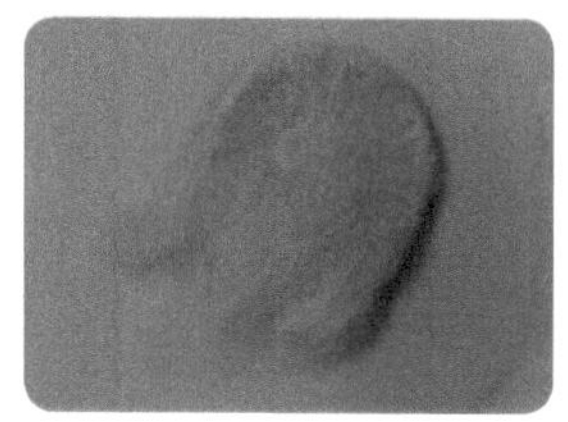

11

取适量浅灰色羊毛，用五针笔将其戳刺成片状作为树袋熊的耳朵，再用戳针戳刺侧面，戳刺的过程中需要不断地调整耳朵的形状。依旧要注意戳制的耳朵要比实际呈现出来的耳朵要长一点。

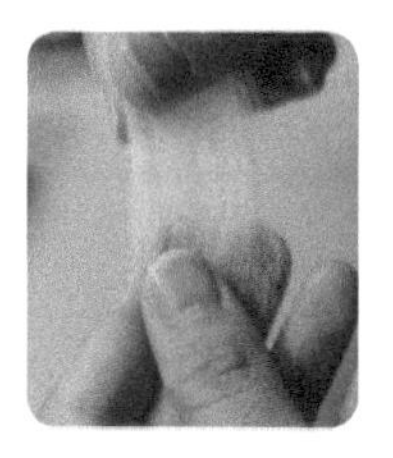
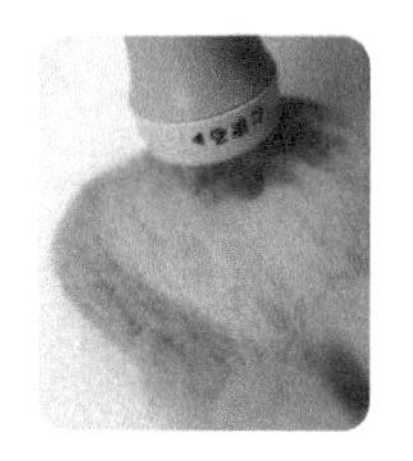
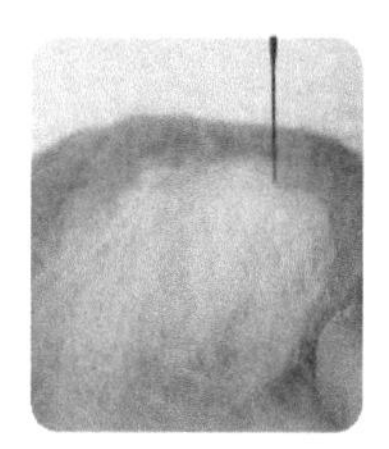
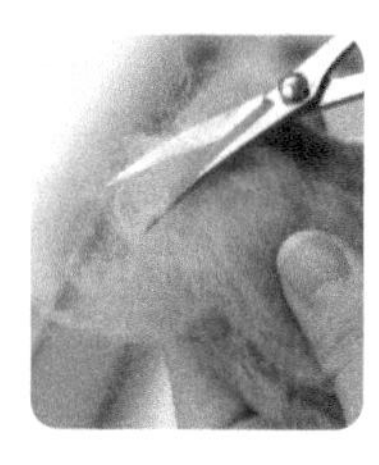
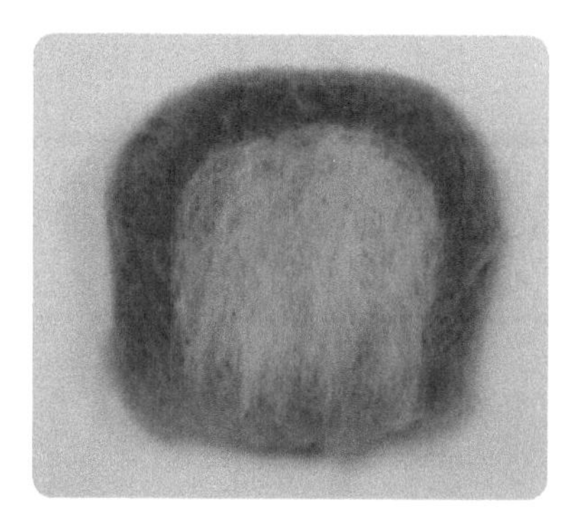

12

取少量白色羊毛，将其放置在耳朵中间的位置，用五针笔戳刺固定后再用戳针调整边缘的形状，用弯头剪刀将表面的浮毛剪掉，完成耳朵的制作。

13

将做好的耳朵放入树袋熊头顶的毛线中，用戳针将其戳刺固定后，涂上酒精胶水再次固定。

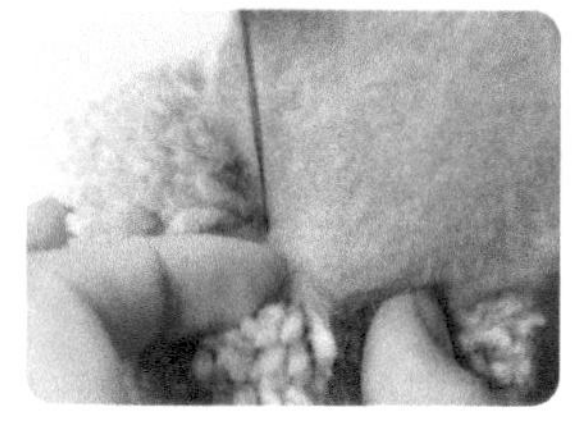
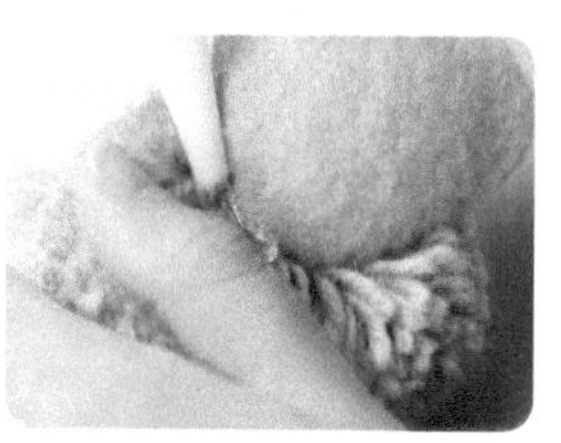

14

取出一对10mm 棕色水晶眼作为眼睛，在眼睛杆子上涂上酒精胶水后将其插入眼睛位置即可。至此，树袋熊制作完成。

4.6 头大脸圆的英国短毛猫

英国短毛猫，体型圆胖，毛短且密。因此，用毛线制作英国短毛猫时，需要突出短毛猫头大脸圆、眼睛大且圆和鼻子突出等特征。

多角度效果图展示

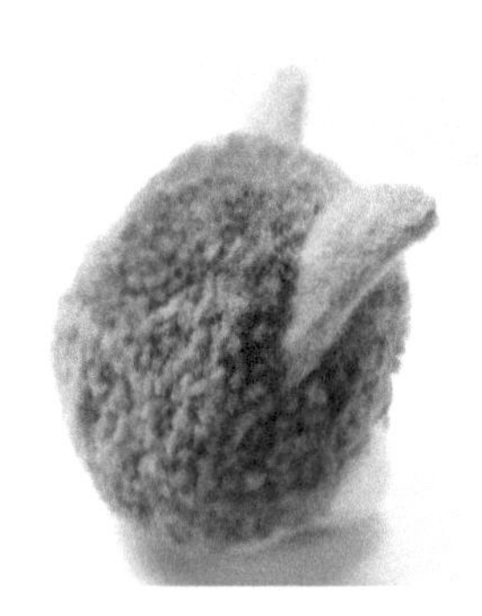

材料、工具与配件

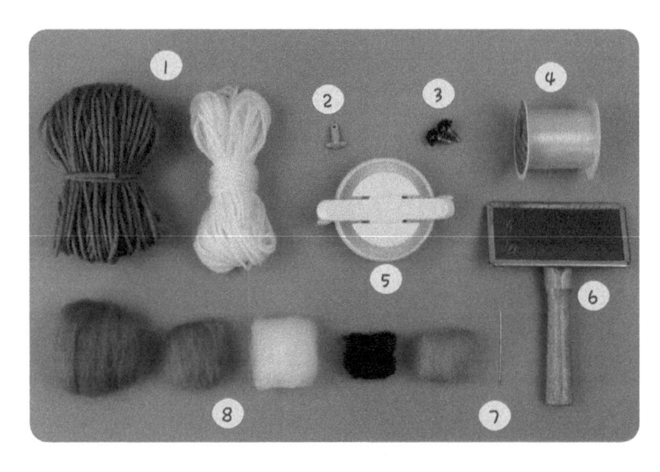

材料、工具与配件名称

1. 毛线：白色、棕灰色
2. 12mm 肉色的猫咪鼻子
3. 12mm 金色水晶眼
4. 鱼线
5. 6.8cm 毛线制球器
6. 针梳
7. 缝针
8. 羊毛：黑色、白色、桃粉色、棕灰色、灰色
9. 锥子

绕线示意图

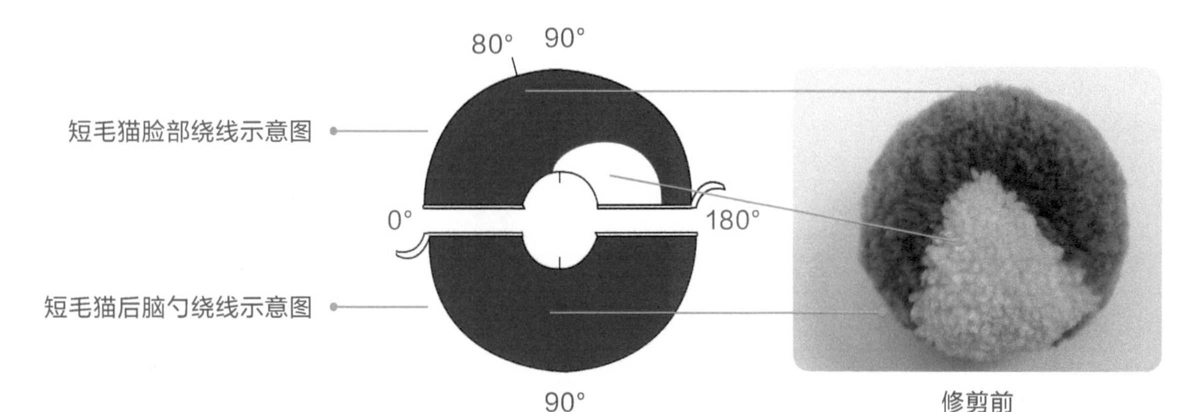

修剪前

制球

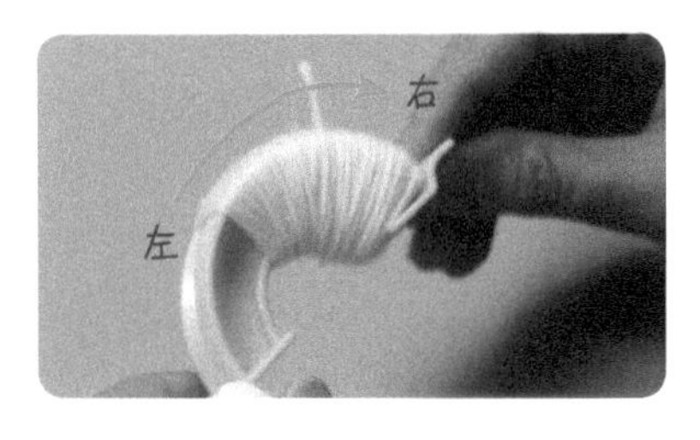

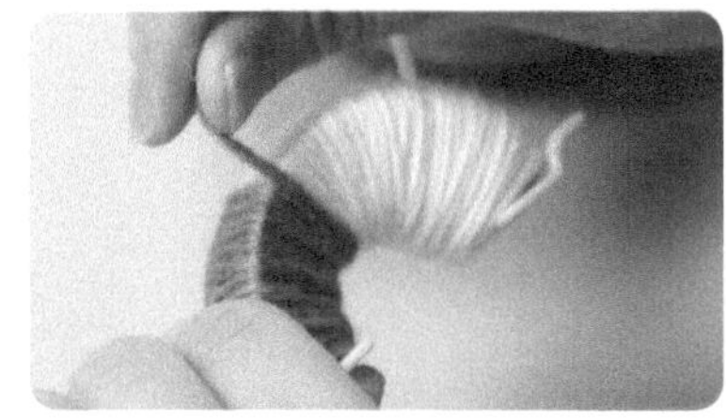

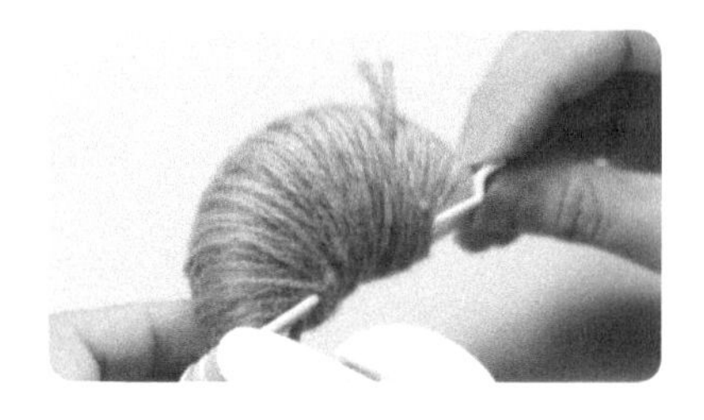

01

取出 6.8cm 毛线制球器的一个半圆部件，在 80° ~ 180° 的区域内缠绕白色毛线大约 120 圈。注意，毛线圈数要从左往右逐渐增多。

02

取两根棕灰色毛线在同一个半圆部件上绕大约 280 圈（如果只用一根毛线则绕双倍圈数），一个半圆部件的绕线完成。

03

取出制球器的另一个半圆部件，取两根棕灰色毛线均匀地绕大约 400 圈（如果只用一根毛线则绕双倍圈数），随后合上制线器，剪开毛线并用绑线捆绑固定，做出制作短毛猫的毛线球。

修剪

04

用弯头剪刀将毛线球参差不齐的表面修剪成圆润的球形。

05

用针梳梳理毛线，使毛线球更蓬松，呈现出毛茸茸的效果，用弯头剪刀把表面修剪得更圆润。

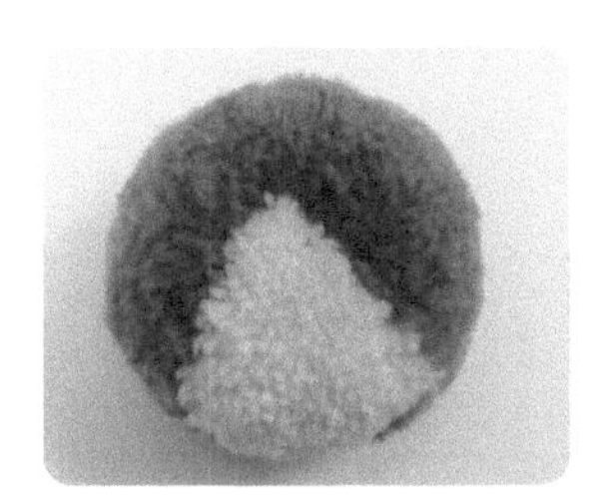

形象制作

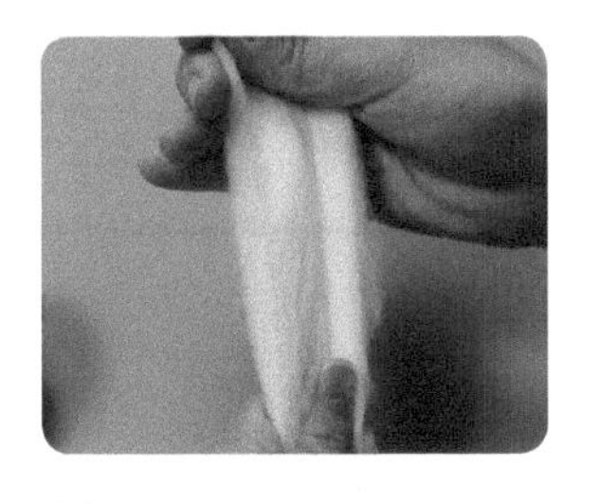
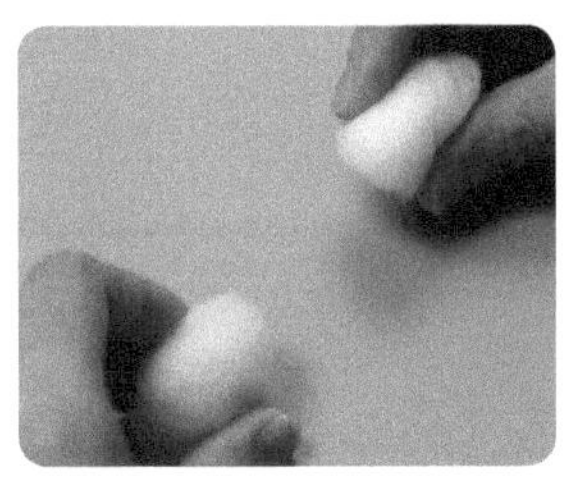
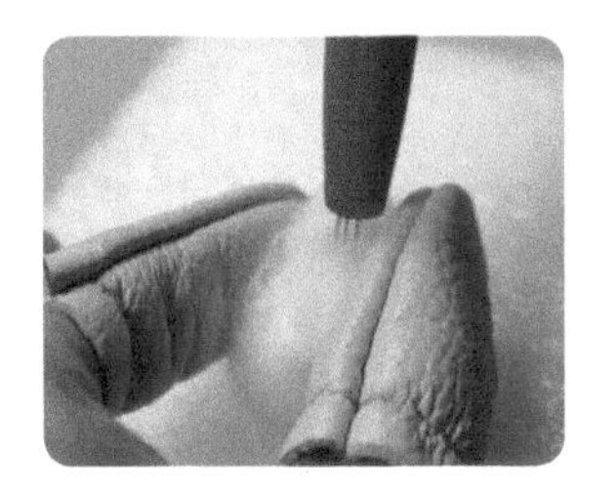
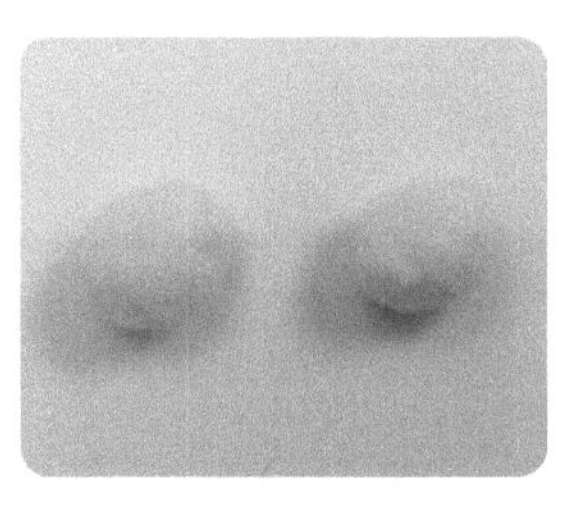

06

取白色羊毛分成两个相同大小的羊毛团，用三针笔将它们戳刺成结实的椭圆状，作为短毛猫的腮帮。

07

将12mm金色水晶眼先插入如右图所示的位置，暂时不需要固定，再把制作好的腮帮对照眼睛位置用戳针戳刺固定在脸部中间靠下的位置。

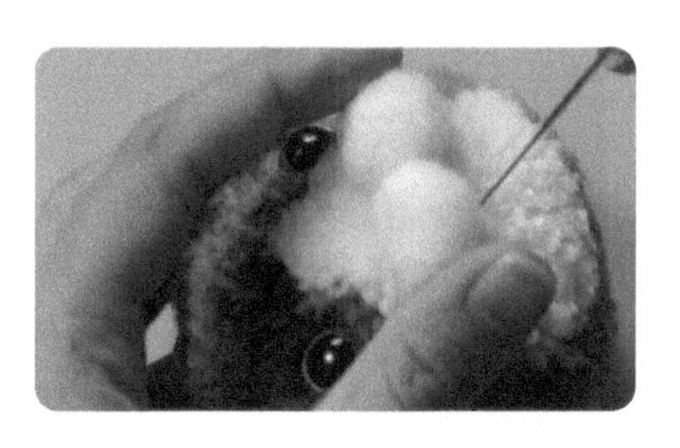

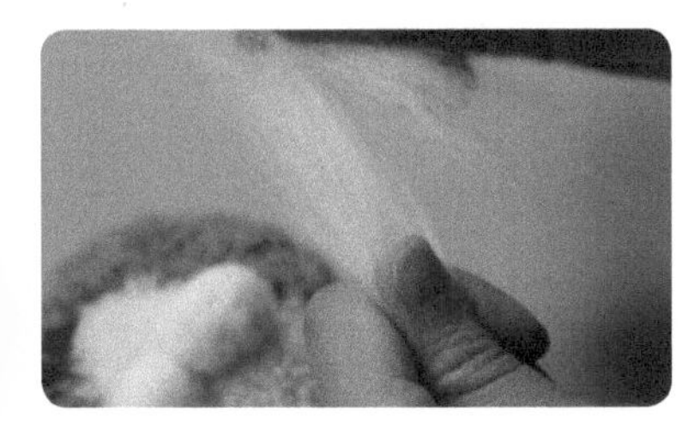
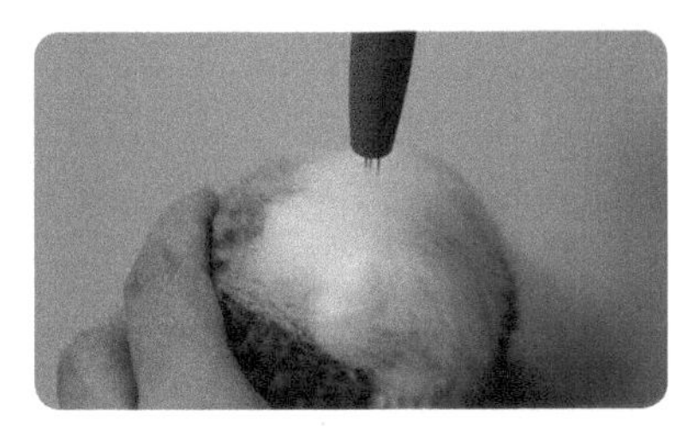
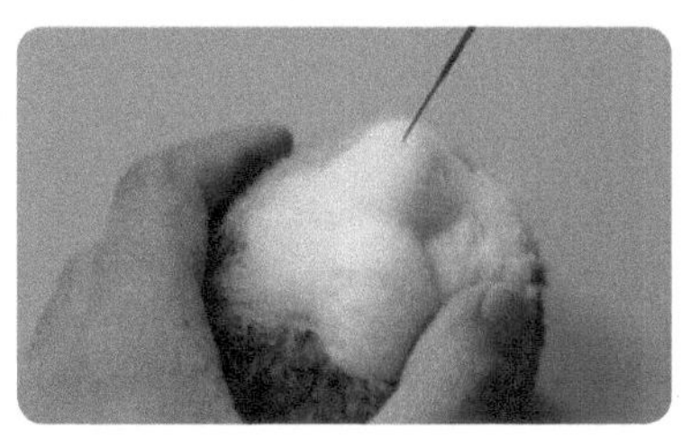

08

取少量白色羊毛将其均匀地覆盖在腮帮上，用三针笔戳刺固定。这样做能让接下来用羊毛做的嘴巴主体部件更好地被固定下来。

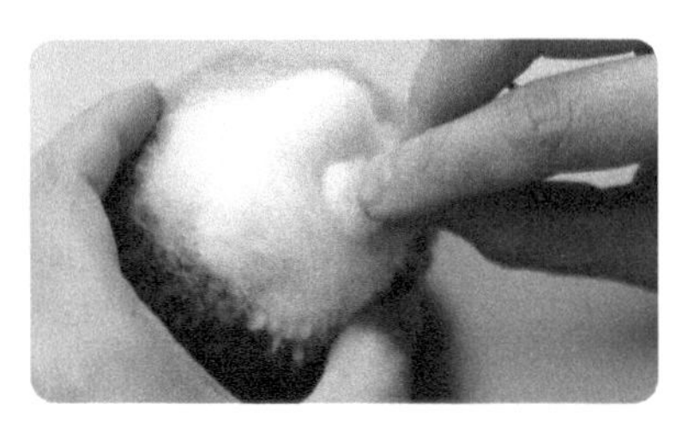

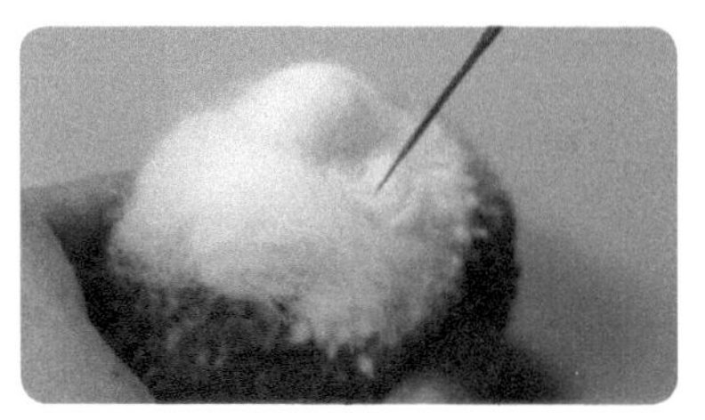

09

取一点白色羊毛放在两个腮帮的下方，用戳针戳刺固定，做出短毛猫的嘴部主体。

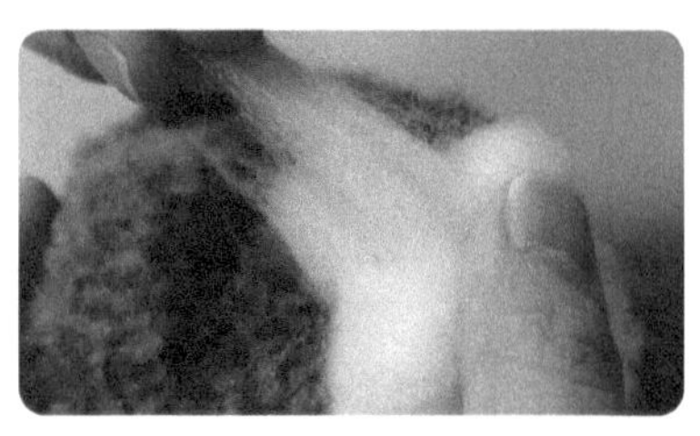

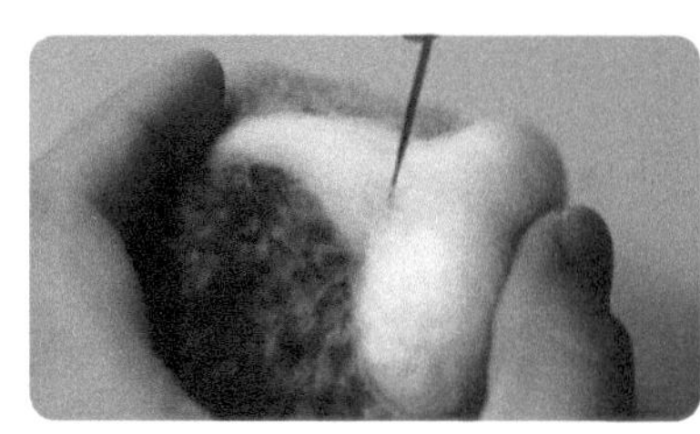

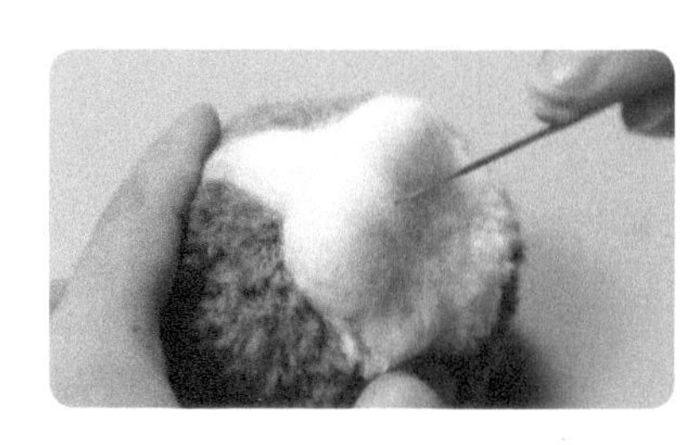

10

取适量白色羊毛平铺在两个腮帮的中间和上方，使腮帮和鼻子上方连接得更自然。

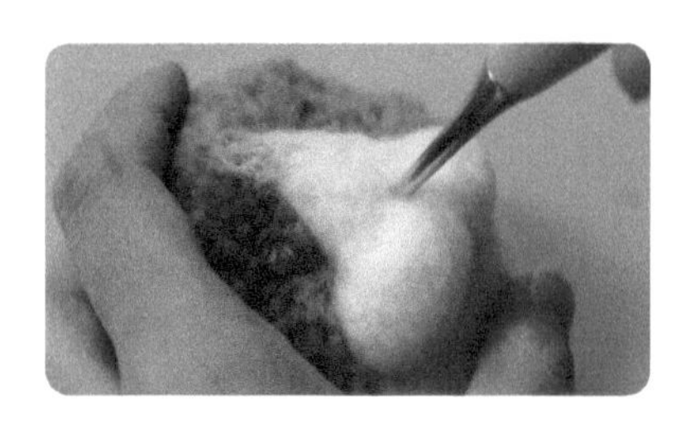

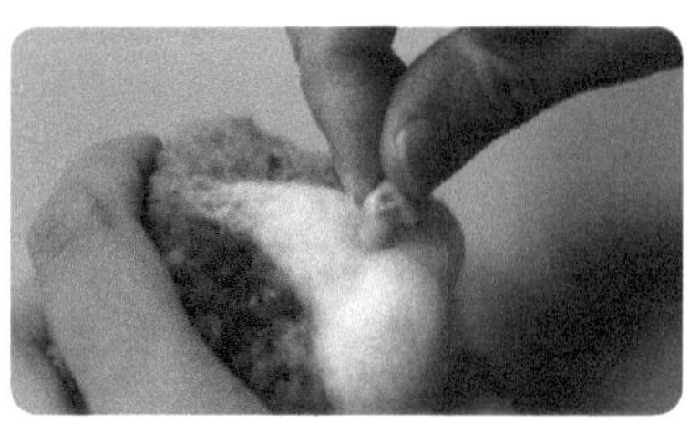

11

在两个腮帮中间偏上的位置用锥子扎一个洞（方便插入鼻子），将涂有酒精胶水的 12mm 肉色的猫咪鼻子插入洞中并固定住。

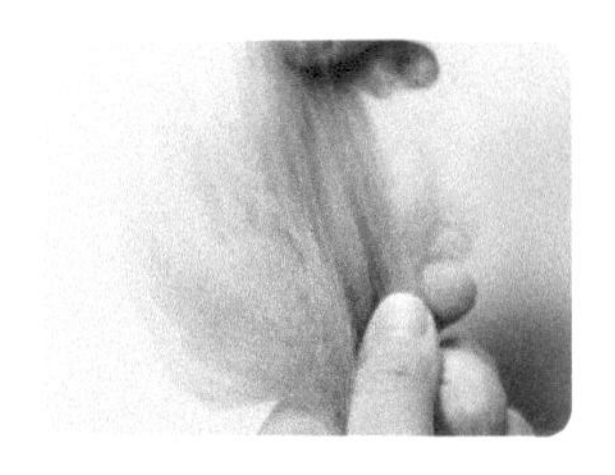

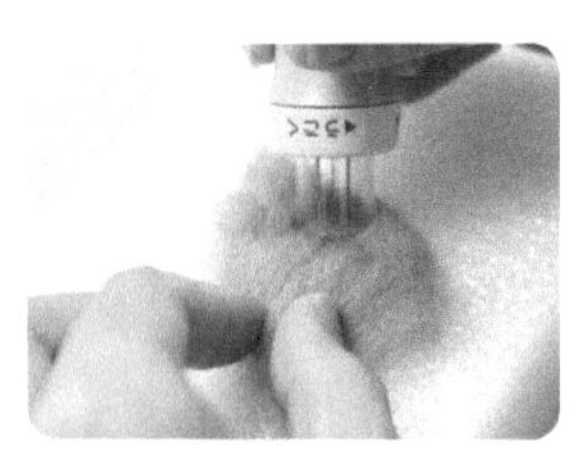

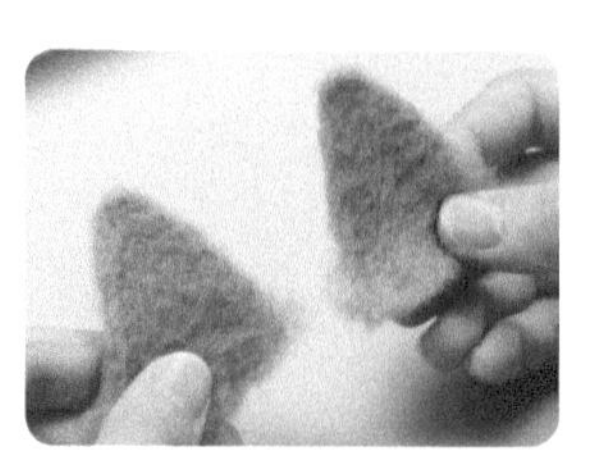

12

取灰色和棕灰色羊毛混合，混合出一个跟毛线颜色很接近的颜色。将混合得到的羊毛折叠成三角形后用五针笔戳刺成片状作为短毛猫的耳朵，再用戳针戳刺耳朵侧面将其戳制成长三角形的形状。

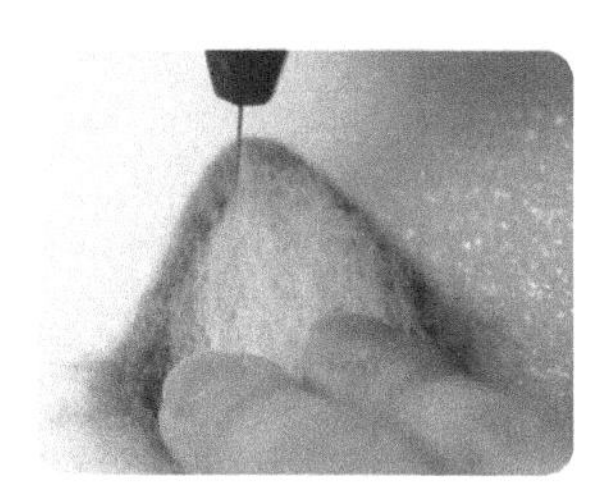
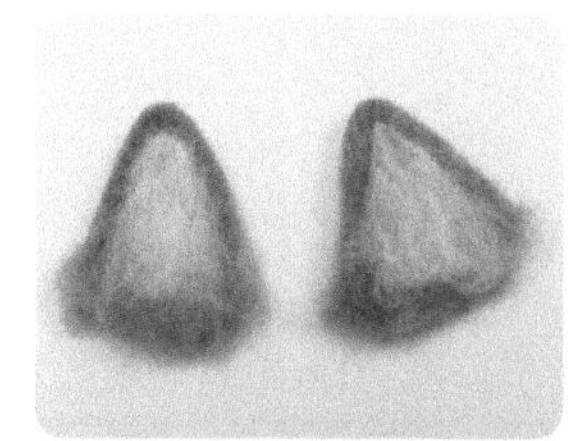

13

取少量白色羊毛放置在耳朵的中间位置，分别用五针笔和戳针将其戳刺固定，并调整耳朵上白色羊毛的形状。

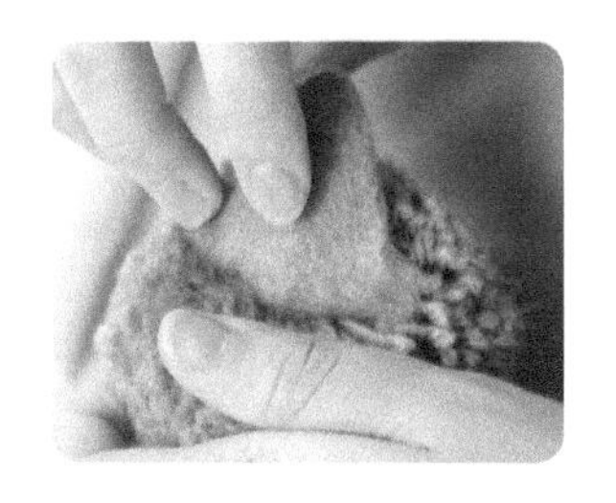
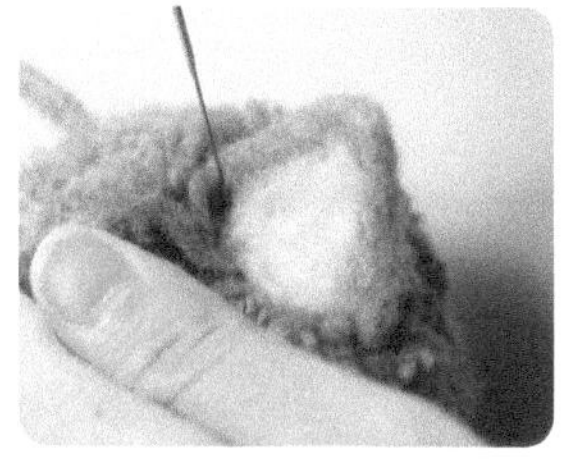

14

将耳朵放入短毛猫头顶两侧的毛线中，用戳针戳刺固定，再在耳朵底部两侧涂上酒精胶水使其固定。

15

将12mm金色水晶眼涂上酒精胶水后插到短毛猫眼睛的位置上。

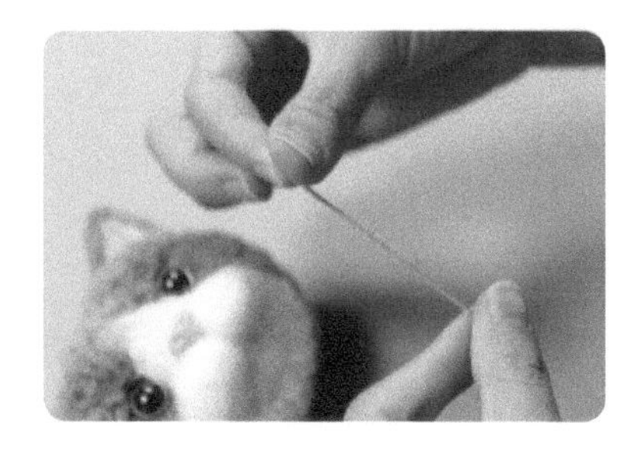
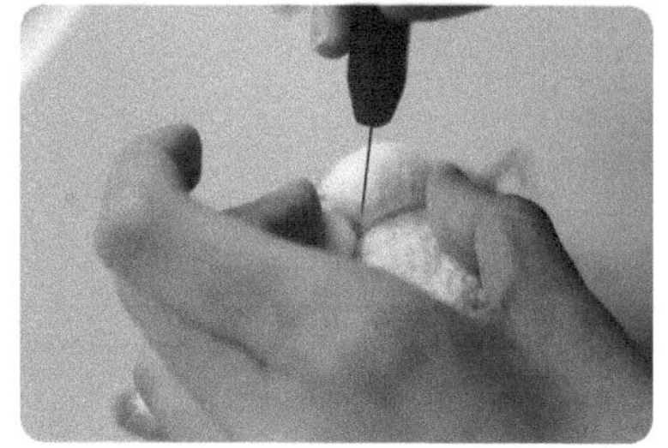
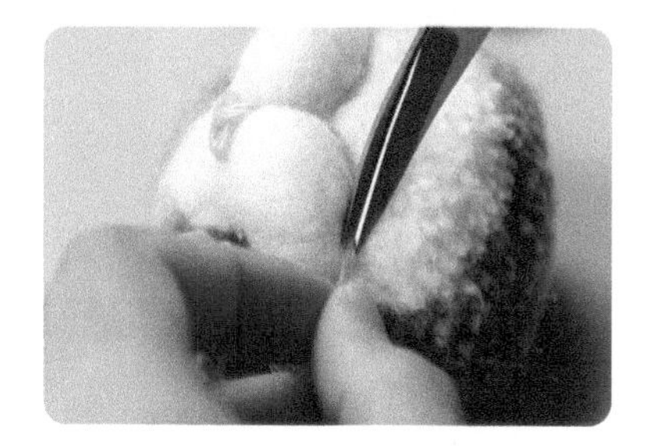

16

取桃粉色羊毛搓成细线状，用戳针将其戳刺在两个腮帮的中间和下面，做出短毛猫的嘴巴。

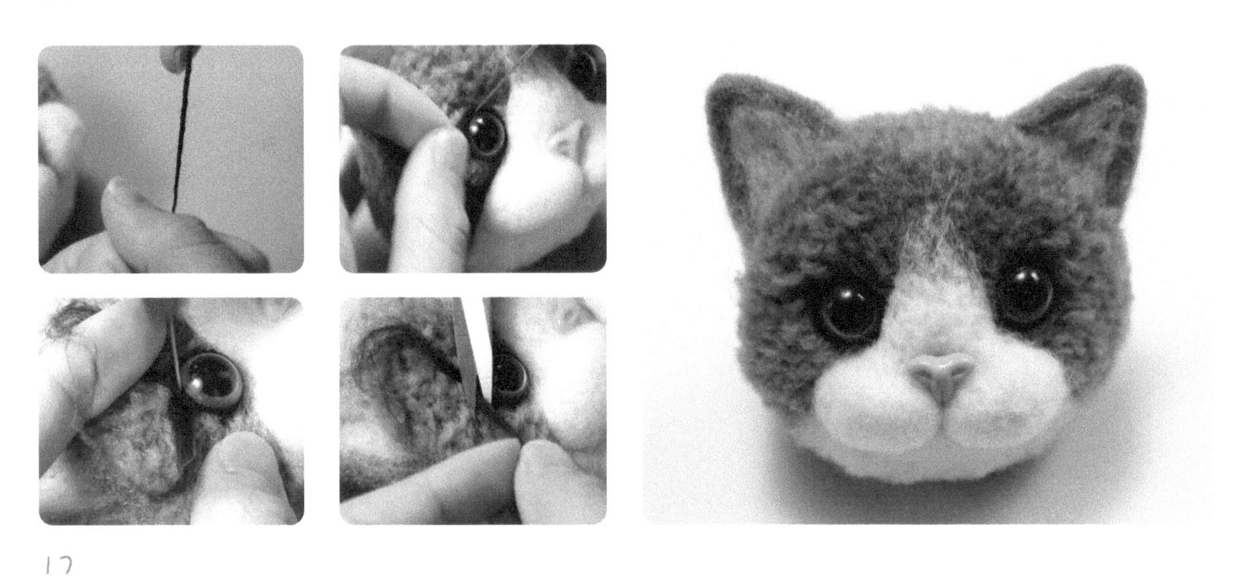

17

取黑色羊毛搓成细线状，将其绕着短毛猫的眼睛周围戳刺一圈，剪掉多余的羊毛，短毛猫的眼线就制作完成了。

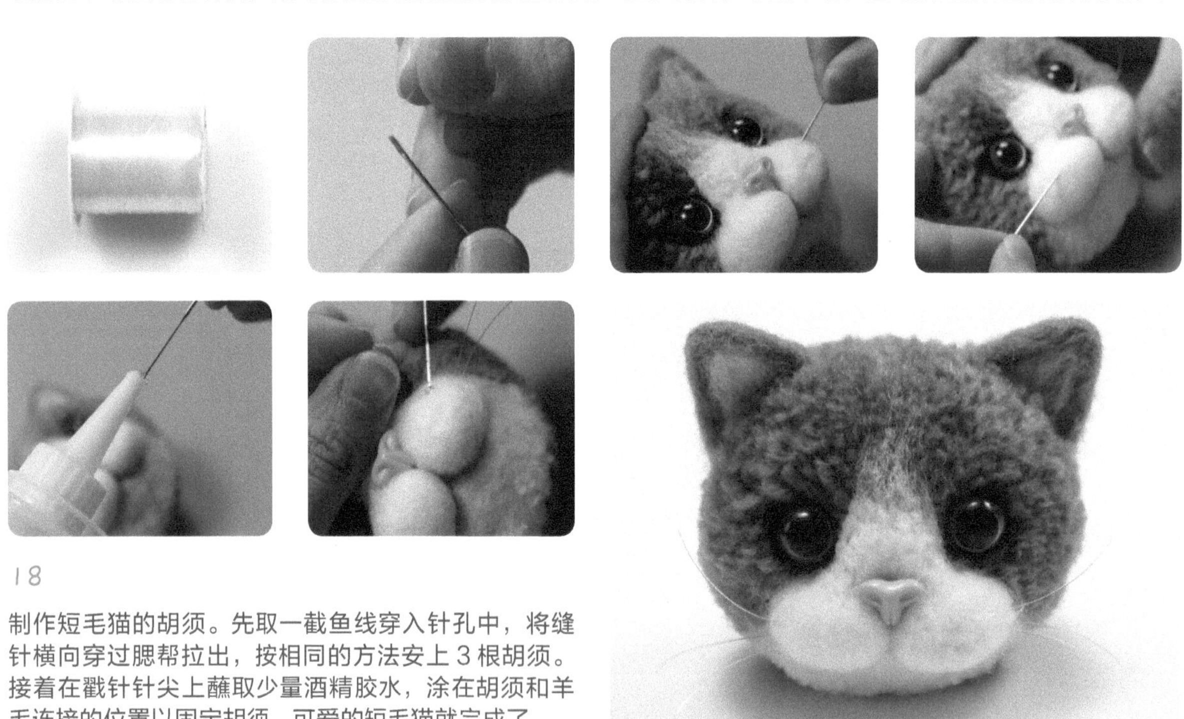

18

制作短毛猫的胡须。先取一截鱼线穿入针孔中，将缝针横向穿过腮帮拉出，按相同的方法安上 3 根胡须。接着在戳针针尖上蘸取少量酒精胶水，涂在胡须和羊毛连接的位置以固定胡须，可爱的短毛猫就完成了。

第5章

丛林聚会

丛林是陆上动物的栖息地，丛林中生活着许多种类的动物。本章将以“丛林聚会”为主题，选取丛林中的小动物来制作一些可爱的毛线球动物，让大家体验制作蓬蓬小动物的乐趣。

5.1 黄色条纹小眼蜜蜂

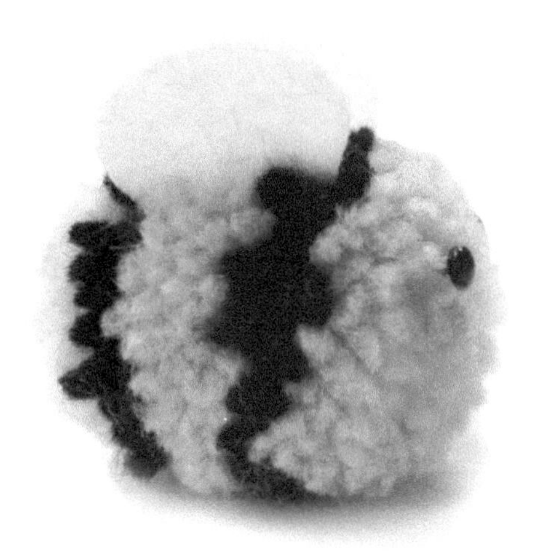

本案例制作的小蜜蜂以黄色为主色，身上带有黑色条纹，头部与身体同宽，因而只需把制作的蜜蜂毛线球修剪成椭圆状，再安上眼睛、腮红和翅膀就可以了。

多角度效果图展示

材料、工具与配件

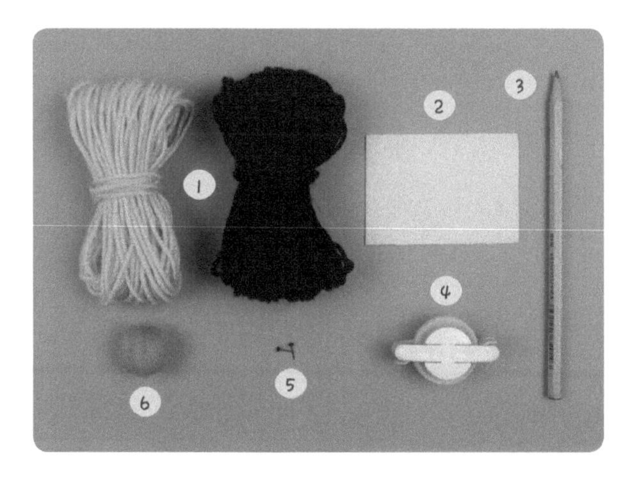

材料、工具与配件名称

1. 毛线：黄色、黑色
2. 不织布：白色
3. 铅笔
4. 3.8cm 毛线制球器
5. 3mm 针插式黑豆眼
6. 羊毛：桃粉色

绕线示意图

蜜蜂身体前半部分绕线

蜜蜂身体后半部分绕线

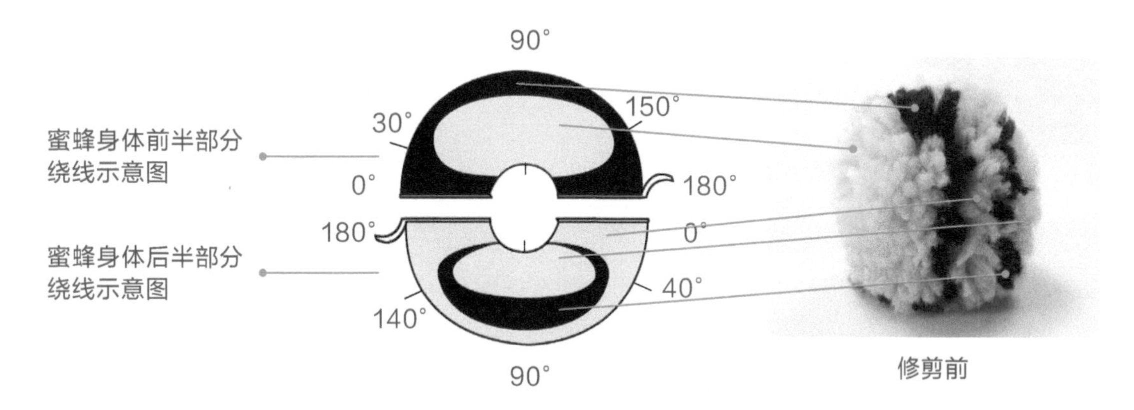

修剪前

制球

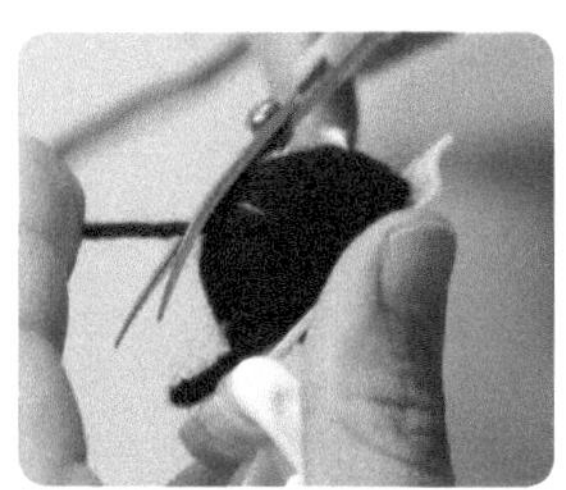

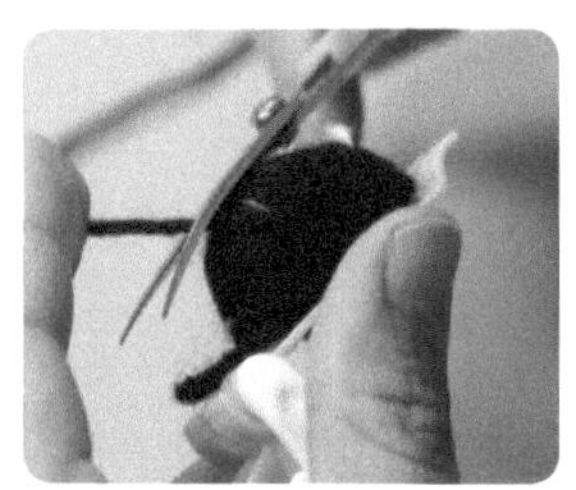

01

取出3.8cm毛线制球器的一个半圆部件，在30°～150°的区域内缠绕大约68圈黄色毛线。

02

在整个半圆部件上绕大约32圈黑色毛线。

03

取出另一个半圆部件，在40°～140°的区域内缠绕大约38圈黄色毛线。

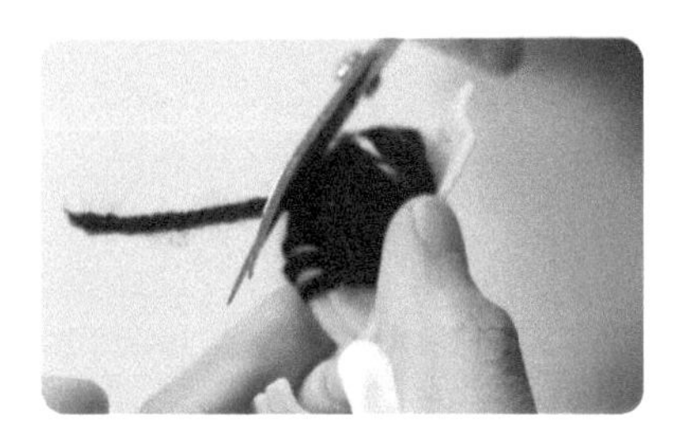

04

在40°～140°的区域内缠绕黑色毛线大约28圈。

05

在整个半圆部件上缠绕黄色毛线大约40圈。

06

合上制球器，最终的绕线效果如上图所示。

07

用剪刀沿制球器中间的缝隙剪开毛线，并用绑线从制球器的中间将毛线球捆紧，取下制球器后剪掉多余的绑线，蜜蜂毛线球制作完成。注意，可在绑线的打结处涂上酒精胶水以增强牢固性。

修剪

毛线球修剪须知

蜜蜂身体较长，头部与胸部的宽度大致相同，本案例对蜜蜂做了可爱化处理，所以，在蜜蜂基础的身型上将蜜蜂修剪成了前后几乎同宽的椭圆状。

08

用弯头剪刀将毛线球修剪成椭圆状。

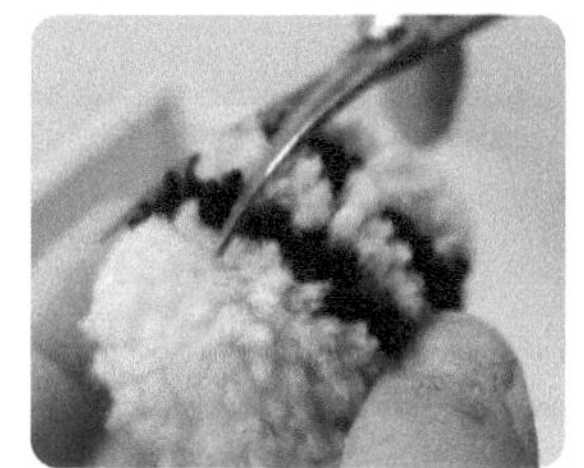

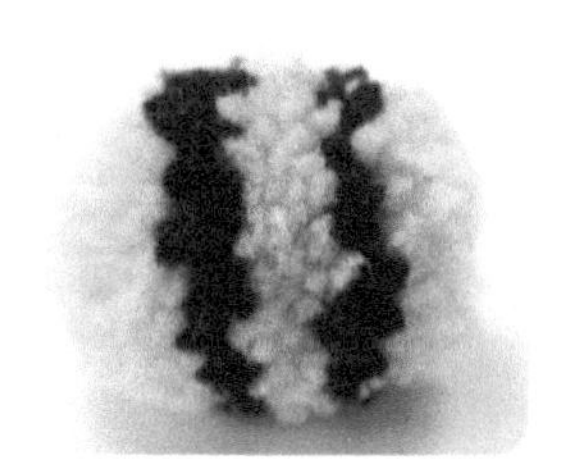

形象制作

09

用铅笔在白色不织布上画出蜜蜂翅膀的形状，可以和蜜蜂的身体进行比对，以确定蜜蜂翅膀的大小。

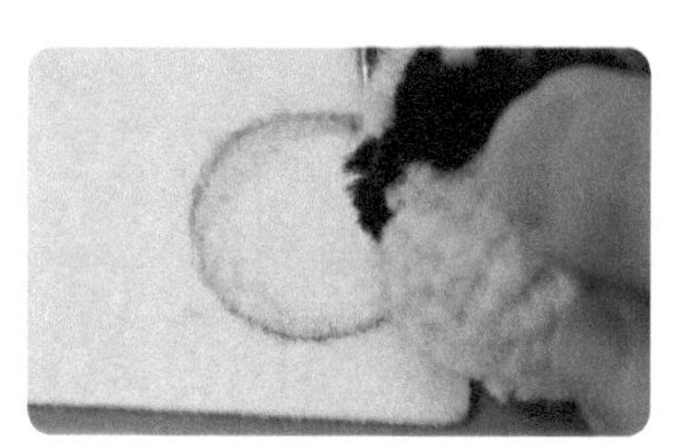

10

沿着画的翅膀形状剪出翅膀。注意，两个翅膀的大小、形状要一样。

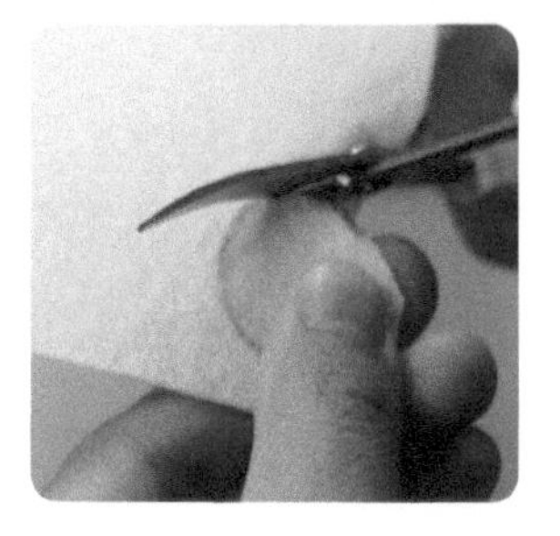

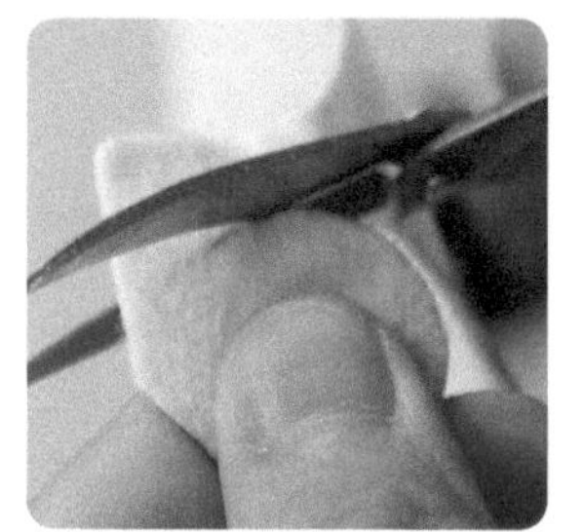

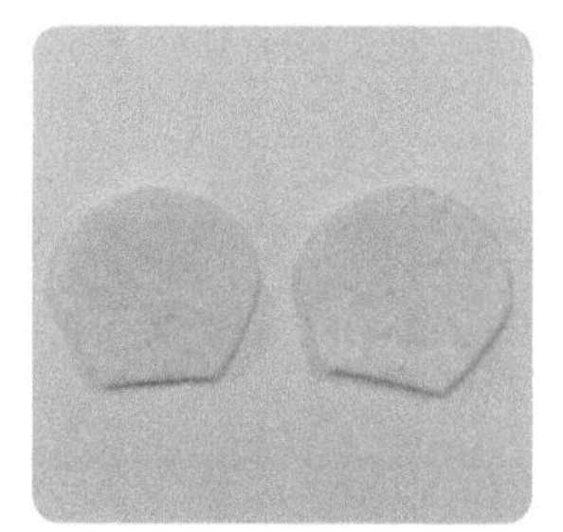

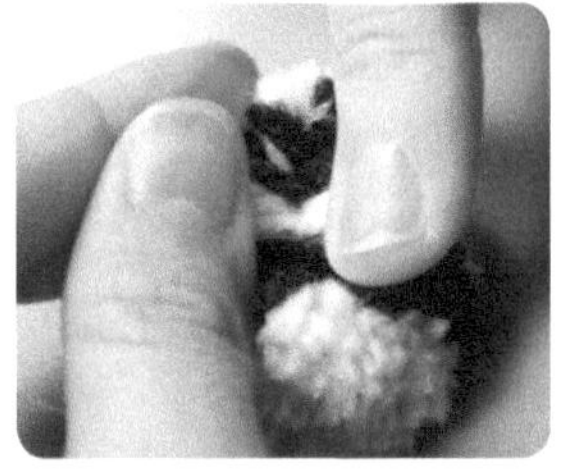

11

在翅膀的底部涂上酒精胶水，拨开蜜蜂身体顶部的毛线，将翅膀安装上去。

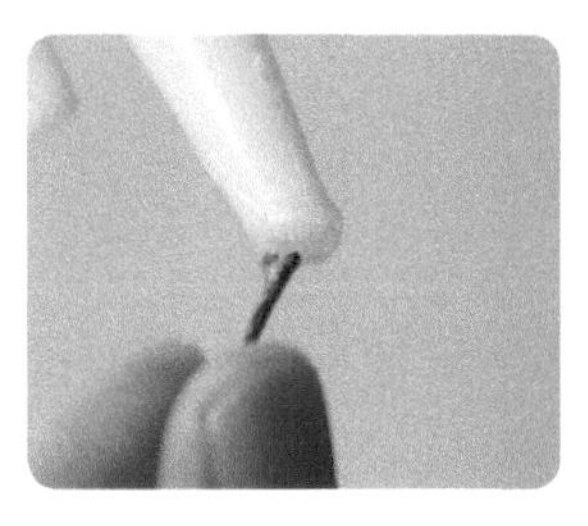

12

将准备好的一对 3mm 针插式黑豆眼的杆子上涂上酒精胶水，将其插入合适的位置。

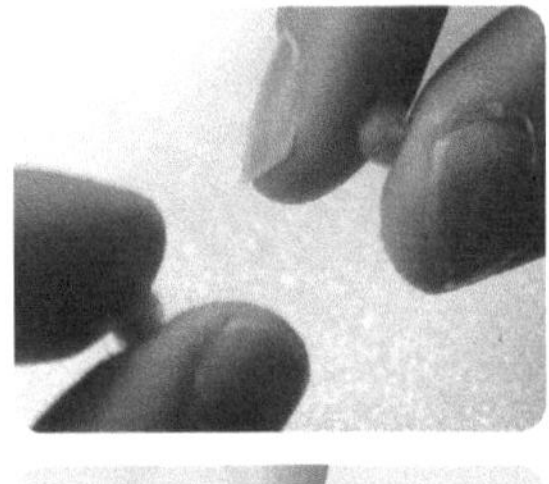
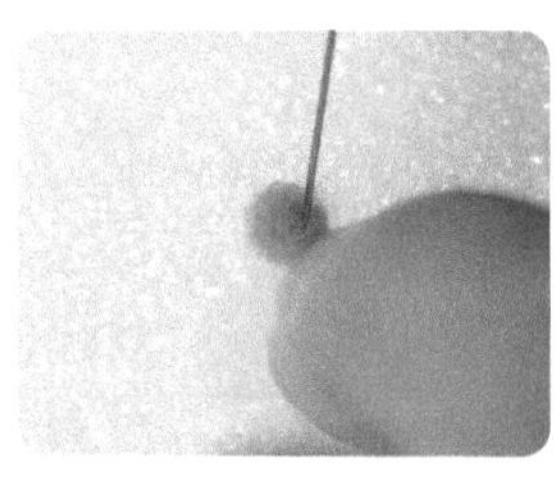
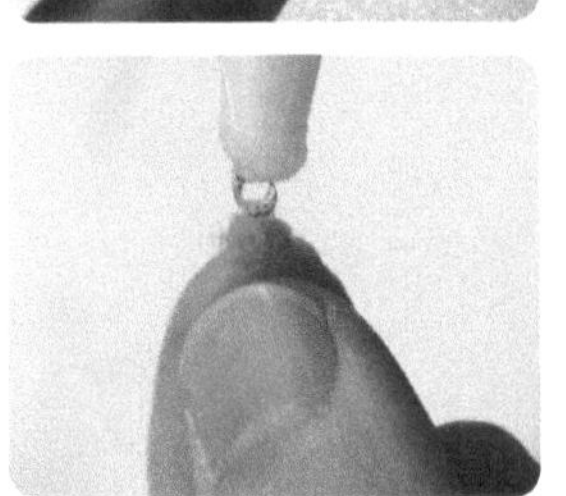

13

最后，取少量桃粉色羊毛团成相同大小的两个圆团，用戳针戳刺结实，涂上酒精胶水粘在蜜蜂的眼睛下方作为腮红。加上腮红的蜜蜂看起来更可爱了。

5.2 全身是刺的小眼睛刺猬

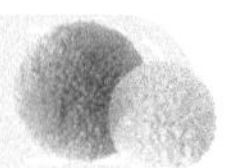

刺猬，全身除腹部外均布满棘刺，其特征是小眼睛、小耳朵且腿短，属于小型哺乳动物。因刺猬身上的棘刺多、面积大，腹部被棘刺遮挡面积较小，所以刺猬毛线球的绕线制作要突出这一要点。

多角度效果图展示

材料、工具与配件

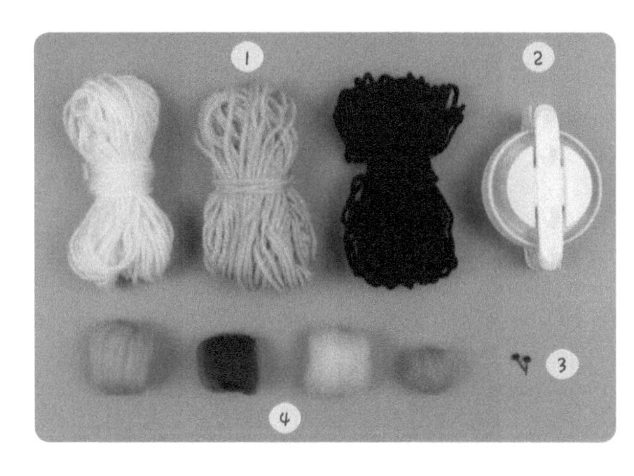

材料、工具与配件名称

1. 毛线：白色，米色，咖啡色
2. 6.8cm 毛线制球器
3. 4mm 针插式黑豆眼
4. 羊毛：卡其色、深棕色、桃粉色、肤粉色

绕线示意图

刺猬腹部区域的绕线

刺猬背部区域的绕线

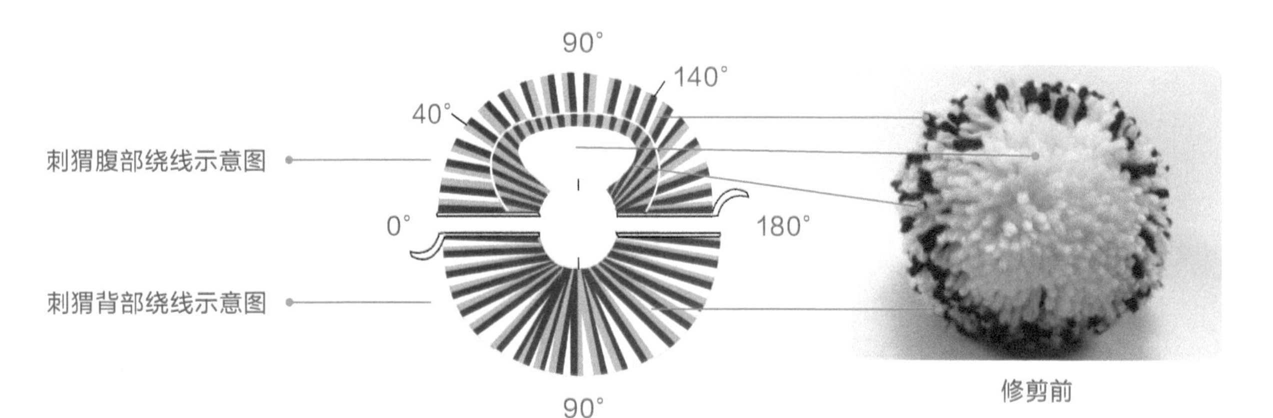

制球

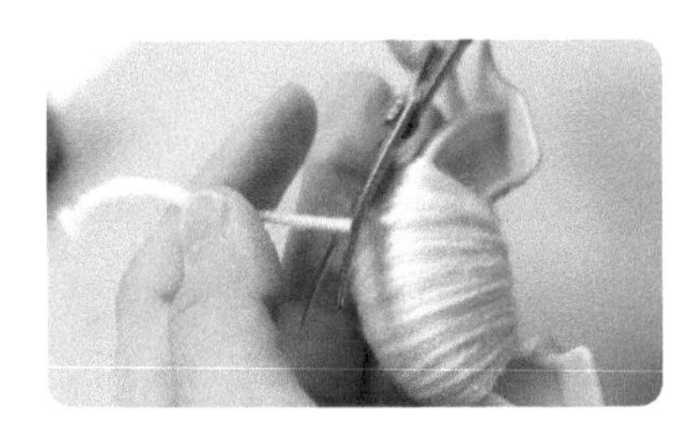

01

取出 6.8cm 毛线制球器的一个半圆部件，在 40° ~ 140° 的区域内缠绕大约 120 圈白色毛线。

02

取出米黄色和咖啡色毛线，接着在整个半圆部件上均匀地缠绕大约 35 圈毛线。

03

取出白色、米黄色、咖啡色毛线，继续在同一半圆部件上均匀地缠绕大约 75 圈。

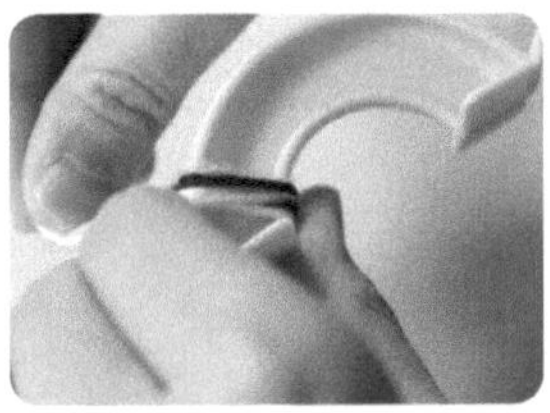

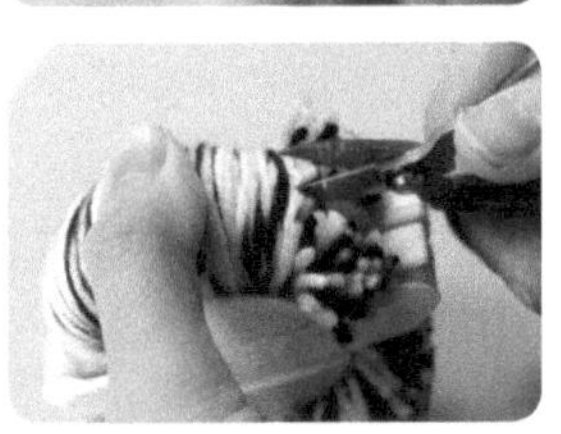

04

取出制球器的另一个半圆部件，取出白色、米黄色、咖啡色毛线，在整个半圆部件上缠绕大约 140 圈，完成绕线，合上制球器。随后用剪刀剪开毛线，并用绑线将毛线球捆紧，得到用于制作刺猬的毛线球。

修剪

毛线球修剪须知

刺猬除头和腹部外的身体其他地方均是棘刺，在修剪毛线球的过程中，在尽量保留毛线球外圈长长的毛线的基础上，将其修剪圆润。而头和腹部的白色毛线区域需要剪短，同时应将白色毛线球边缘修剪平整。修剪后的效果如右图所示。

05

用弯头剪刀将整个毛线球表面凸出的毛线修剪整齐，再将白色的毛线剪短并把白色毛线的边缘修剪圆润。

形象制作

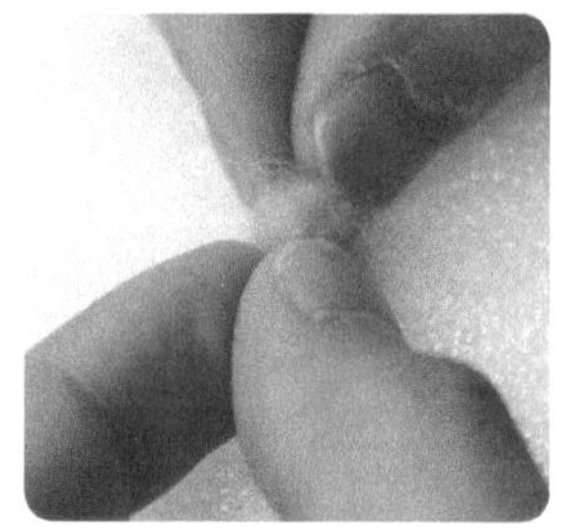
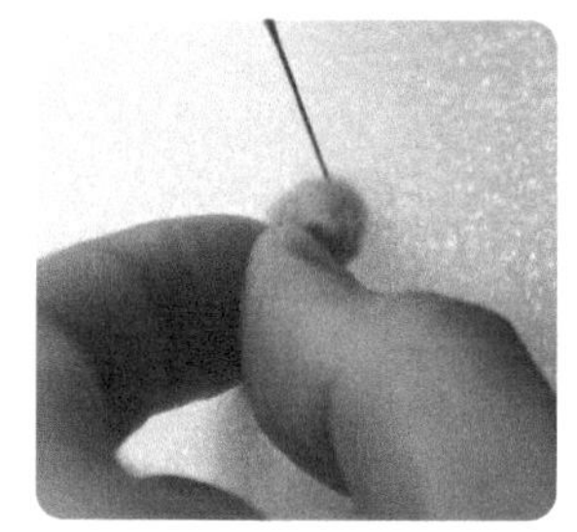

06

取少量卡其色羊毛，将羊毛的一端卷起来，另一端保留一点羊毛须，用戳针将卷起来的一端戳成圆球状后固定在脸部的合适位置。

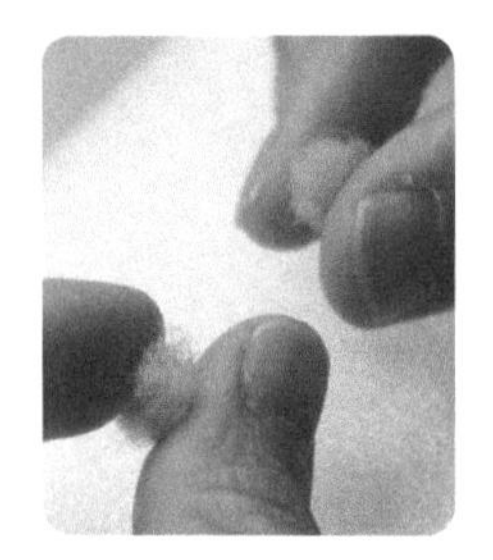

07

将卡其色羊毛团成两个相同大小的圆团并将其分别戳刺在嘴巴主体两边。

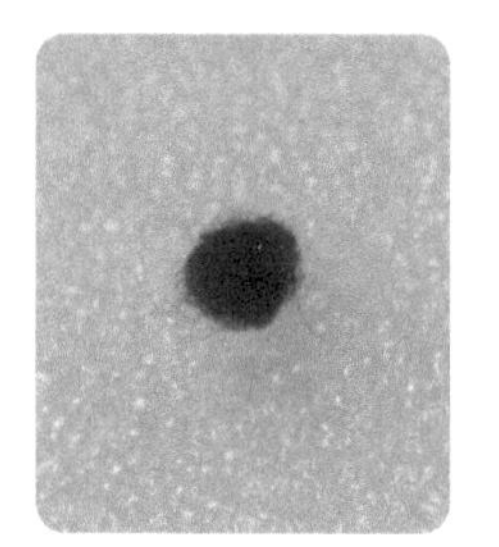
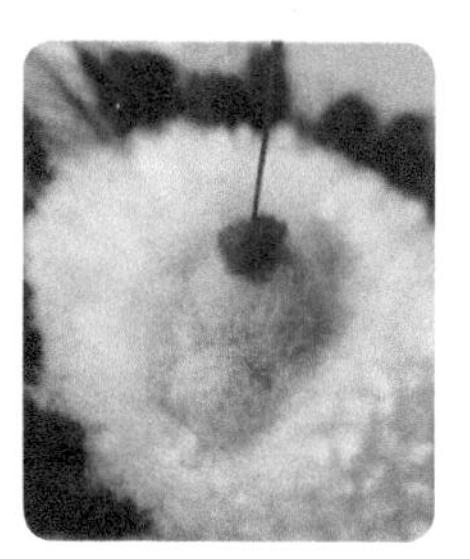

08

将少许红棕色羊毛团成圆团并将其戳刺在嘴巴上方，作为刺猬的鼻子。

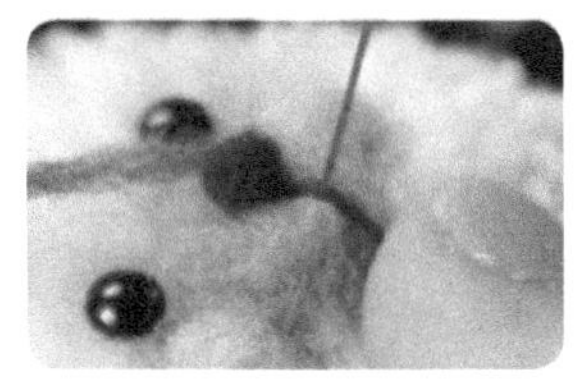
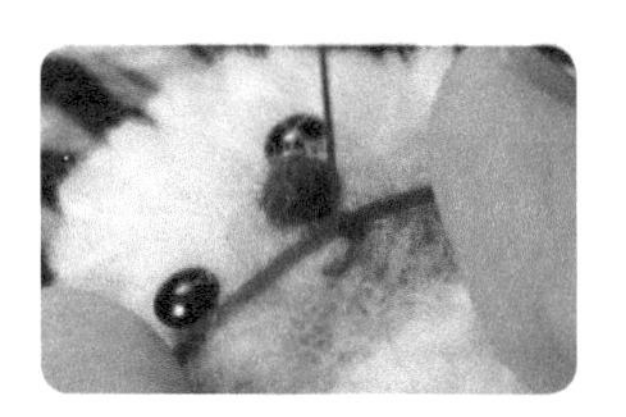
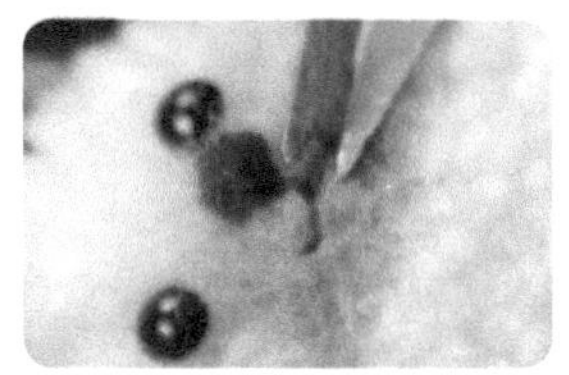

09

再取少许红棕色羊毛搓成细线，将其戳刺在鼻子下面作为嘴巴，形状像一个倒“T”形。用剪刀剪去多余的线头。

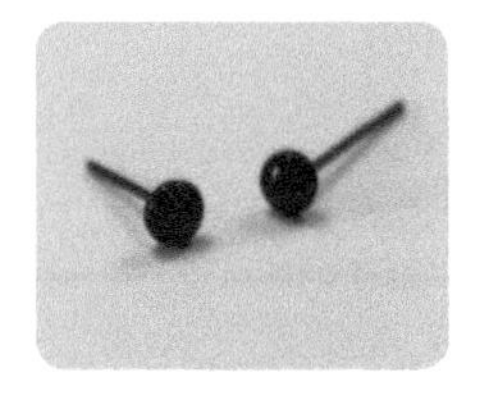
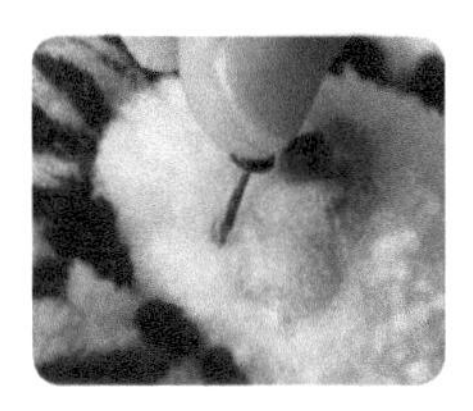

10

在一对 4 mm 针插式黑豆眼的杆子上涂上酒精胶水，将其插入合适的位置。

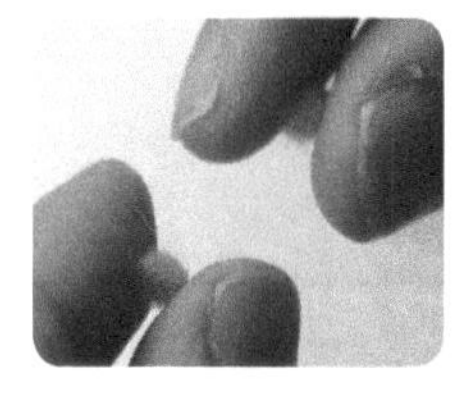

11

取少量桃粉色羊毛，团成两个相同大小的圆团并用戳针将其戳刺在脸颊位置。

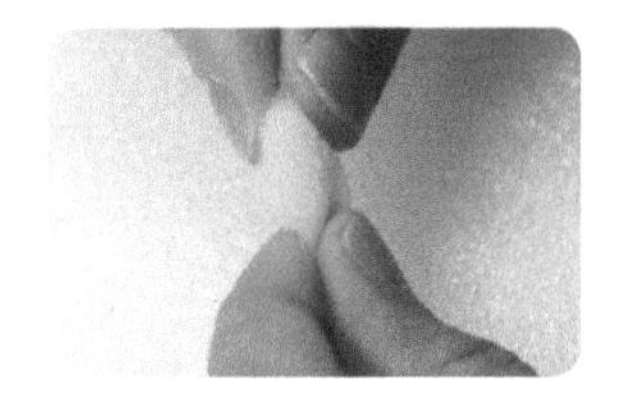
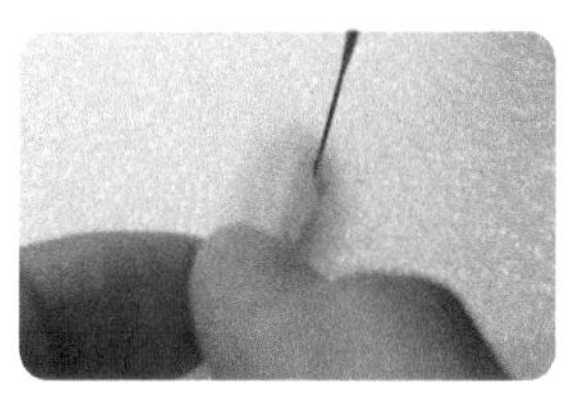

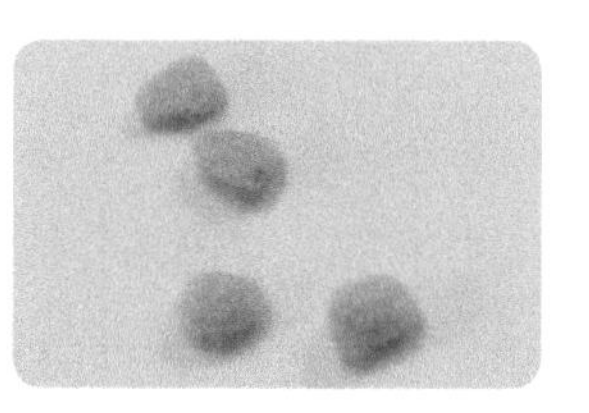

12

取少量肤粉色羊毛卷成柱体，用戳针戳刺结实，用剪刀对半剪开，制作出刺猬的手和脚。

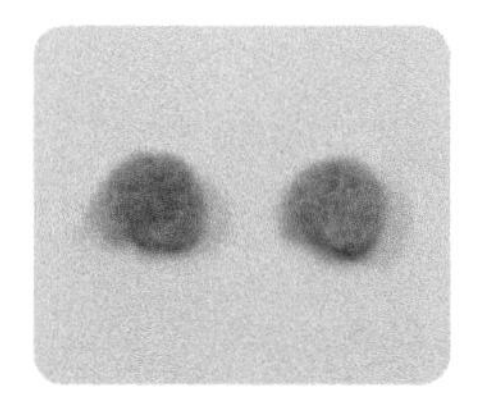

13

在手和脚的背面涂上酒精胶水，将它们粘在刺猬的身体上。再取卡其色羊毛制作两个小半圆，在小半圆背面涂胶后将其粘在头顶两侧，刺猬的耳朵就安装好了。最终效果如右图所示。

5.3 扇形大耳长鼻大象

本案例的大象制作，颜色上选取大象本身的灰色作为主色，造型上要做出肥大的象耳、长长的鼻子和迷你版象牙。

多角度效果图展示

材料、工具与配件

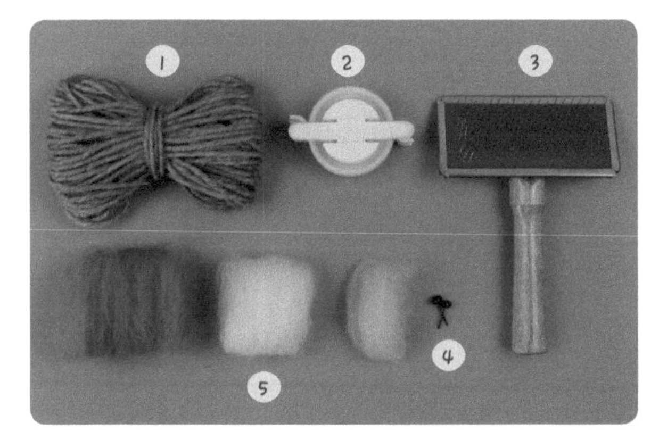

材料、工具与配件名称

1. 毛线：灰色
2. 4.8cm 毛线制球器
3. 针梳
4. 6mm 针插式黑豆眼
5. 羊毛：灰色、白色、浅粉色

绕线示意图

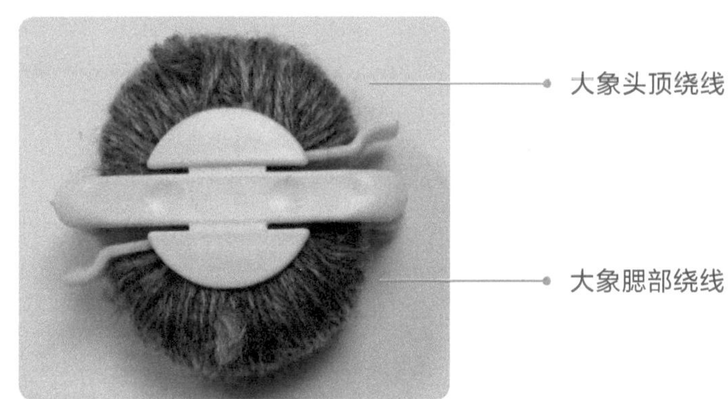

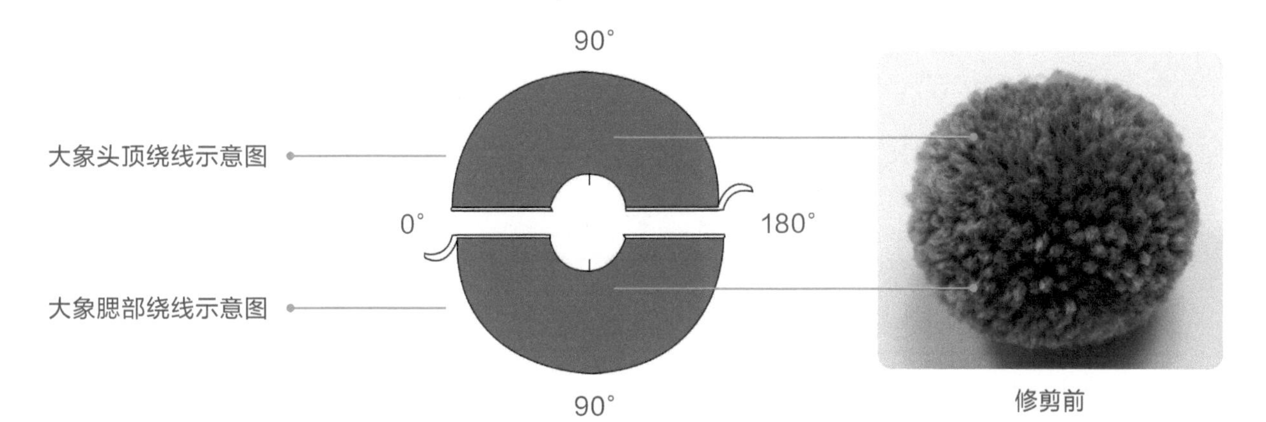

修剪前

制球

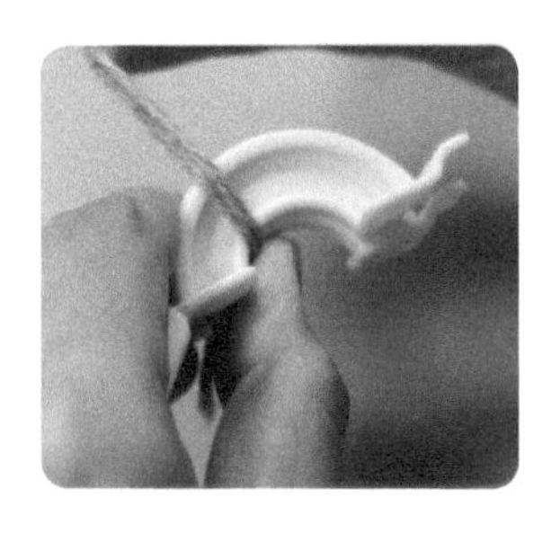

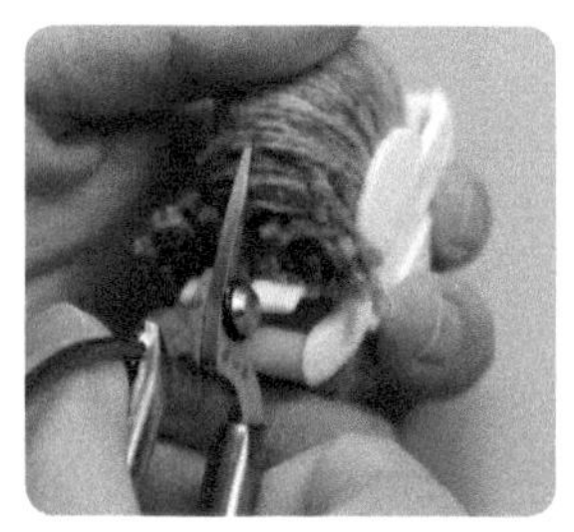

01

打开 4.8cm 的毛线制球器，分别在制球器的两个半圆部件上用灰色毛线均匀地缠绕大约 190 圈，合上制球器，用剪刀剪开制球器上的毛线，并用绑线将毛线球捆紧，得到用于制作大象的毛线球。

修剪

毛线球修剪须知

修剪后的毛线球的外形应类似于一个立着的馒头，所以在修剪过程中，要将毛线球的一面修剪成平面，作为大象的脸部，其他面则需修剪圆润。修剪效果如右图所示。

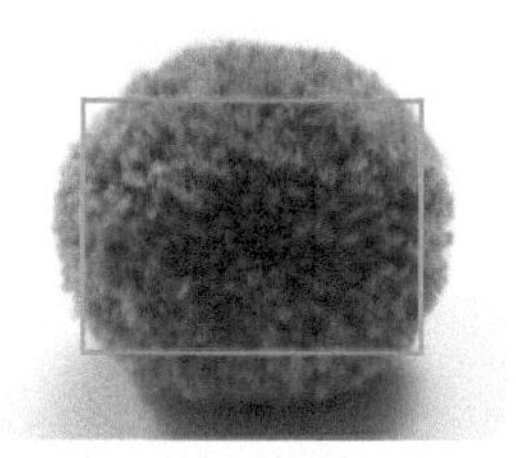

正面效果展示图

侧面效果展示图

02

用弯头剪刀修剪毛线球，先将毛线球修剪成球体。

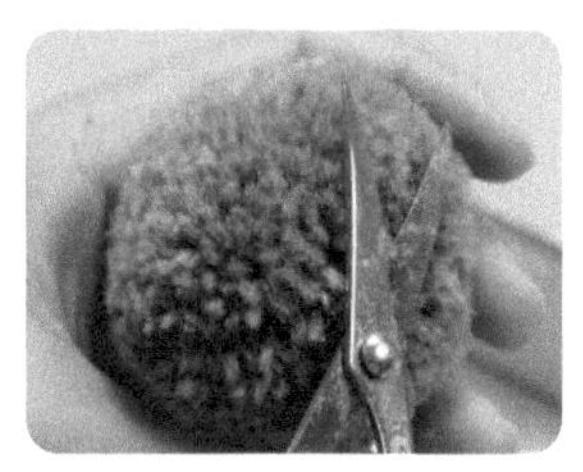

03

用针梳以毛线球的任意一点为中心，按向四周扩散的方式将毛线球梳理蓬松，再用弯头剪刀将中心所在的面修剪成平面，作为大象的脸部。

形象制作

04

取灰色羊毛，将羊毛卷成一个长长的圆柱体，用来制作大象的鼻子。

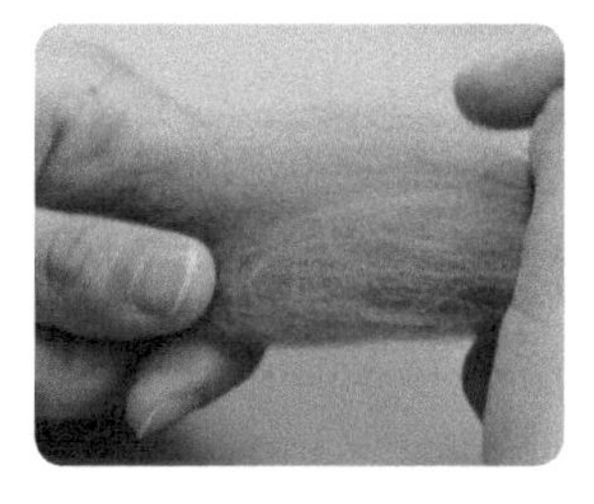
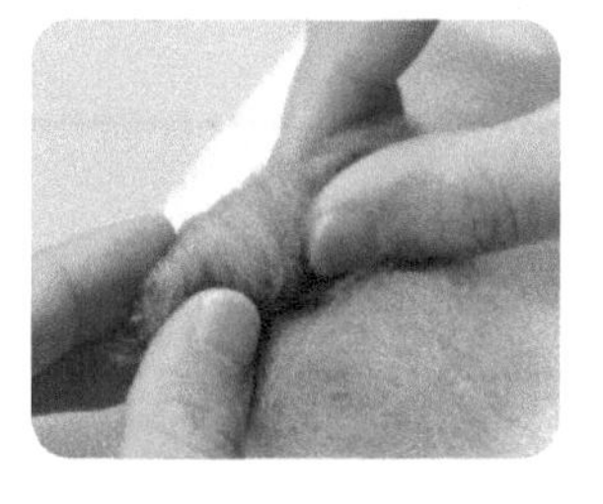
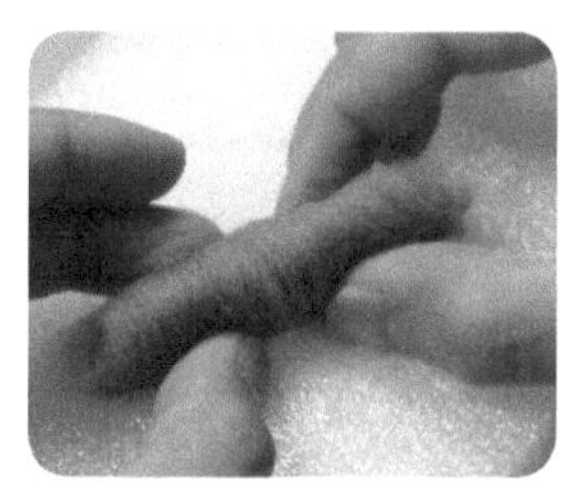

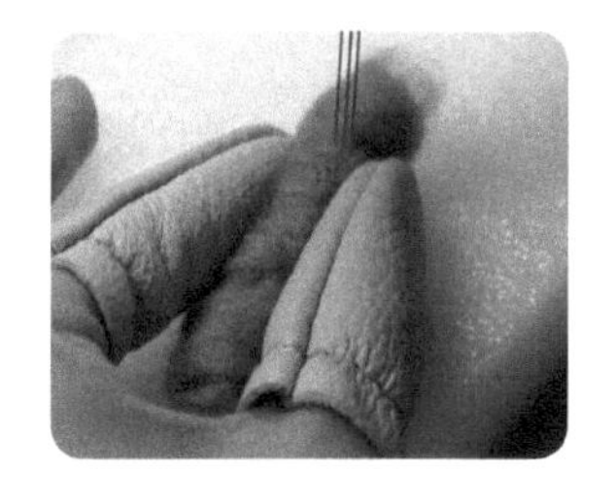
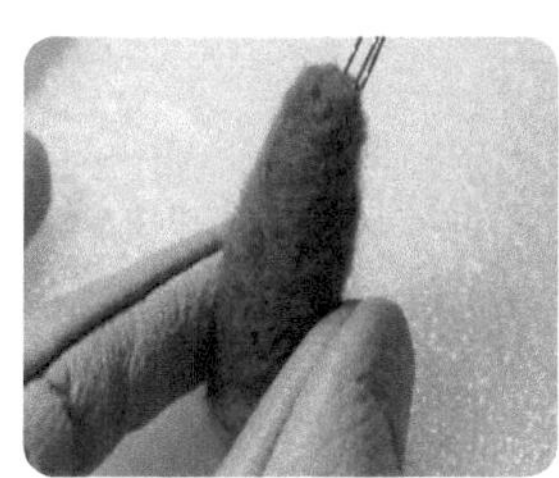
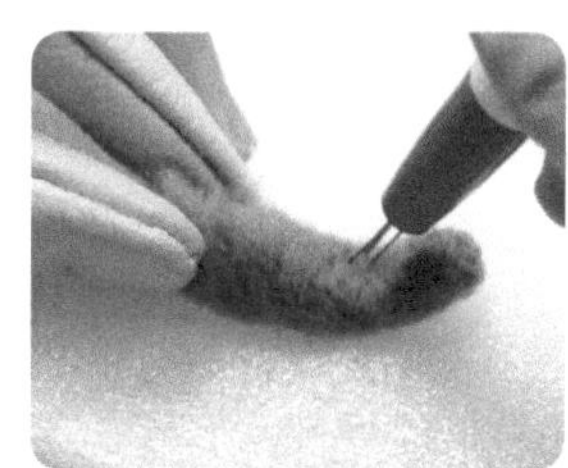
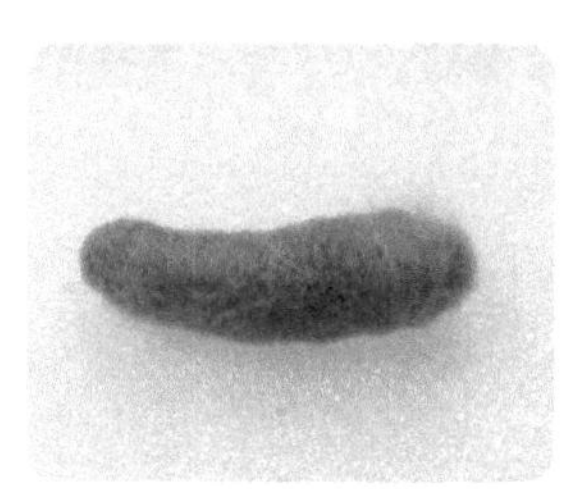

05

用三针笔将圆柱体戳刺结实，一端戳刺得圆润一些，另一端不用进行戳刺。

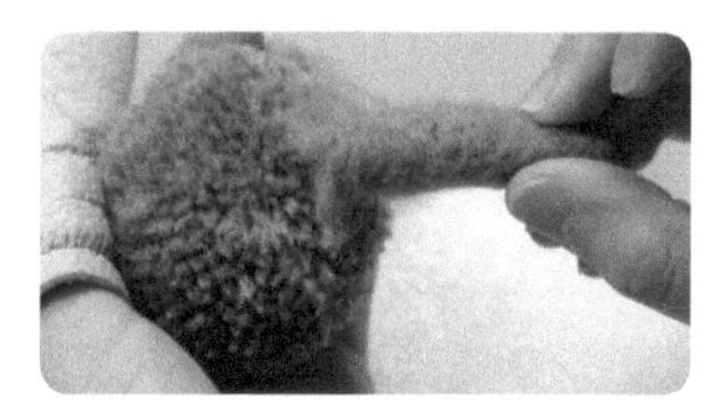

06

将圆柱体没有被戳刺的那端用弯头剪刀剪开一些，再用手将羊毛撕开一些以增大鼻子和脸部的接触面积。

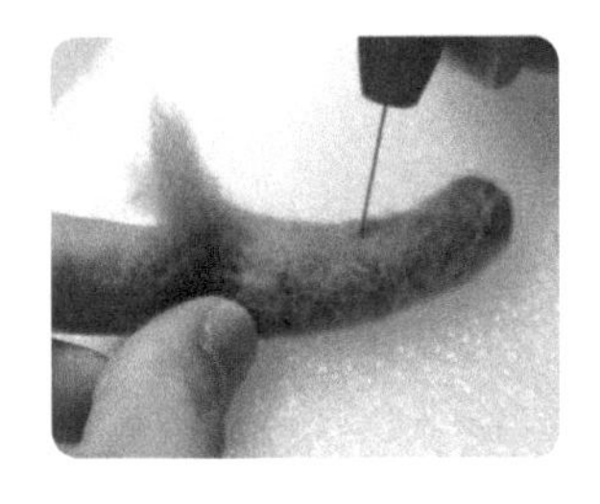

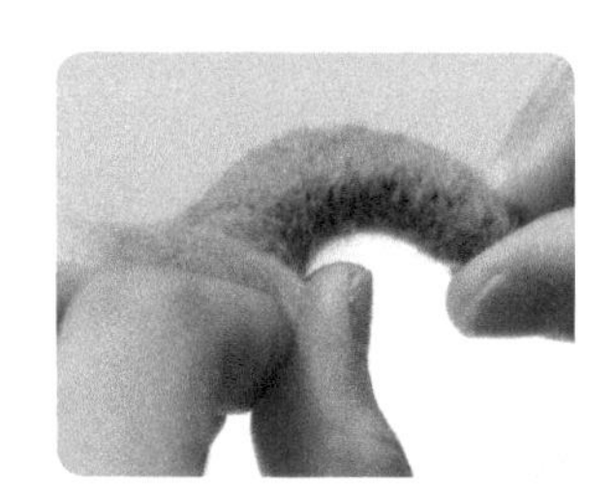

07

用一针笔将鼻子戳刺得更弯一些，并用手调整鼻子的弯曲弧度。

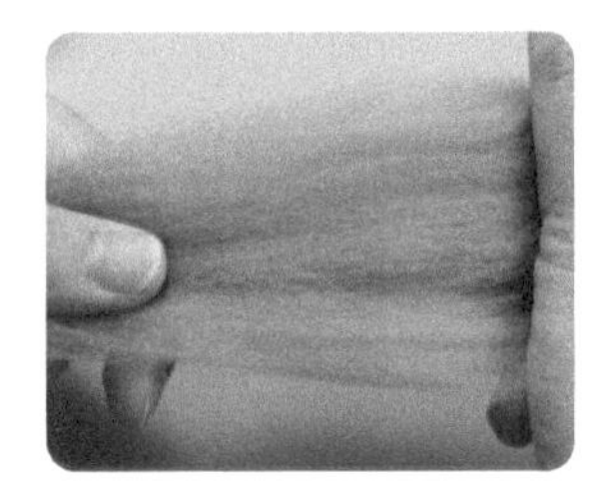
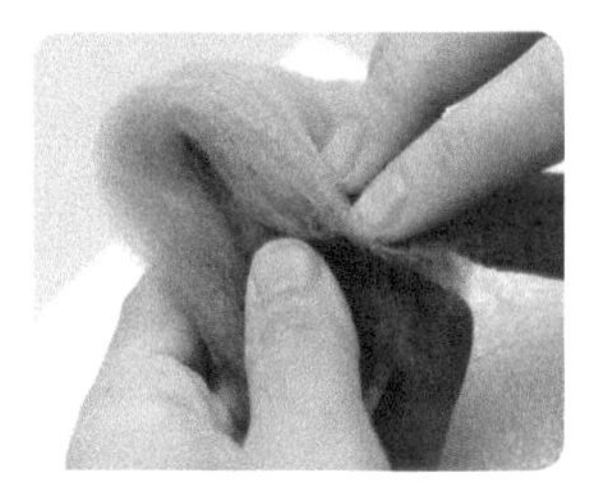
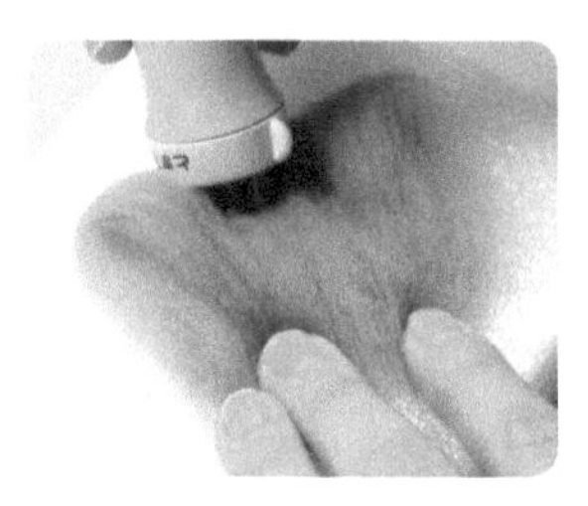
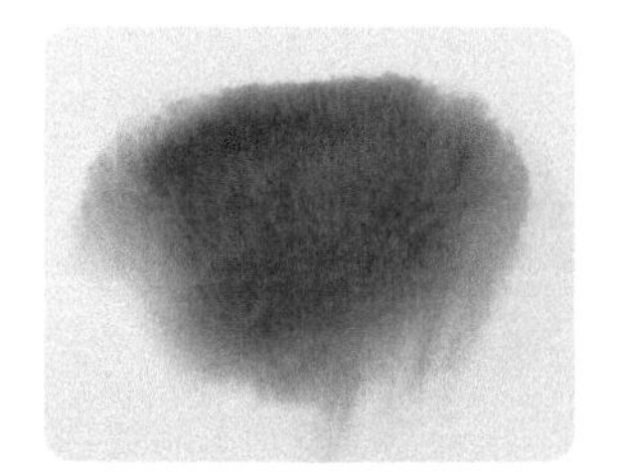

08

取适量灰色羊毛，将羊毛折叠成类似扇形的形状，用五针笔将其戳刺成片状，用来制作大象的耳朵。

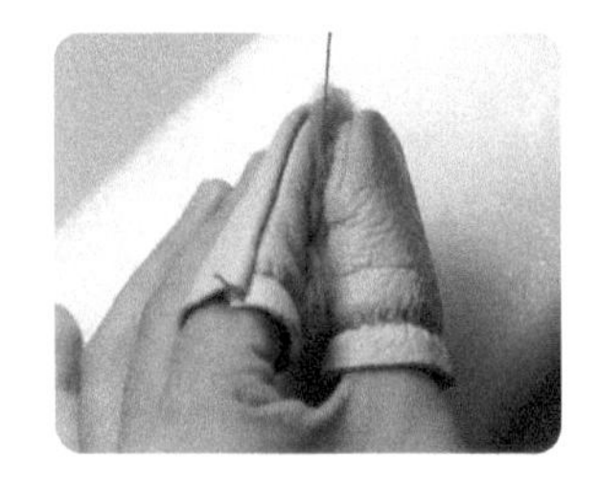

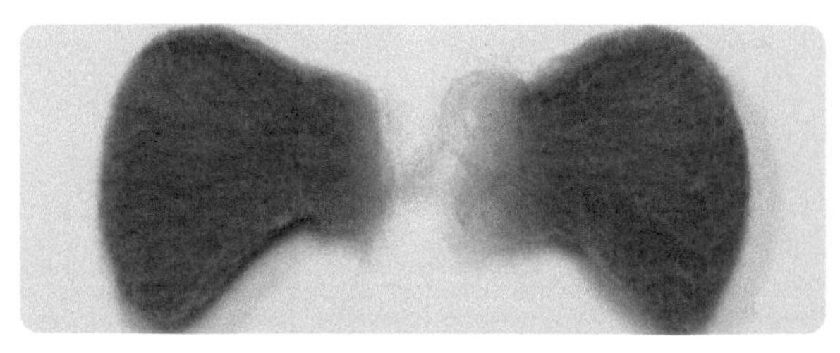

09

用戳针戳刺耳朵侧面的同时调整耳朵的形状，戳刺过程中可随时与头部进行比对，确定大小是否合适。将大小合适的耳朵放在一旁备用。

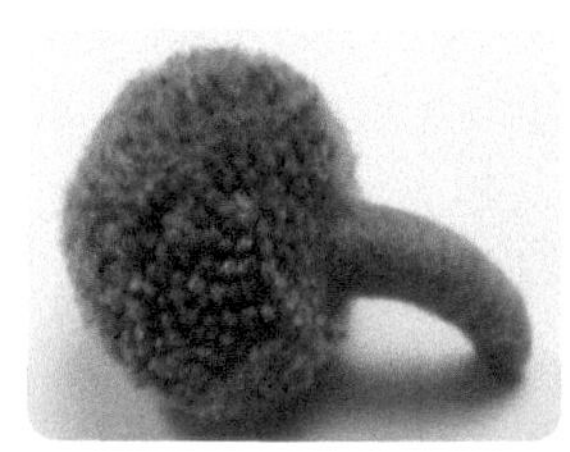

10

用戳针将大象的鼻子戳刺固定在脸部的合适位置。

 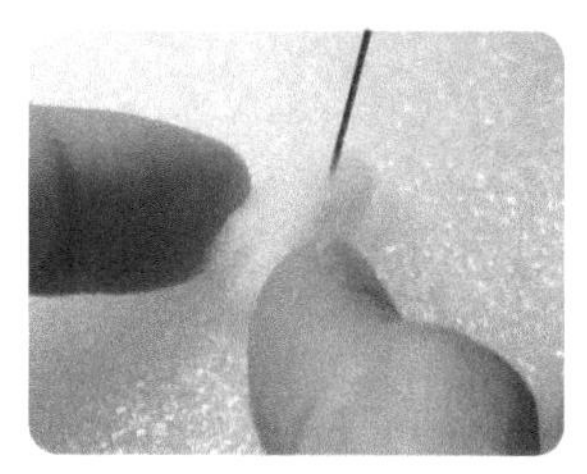 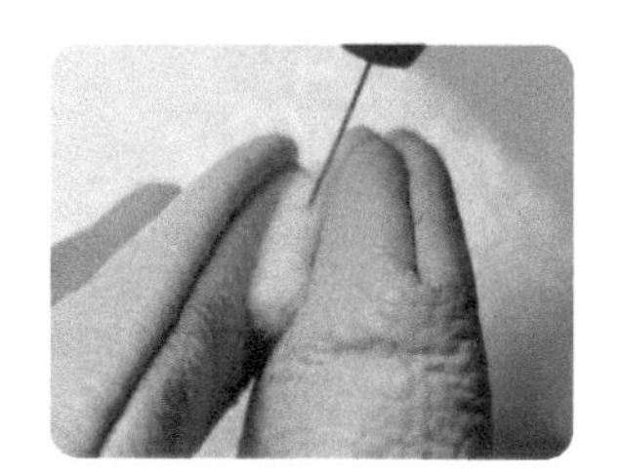 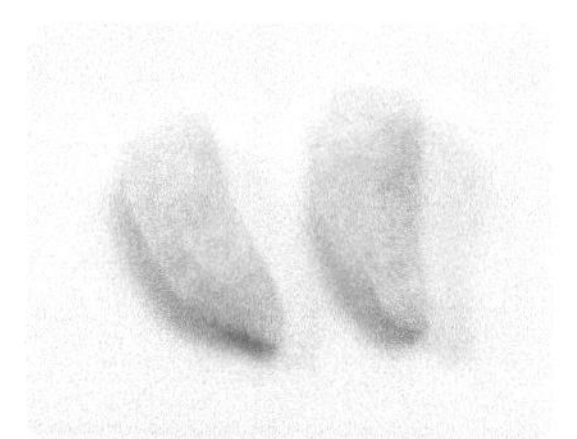

11

取少量白色羊毛团成水滴状来制作大象的牙齿，将羊毛用戳针戳刺成有点弯的圆锥形，放在一旁备用。

12

取一对 6mm 针插式黑豆眼，给眼睛的杆子涂上酒精胶水后将其插入眼部的合适位置。

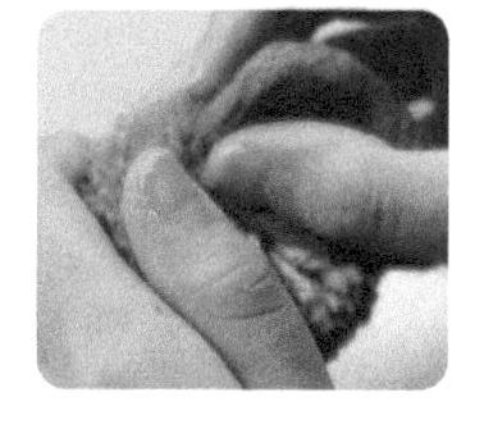  

13

将耳朵放入头部两侧拨开的毛线中，用戳针戳刺耳朵底部两侧，两只耳朵都安装好后在耳朵底部两侧涂上酒精胶水使其固定。

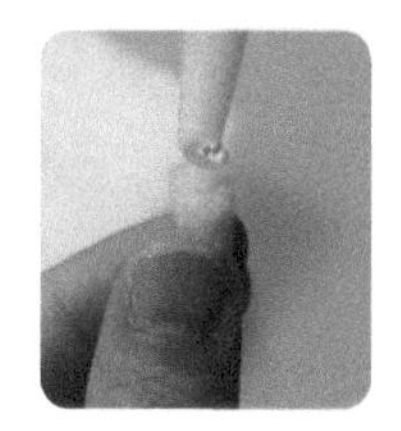   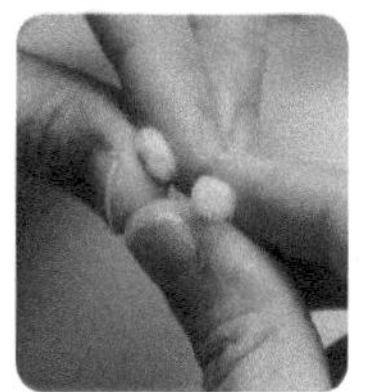 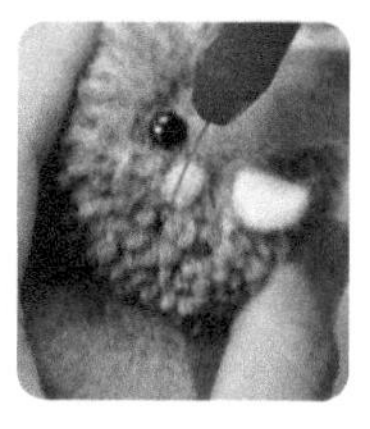

14

将大象的牙齿涂上酒精胶水后粘在鼻子两侧的下方。

15

取少量浅粉色羊毛团成相同大小的两个圆团，用戳针将其分别戳刺在脸颊的适当位置。最终效果如右图所示。

5.4 带眼线的狐狸

制作狐狸，可以从狐狸的脸部特征入手，比如直立且较大的呈三角形的耳朵，带有黑色眼线的大眼睛，以及凸出的嘴鼻和向内凹陷的头型。

多角度效果图展示

材料、工具与配件

材料、工具与配件名称

1. 毛线：白色、浅棕色
2. 6.8cm毛线制球器
3. 10mm黄色水晶眼
4. 羊毛：黑色、白色、深棕色、卡其色

绕线示意图

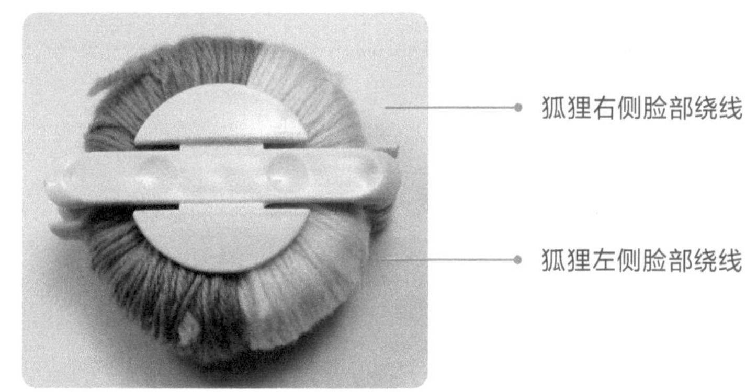

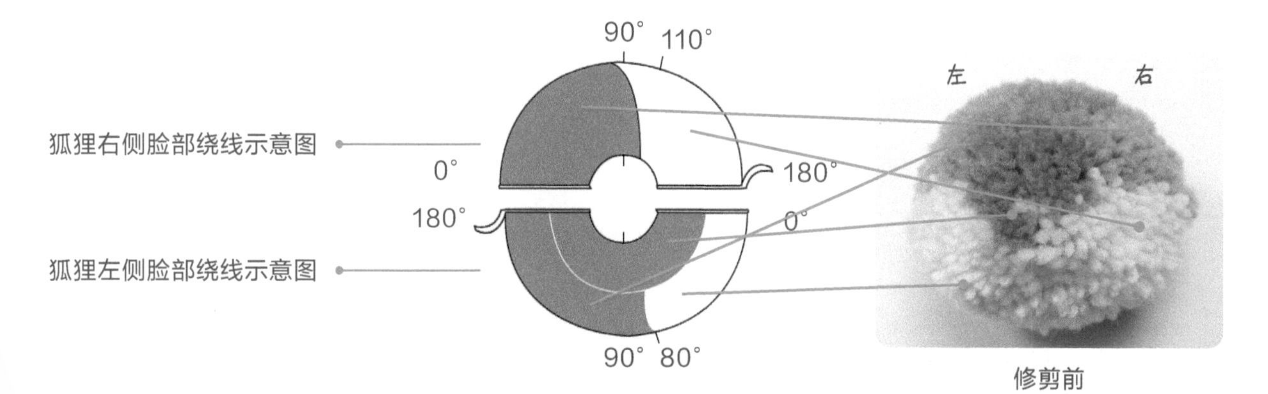

修剪前

制球

01

取出 6.8cm 毛线制球器的一个半圆部件，在 0° ~ 110° 区域内缠绕大约 200 圈浅棕色毛线。

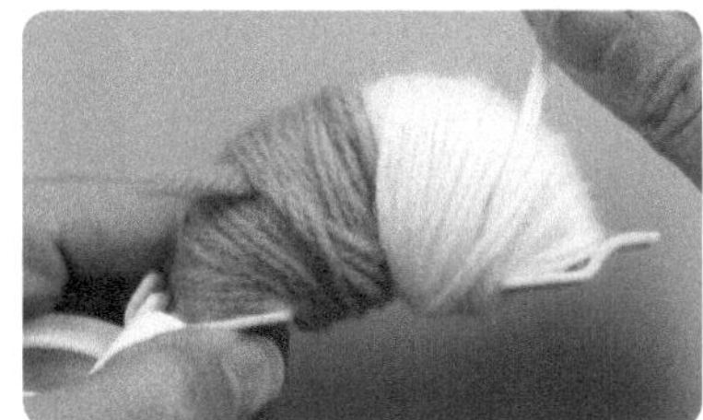

02

在 90° ~ 180° 区域内缠绕大约 200 圈白色毛线。

03

取出毛线制球器的另一个半圆部件，在 0° ~ 180° 区域内缠绕大约 280 圈浅棕色毛线。

04

在 0° ~ 80° 区域内缠绕大约 60 圈白色毛线。

05

在 80° ~ 180° 区域内缠绕大约 60 圈浅棕色毛线，合上制球器，最终绕线效果如上右图所示。

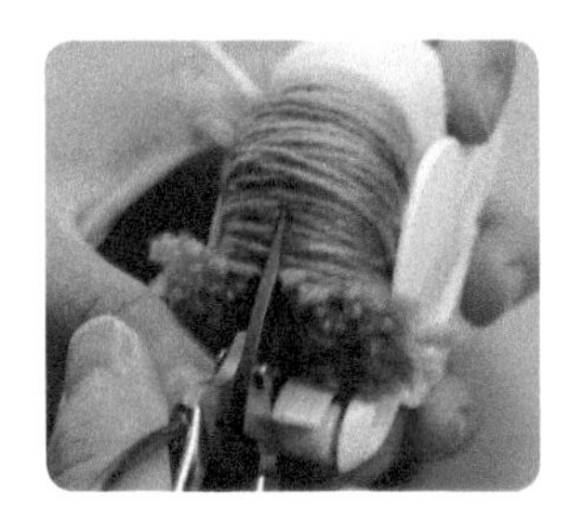

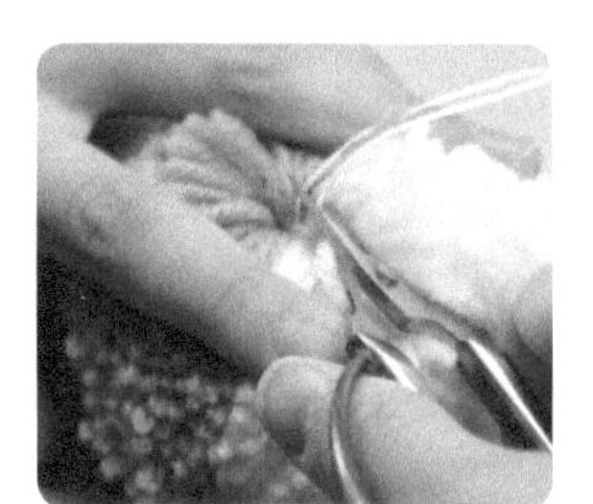

06

用剪刀沿制球器中间的缝隙剪开毛线，并用绑线从制球器的中间将毛线球捆紧，取出制球器后剪掉多余的绑线，狐狸毛线球制作完成。注意，可在绑线的打结处涂上酒精胶水增强牢固性。

修剪

毛线球修剪须知 

1. 狐狸的嘴鼻所在的区域长且突出，修剪前需要先用戳针戳刺出嘴鼻所在区域的形状，再用弯头剪刀沿着嘴鼻边缘进行修剪。

2. 狐狸的眼部区域向内凹陷，其下巴尖凸，下颌向内收，脸型呈瓜子状，这些特征在修剪制作狐狸毛线球时要格外注意。

07

用手握住如上左图所示的毛线球中间的圆圈位置的毛线，从圆形的侧面将该处毛线用戳针戳刺结实，戳出狐狸的嘴巴。

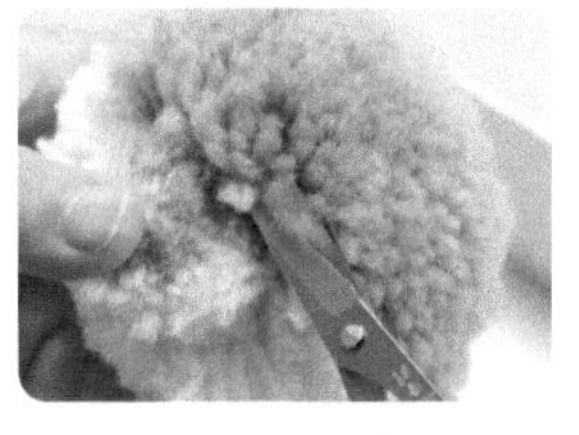

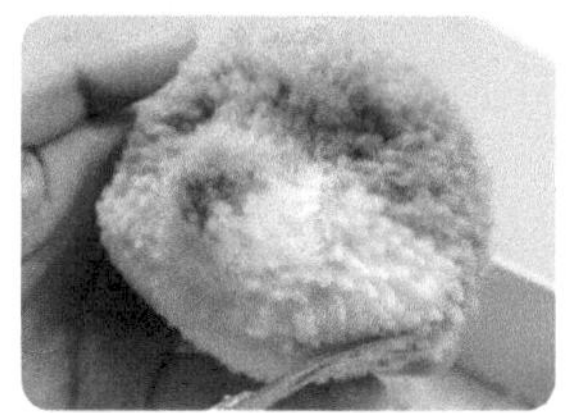

08

用弯头剪刀修剪狐狸的鼻子、头部、下巴等部位的毛线，明确狐狸鼻子的形状、长度以及狐狸头部的形状。

形象制作

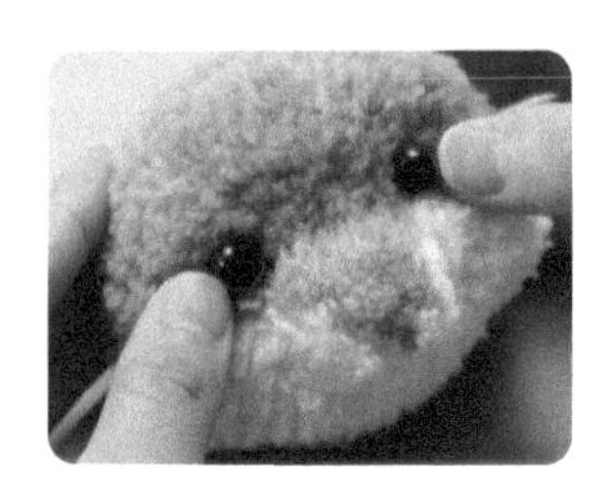

09

在准备好的一对10mm黄色水晶眼的杆子上涂上酒精胶水，将其固定在眼部的合适位置。

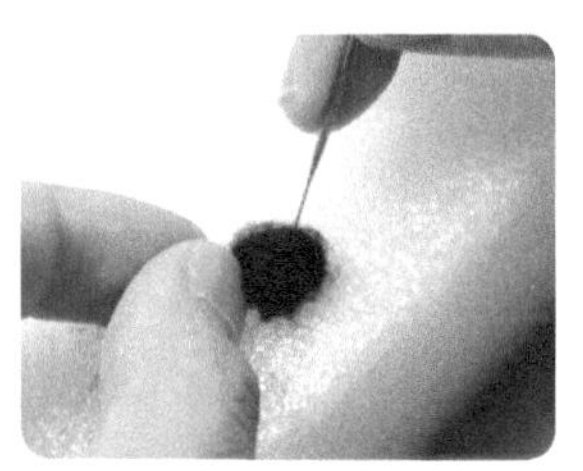

10

取少量黑色羊毛，将羊毛卷成蝌蚪状后用戳针戳刺较大的一端，制作出狐狸的鼻子。

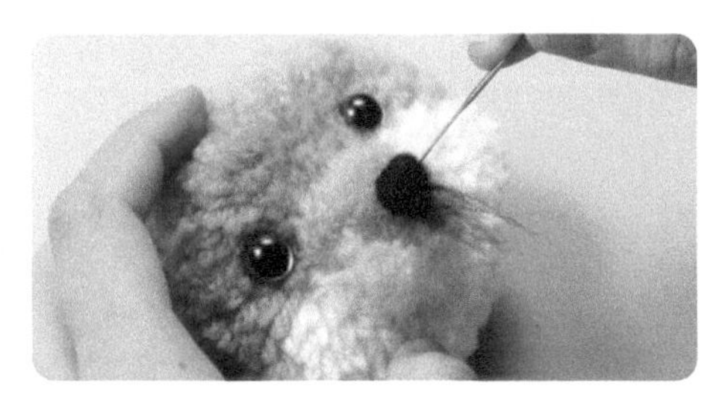

11

用戳针将狐狸鼻子带羊毛须的那端戳刺进鼻头并固定。

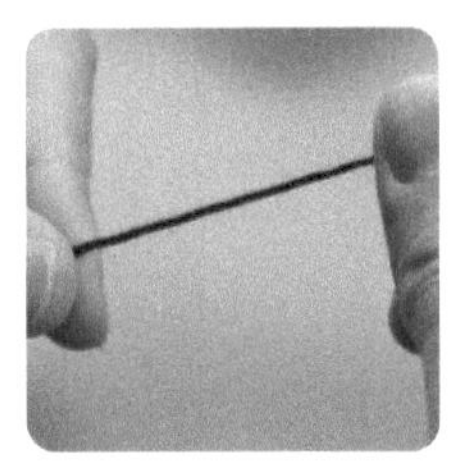
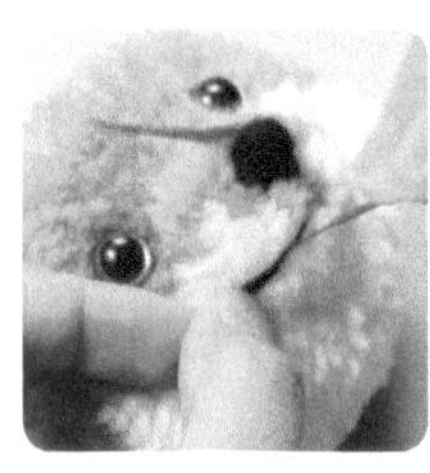
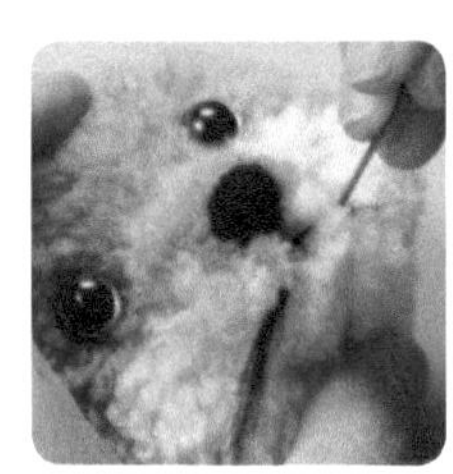

12

取黑色羊毛搓成细条状，将其戳进鼻子下方，制作出形状为倒“T”形的狐狸嘴巴。

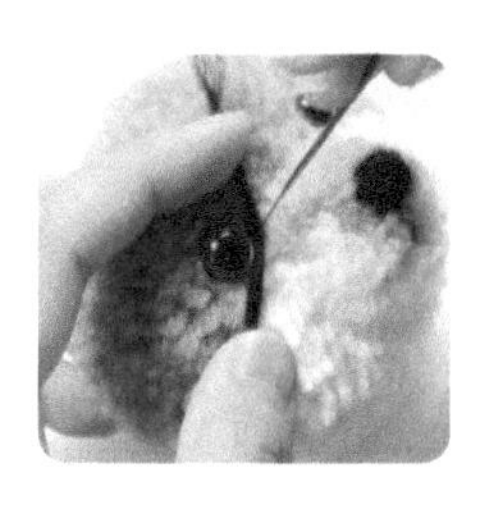
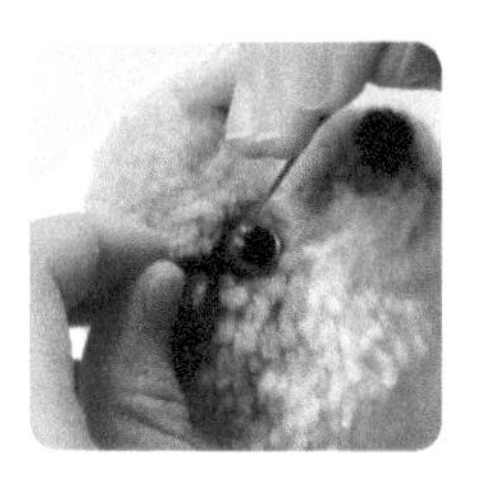

13

再取黑色细条状羊毛绕着眼睛周围戳刺一圈，制作狐狸的眼线，注意眼线尾部要向外拉长一点。

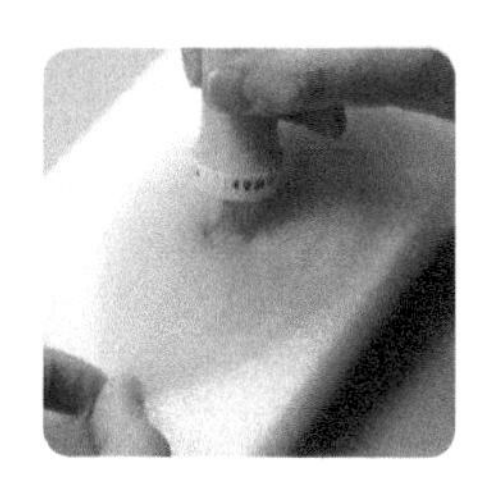
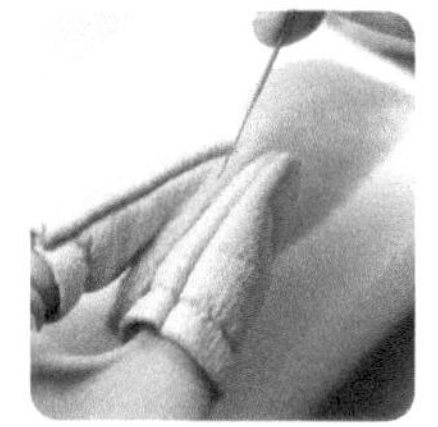
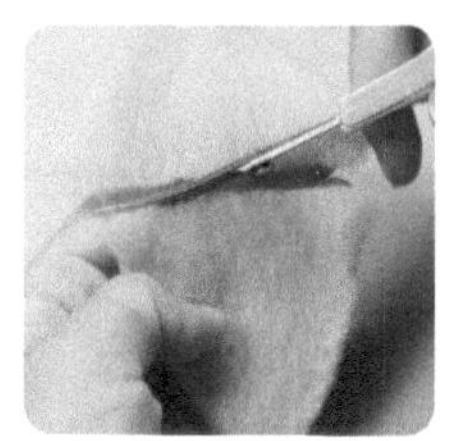

14

取适量卡其色羊毛调整成三角形的形状作为狐狸的耳朵，用五针笔将其戳刺成片状，再用戳针戳刺耳朵的侧面，再将耳朵修剪为合适大小。

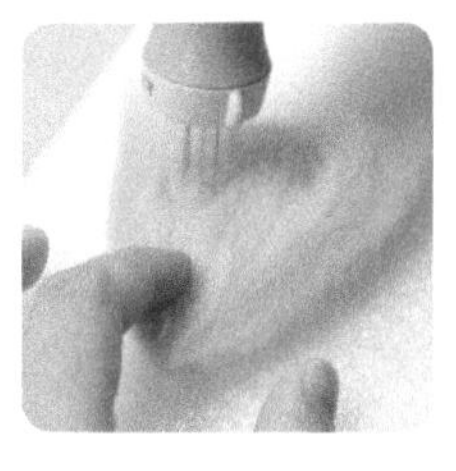
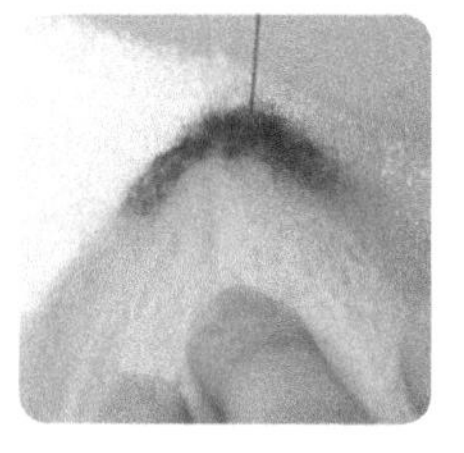
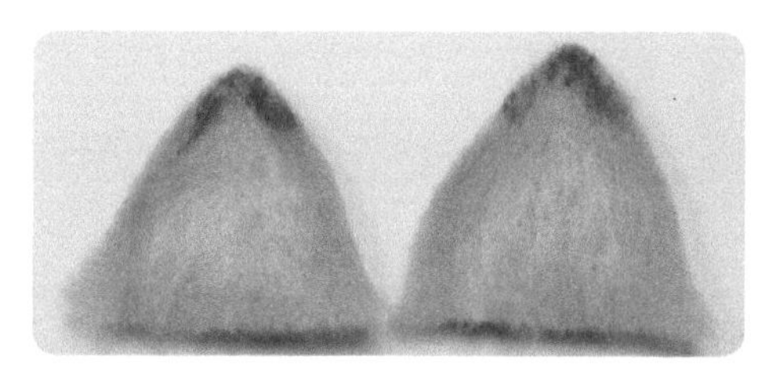

15

在耳朵中间平铺一层白色羊毛并用五针笔戳刺固定，再取一点深棕色羊毛戳刺在耳朵顶部的尖角处。

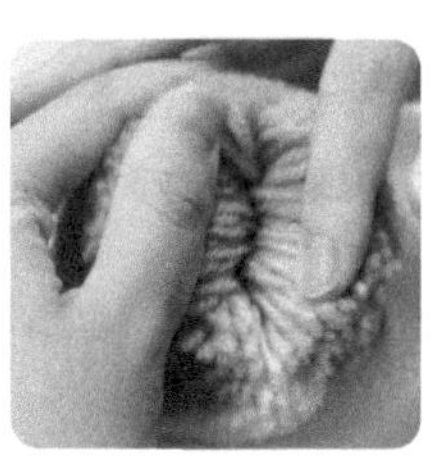

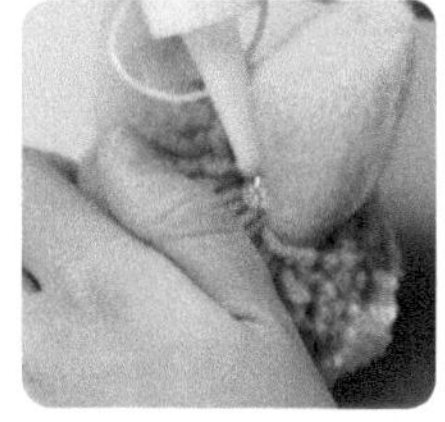

16

拨开头顶两侧的毛线，将耳朵放入毛线中，用戳针戳刺耳朵底部的两侧，用酒精胶水将耳朵固定牢固住。至此，狐狸就制作完成了。

5.5 有橘色脸颊的玄凤鹦鹉

本案例制作的玄凤鹦鹉，以白色和奶黄色为主要毛发颜色，用橘色羊毛小球作为脸颊，有长长的发冠和尾羽。需要注意的是，发冠和尾羽是后期单独添加的，制作玄凤鹦鹉毛线球时不用考虑这两个部件。

多角度效果图展示

材料、工具与配件

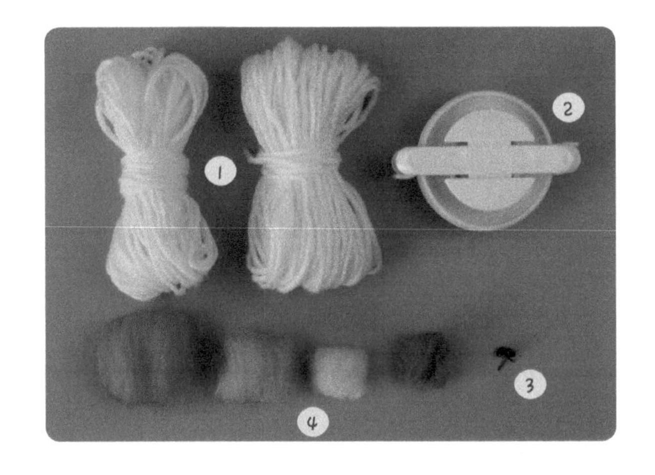

材料、工具与配件名称

1. 毛线：奶黄色、白色
2. 6.8cm 毛线制球器
3. 5mm 针插式黑豆眼
4. 羊毛：橘色、桃粉色、浅粉色、浅棕色

绕线示意图

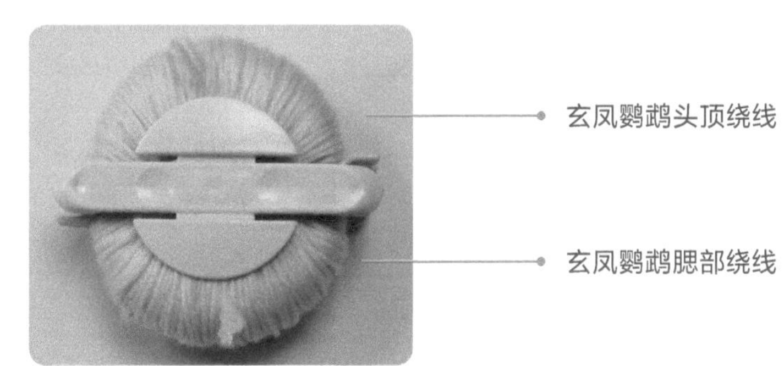

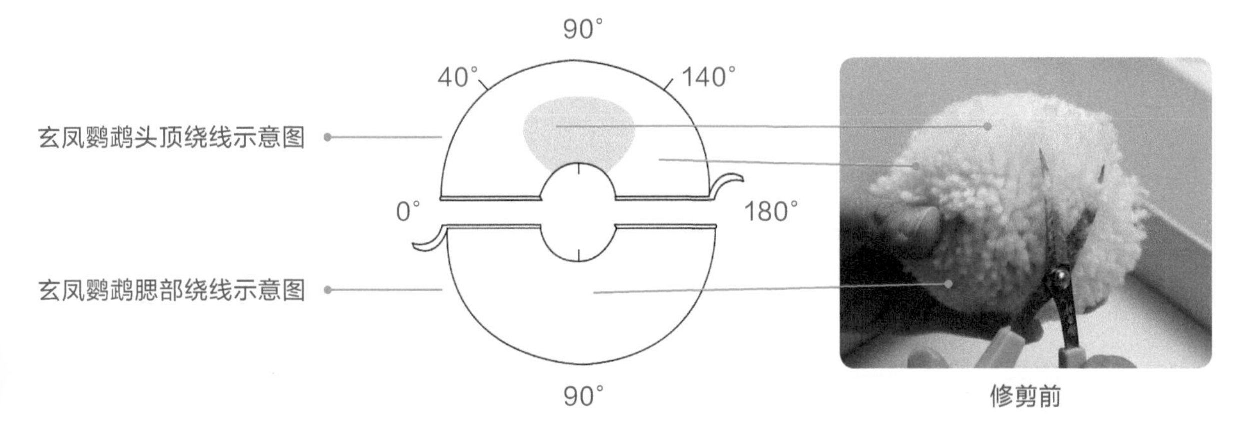

修剪前

制球

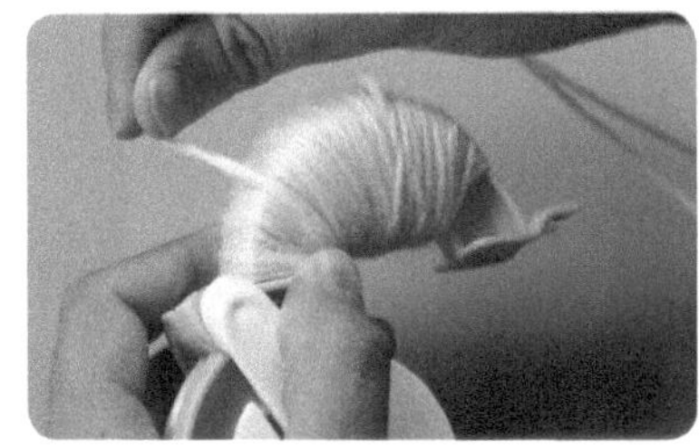

01

取出 6.8cm 毛线制球器的一个半圆部件，在 40° ~ 140° 区域内缠绕大约 180 圈奶黄色毛线。

02

在整个半圆部件上缠绕大约 220 圈白色毛线，如上右图所示。

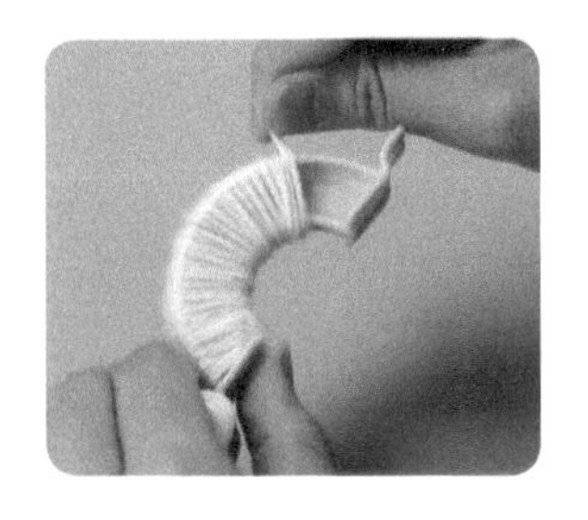
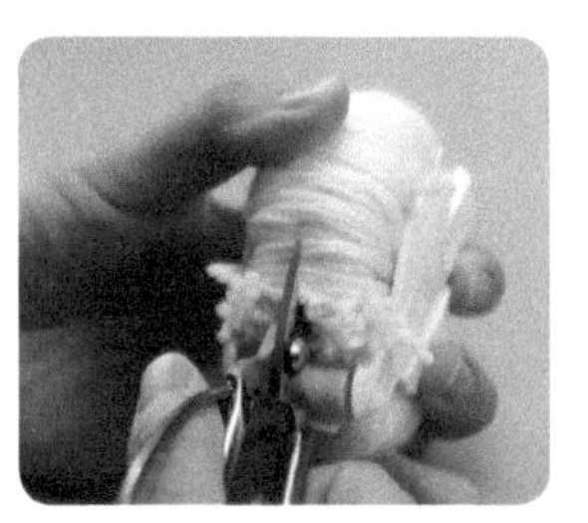
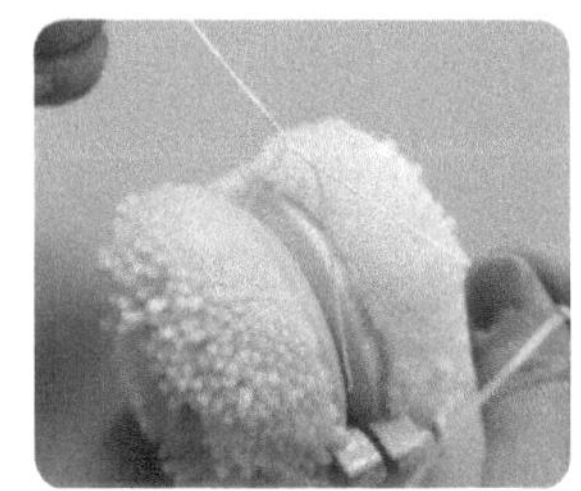
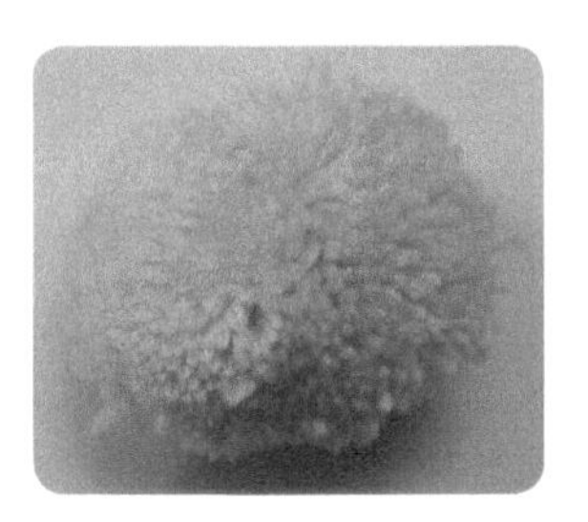

03

取出制球器的另一个半圆部件，在上面均匀地缠绕大约 400 圈白色毛线后合上制球器，用剪刀剪开毛线，并用绑线将其捆绑固定，得到用于制作玄凤鹦鹉的毛线球。

修剪

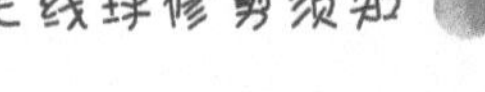

修剪制作玄凤鹦鹉的毛线球，可先将鹦鹉的身体看作一个圆润的“C”形，尽量把玄凤鹦鹉的腹部修剪成圆滚滚的造型，而玄凤鹦鹉的头部和尾巴就需要剪得尖一些，还要剪出玄凤鹦鹉背部向内凹陷的身形线条。

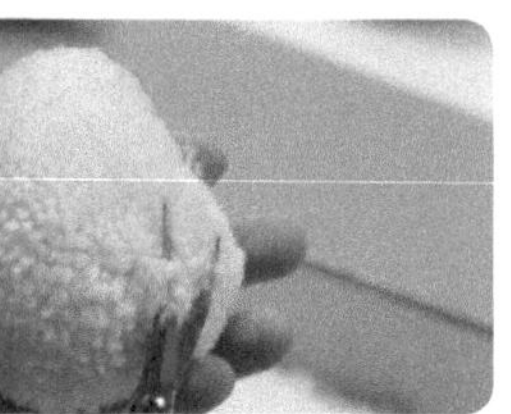

04

用弯头剪刀将毛线球修剪出玄凤鹦鹉的基本形状，将奶黄色区域的头部修剪得尖一点，再修剪出玄凤鹦鹉翘起来的尾巴。

形象制作

05

在准备好的一对5mm针插式黑豆眼的杆子上涂上酒精胶水，将其插入眼部的合适位置。

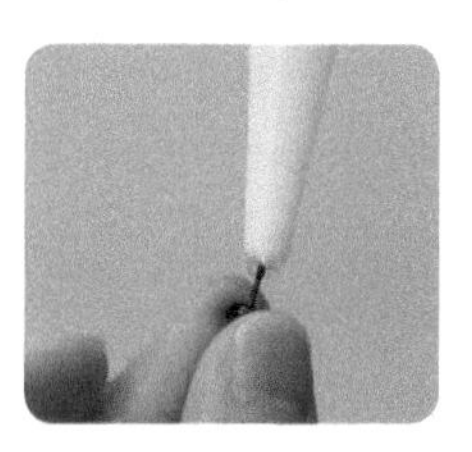

06

取少量浅粉色羊毛戳刺成两个圆形的片状，作为玄凤鹦鹉的鼻子。

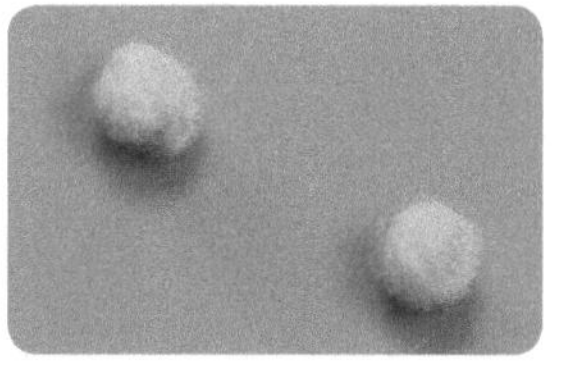

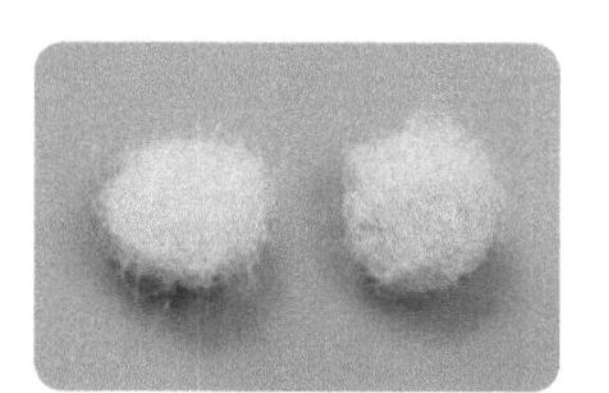

07

取少许浅棕色羊毛将其戳刺在鼻子的中间，作为玄凤鹦鹉的鼻孔。

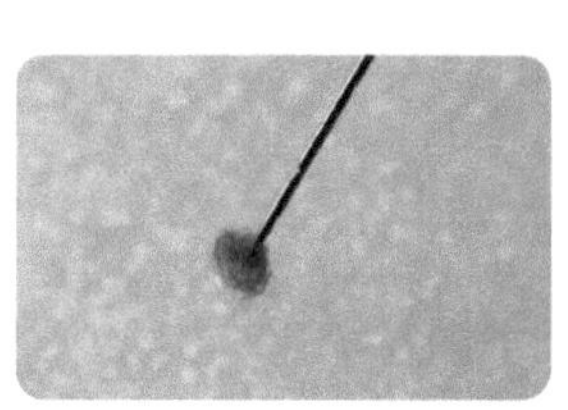
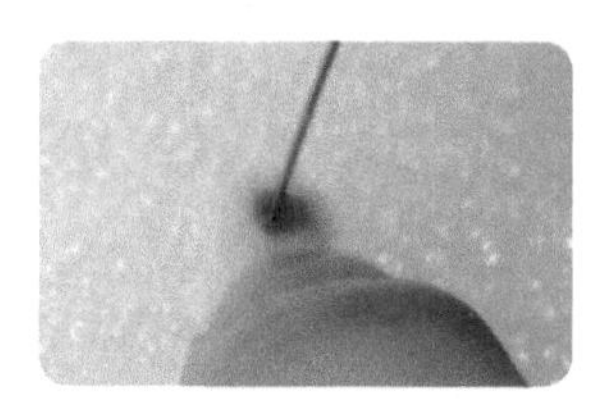
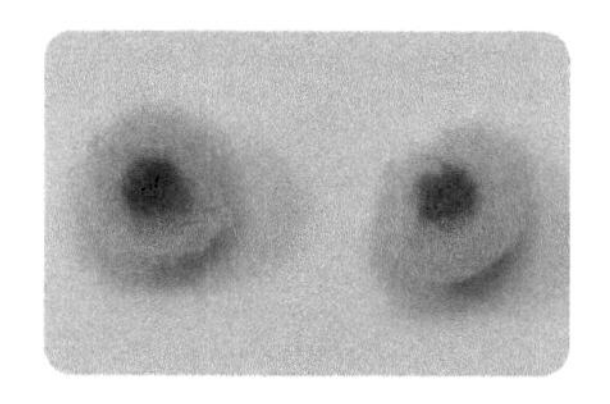

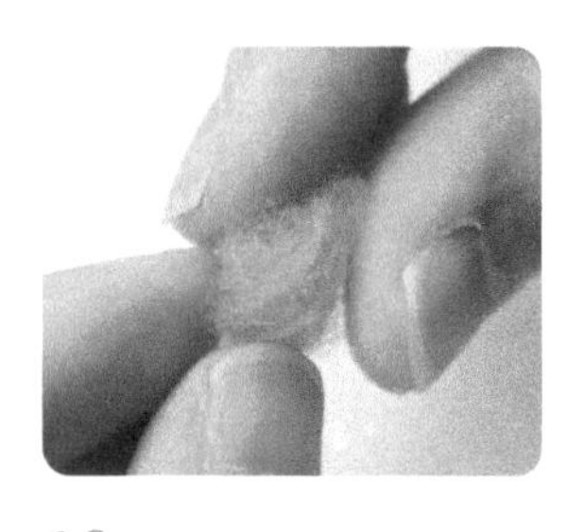
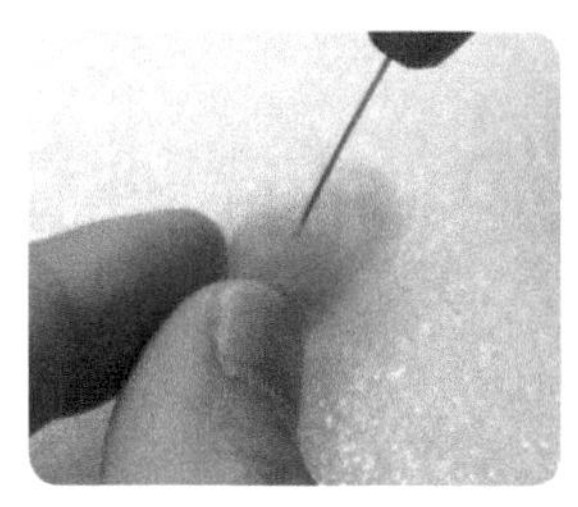
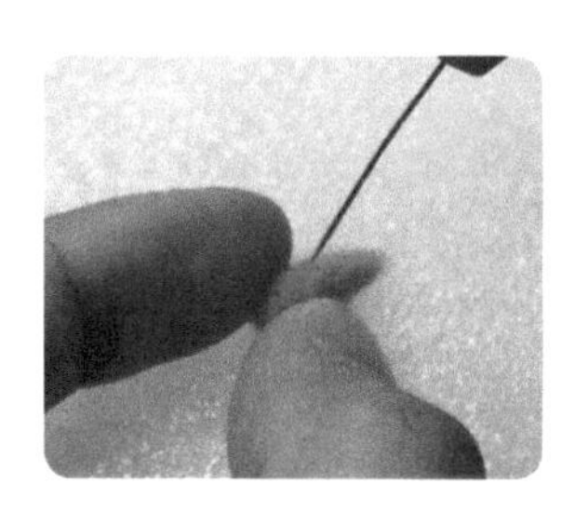
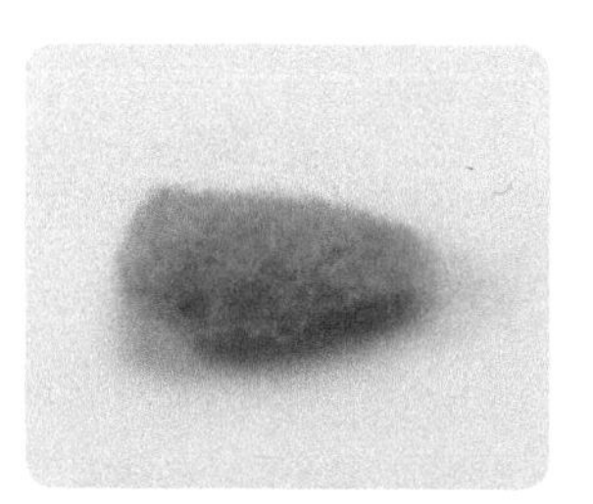

08

取少量桃粉色的羊毛并卷起来，用戳针将其戳刺成一个圆锥体，作为玄凤鹦鹉的嘴巴。

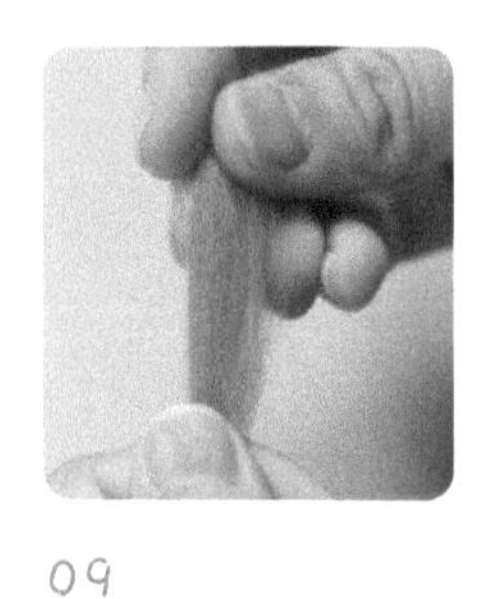
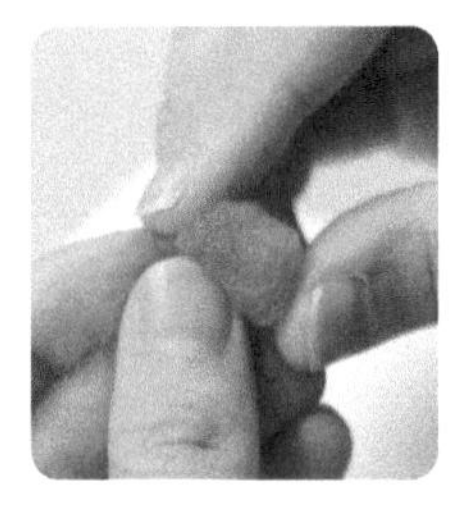

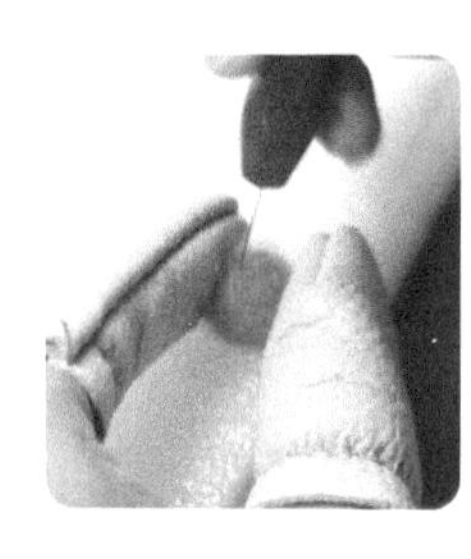
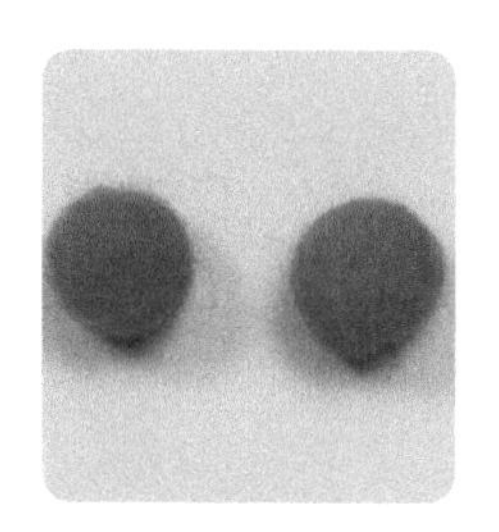

09

取少量橘色羊毛卷成圆团，用戳针戳刺出两个稍扁一点的圆球作为脸颊。

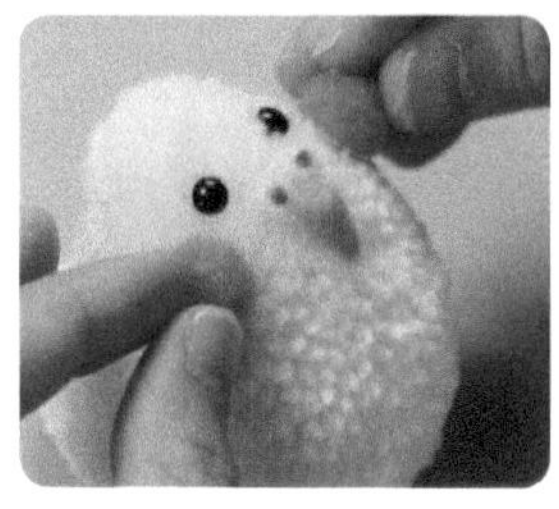

10

将制作好的鼻子、嘴巴和橘色脸颊等部件分别涂上酒精胶水，粘在玄凤鹦鹉头部的合适位置，如上右图所示。

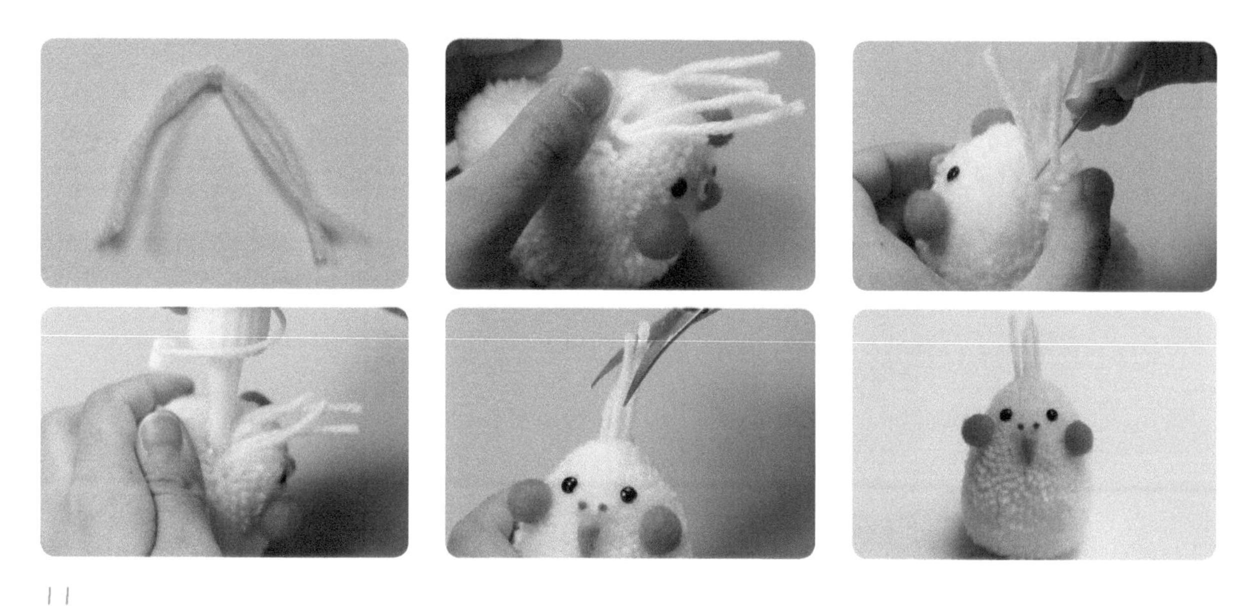

11

将奶黄色毛线剪成小段，取一根或两根一起打结，并将打结的位置戳刺到玄凤鹦鹉头顶的毛线中，同时涂上酒精胶水将其固定，并调整一下玄凤鹦鹉头顶毛线的长度。

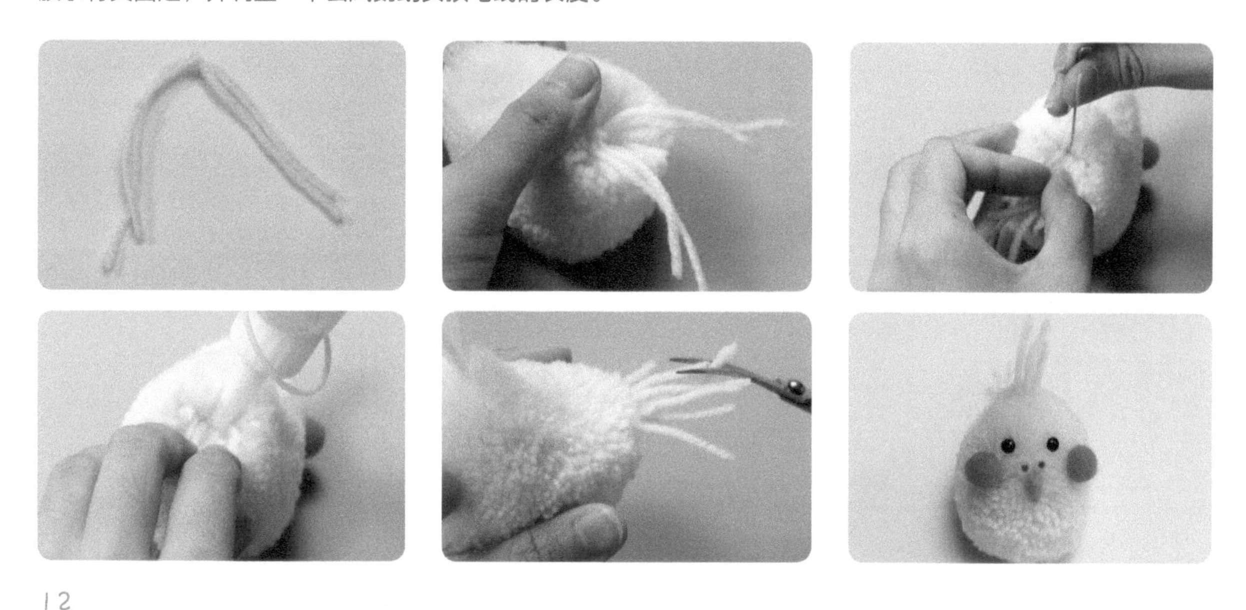

12

用相同的方法制作玄凤鹦鹉的尾巴，可爱的玄凤鹦鹉就做好了。注意，具体戳入几根毛线大家可自行决定。

5.6 呆萌温顺的绵羊

本案例制作的绵羊为白色母绵羊，头顶无角，鼻骨隆起，嘴尖，耳朵内部毛发不多，露出的皮肤呈粉色，因而制作耳朵时可以在耳朵内部添加一些粉色。给绵羊加上腮红后会更显绵羊温顺、呆萌的特点。

多角度效果图展示

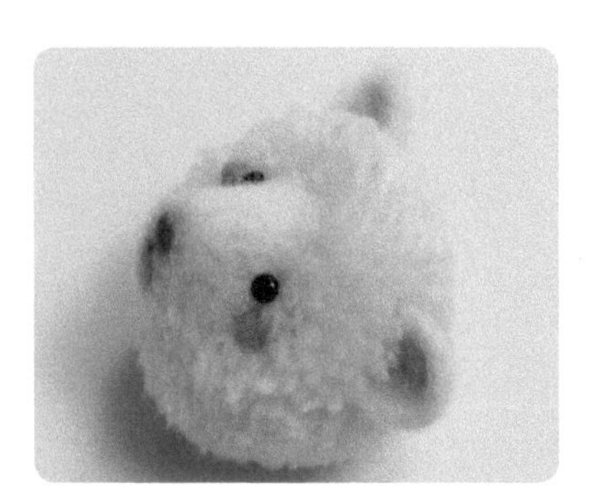

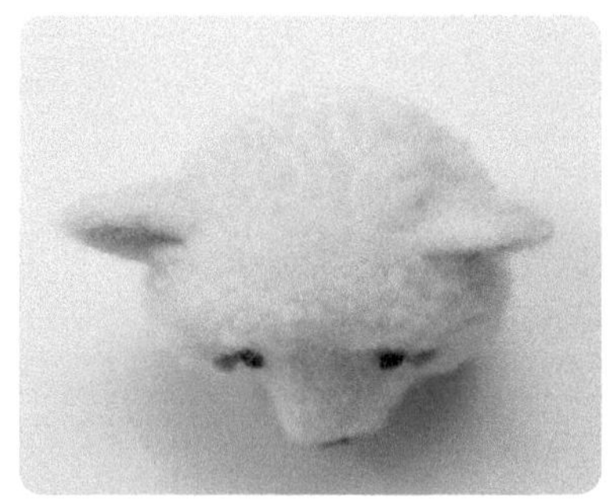

材料、工具与配件

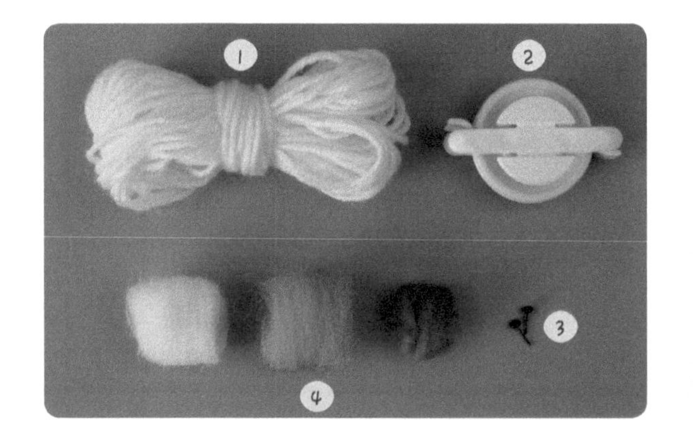

材料、工具与配件名称

1. 毛线：白色
2. 4.8cm毛线制球器
3. 4mm针插式黑豆眼
4. 羊毛：白色、桃粉色、棕色

绕线示意图

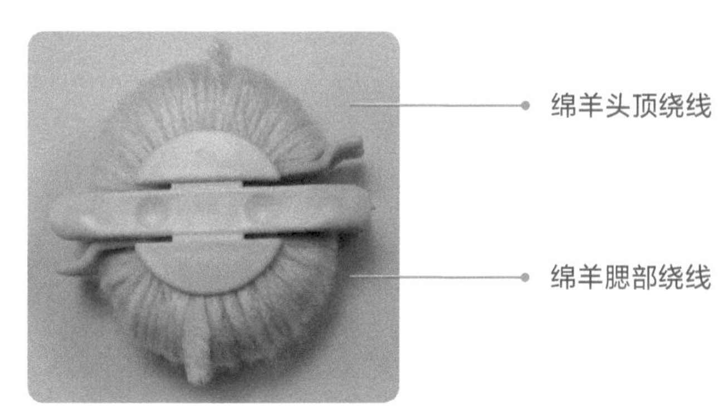

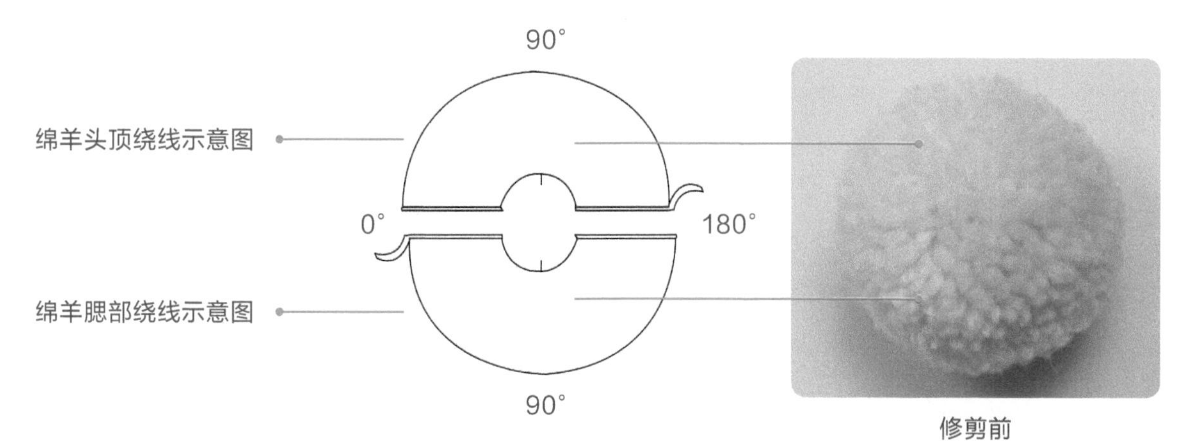

修剪前

制球

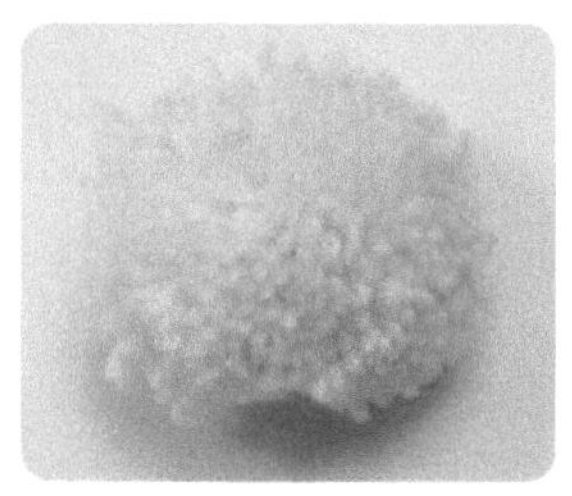

01

打开 4.8cm 的毛线制球器，分别在制球器的两个半圆部件上用白色毛线均匀地缠绕大约 190 圈，随后合上制球器，用剪刀剪开毛线，并用绑线将其捆绑固定住，得到用于制作绵羊的毛线球。

修剪

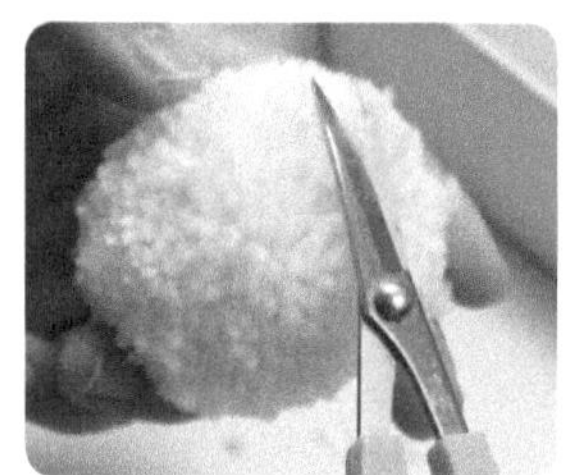
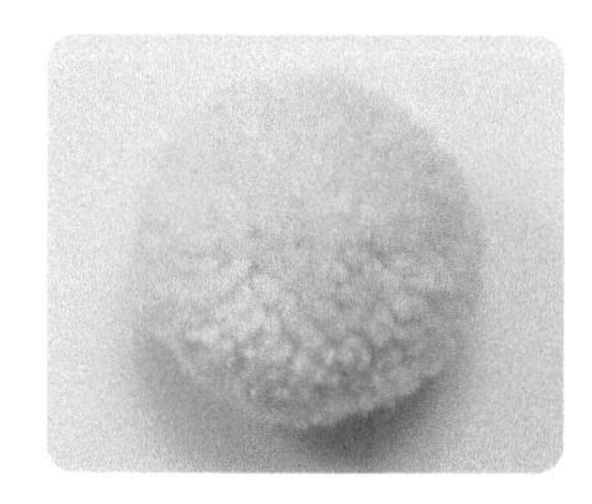

02

用弯头剪刀将表面参差不齐的毛线球修剪成圆润的球状。

形象制作

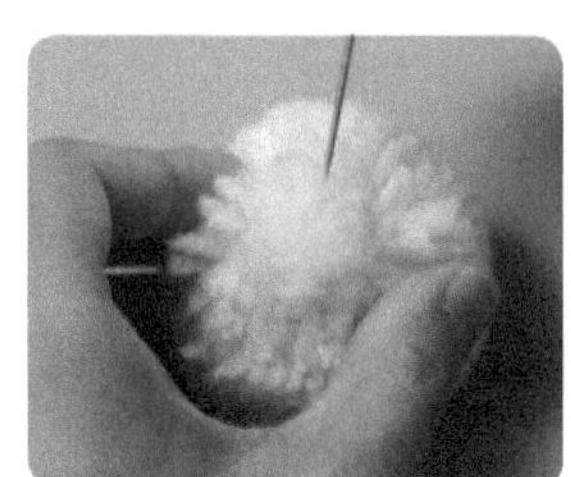
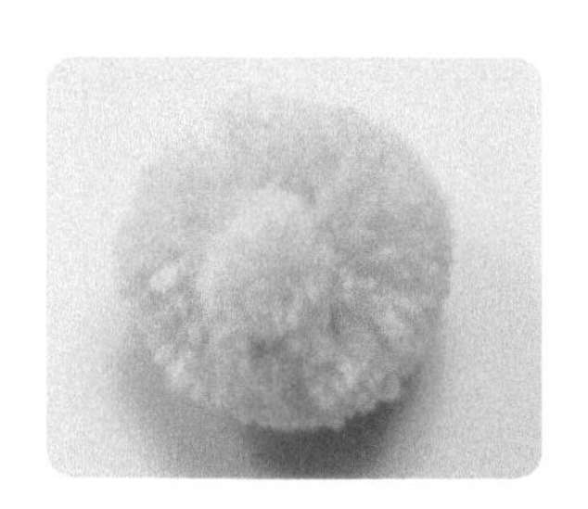

03

在毛线球的中间位置用手确定绵羊鼻子的范围，如上左图所示，再用戳针将这一范围内的毛线戳刺结实，制作出绵羊鼻子。

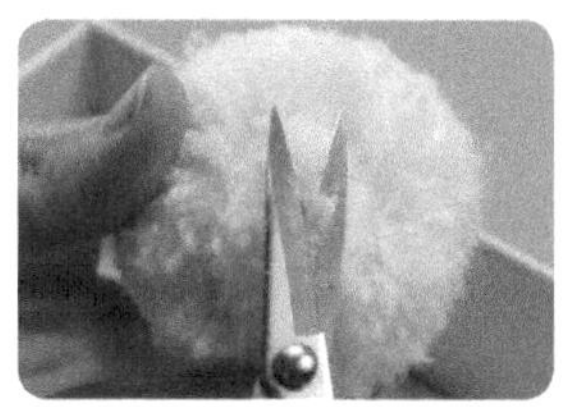

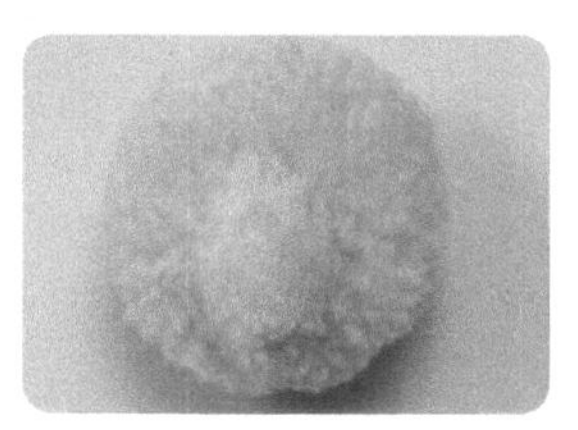

04

用弯头剪刀将鼻子周围的毛线修剪平整，突出鼻子的部分，注意鼻子形状也要适当修剪调整。

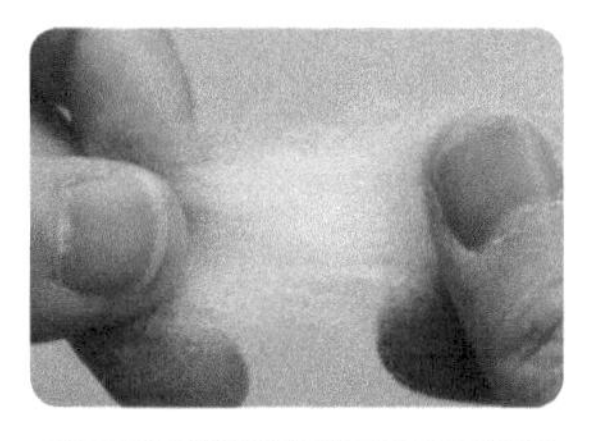

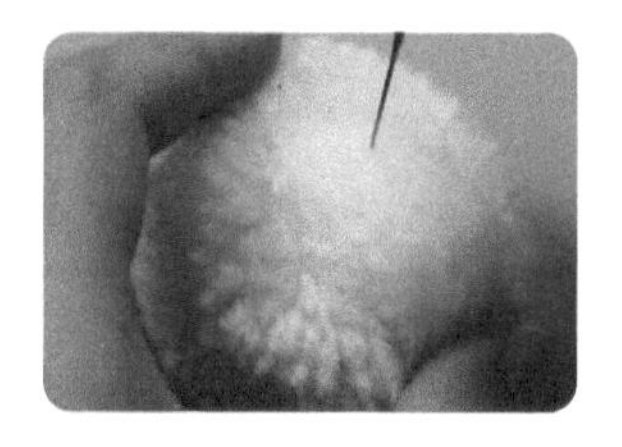

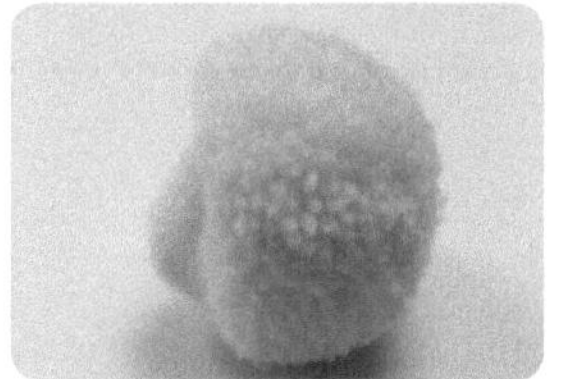
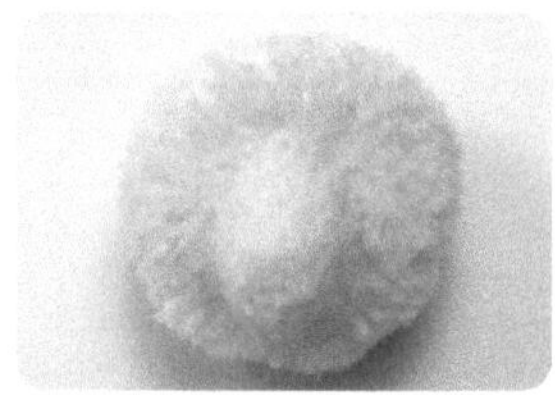

05

取少许白色羊毛覆盖在鼻子上，用戳针戳刺将其固定住。

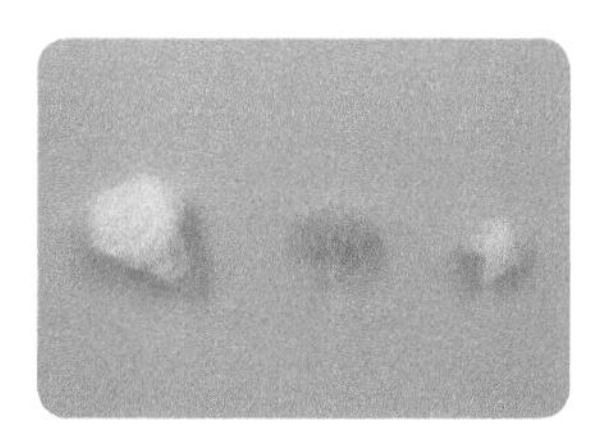

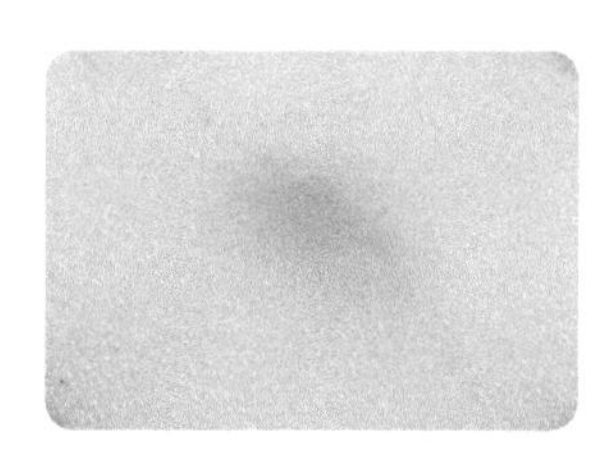

06

取少许白色、桃粉色羊毛进行混色，混合出淡粉色。

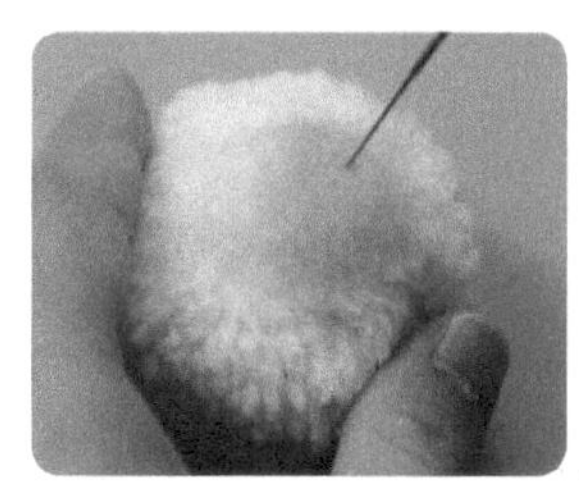
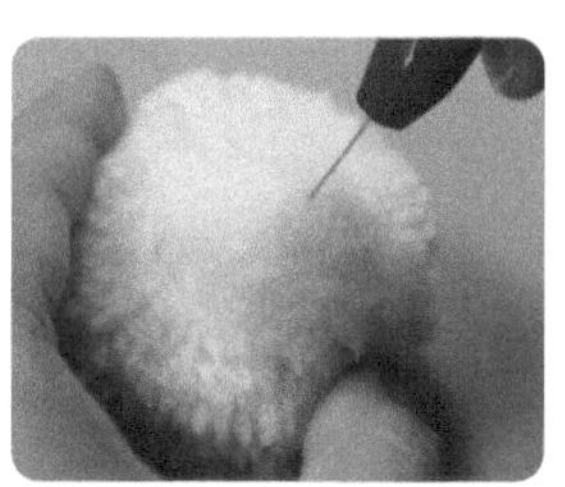
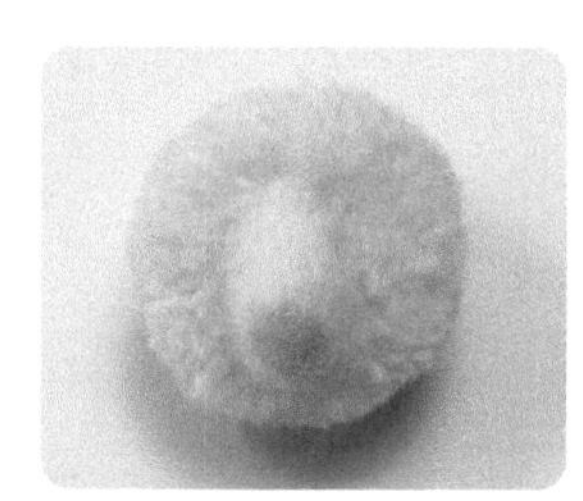

07

将淡粉色羊毛戳刺在绵羊鼻子的鼻尖处。

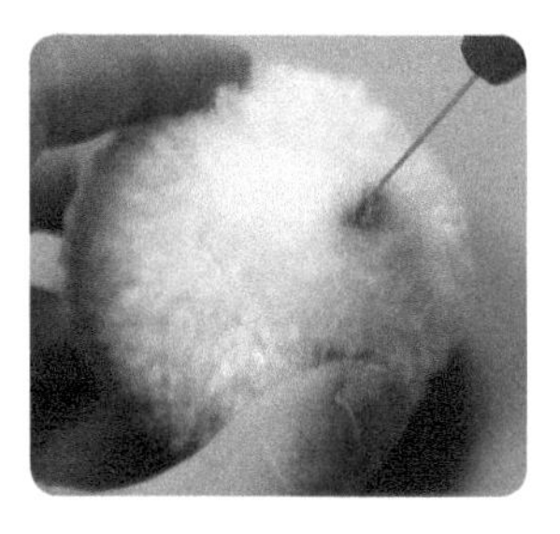

08

取少许棕色羊毛放在绵羊的鼻尖处，用戳针戳刺出爱心的形状。

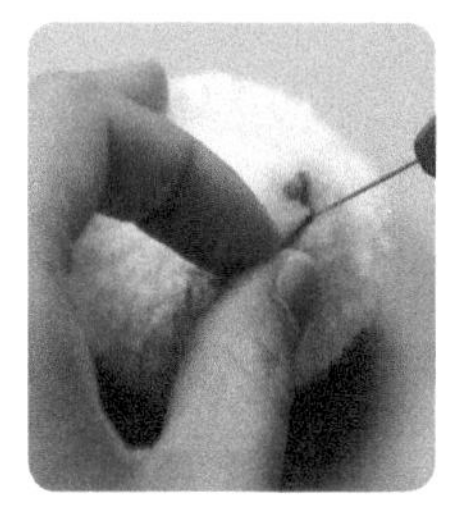
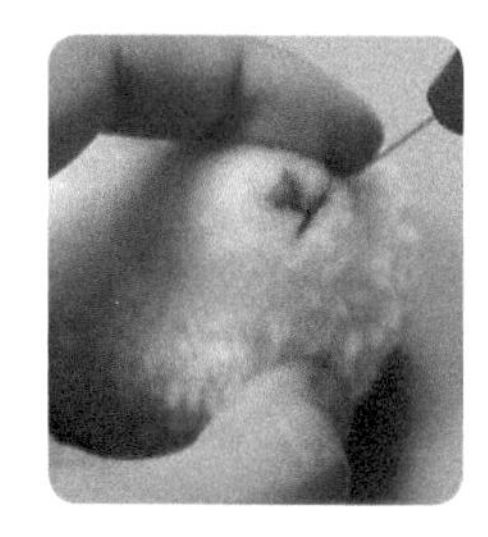

09

取棕色羊毛搓成细线，制作绵羊嘴巴的线条，用戳针将其戳刺固定后剪掉多余的羊毛，嘴巴形状呈倒“Y”形。

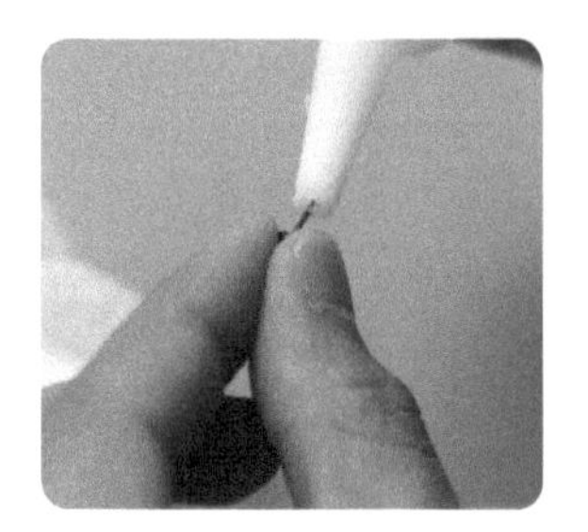

10

在准备好的一对4mm针插式黑豆眼的杆子上涂上酒精胶水，将其插入眼部的合适位置。

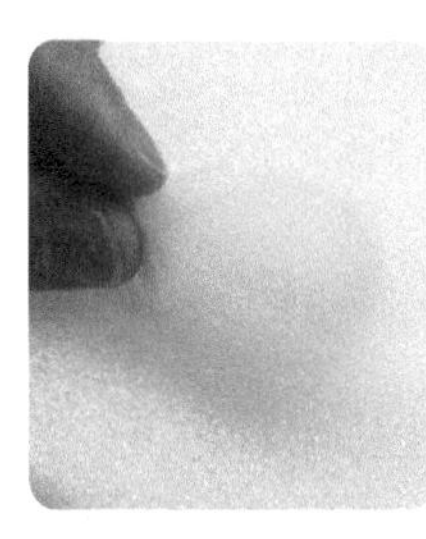
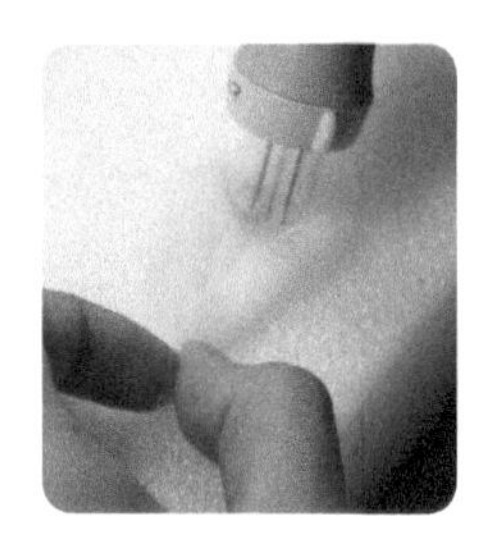
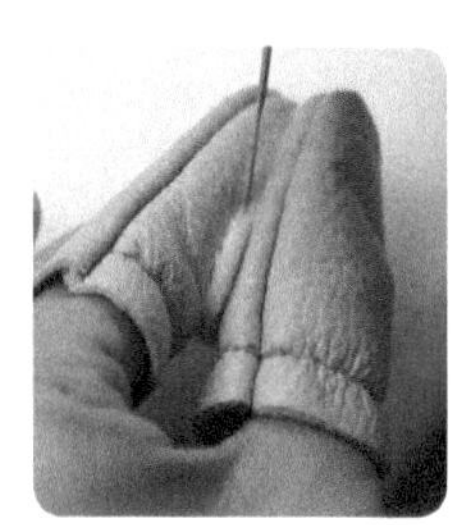
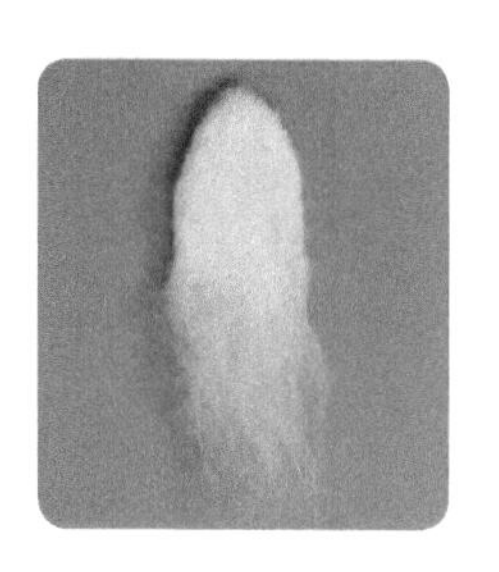

11

取适量白色羊毛，叠成一个半圆形，用五针笔将其戳刺成片状，再用戳针戳刺侧面，作为绵羊的耳朵。

12

取白色和粉色羊毛混合出淡粉色，将淡粉色羊毛戳刺在耳朵中间的位置，如最右图所示。

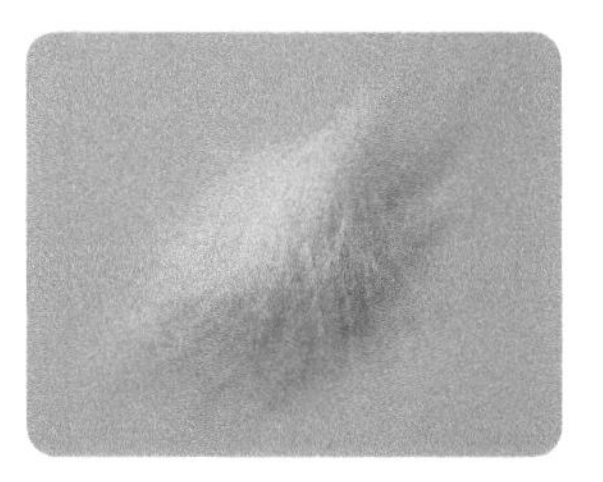
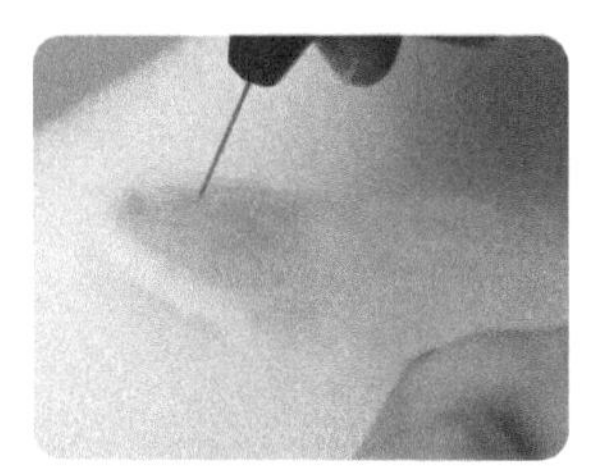
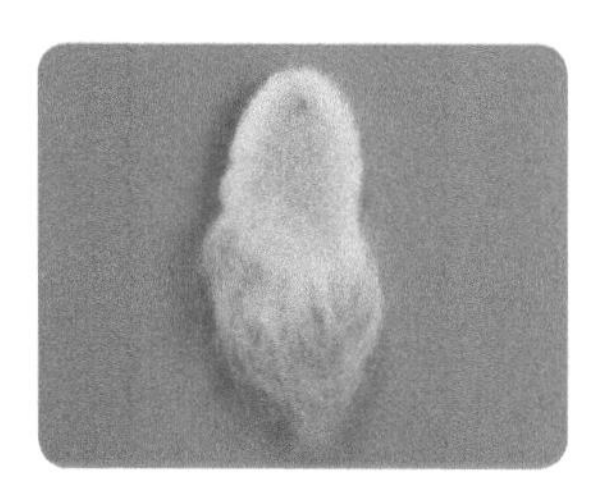

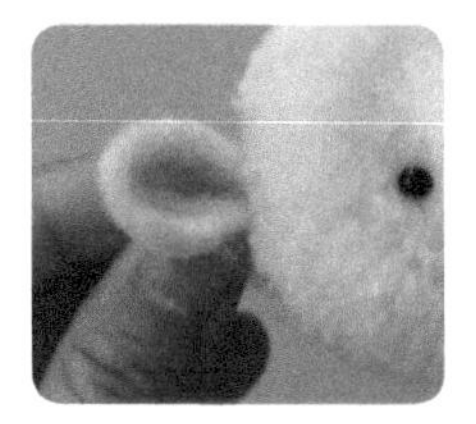
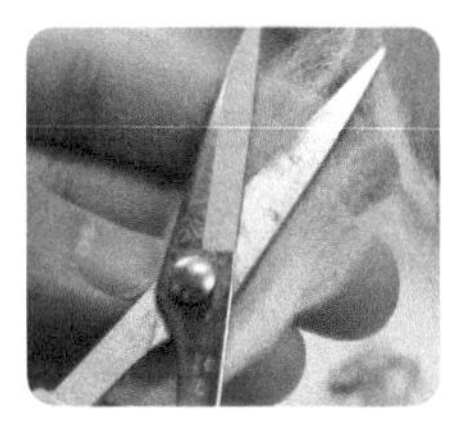
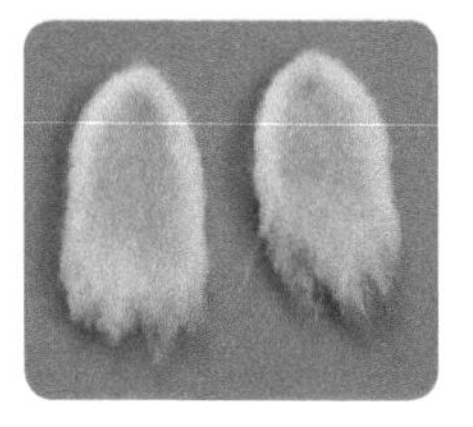
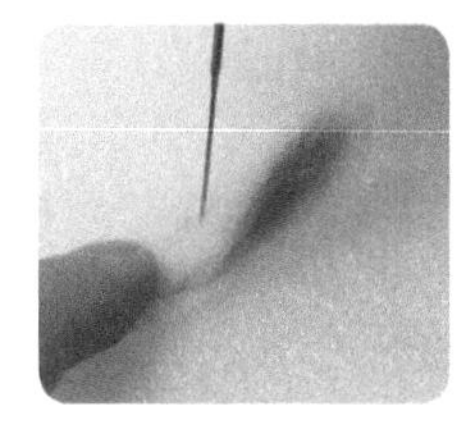
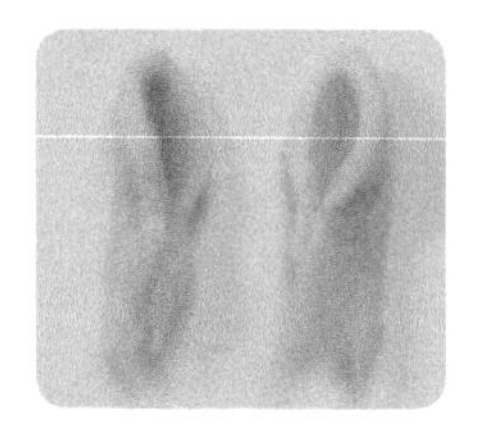

13

将耳朵和绵羊的头部进行比对，调整耳朵的长度并修剪浮毛。

14

将耳朵的下半部分向内对折，用戳针戳刺下半部分使其合在一起，完成效果如上右图所示。

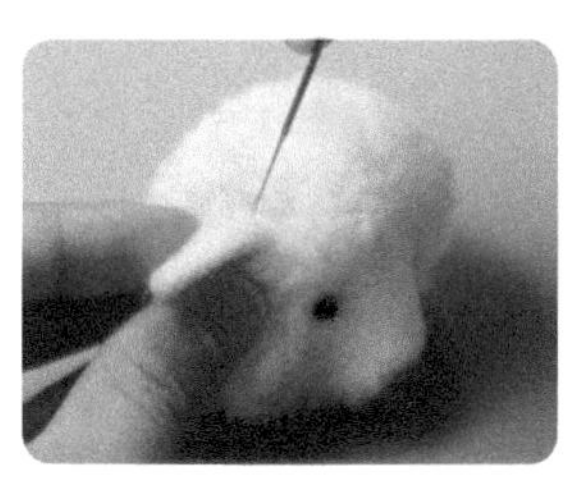
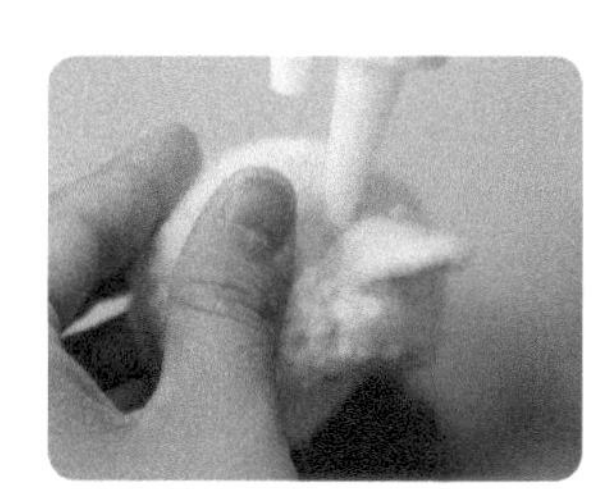

15

拨开头顶两侧的毛线，将耳朵放入毛线中，用戳针戳刺耳朵底部两侧，两只耳朵都安装好后在耳朵底部两侧涂上酒精胶水将其固定住。

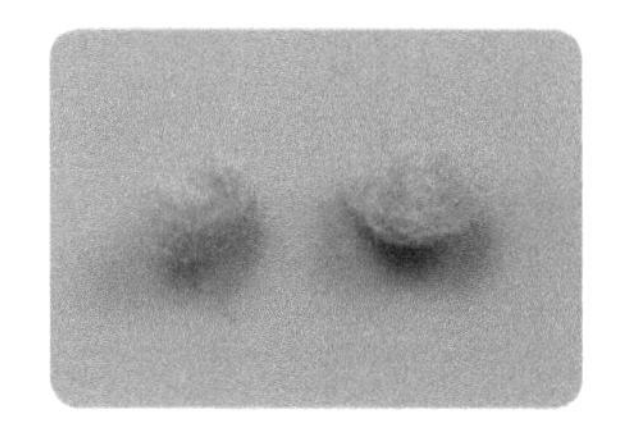
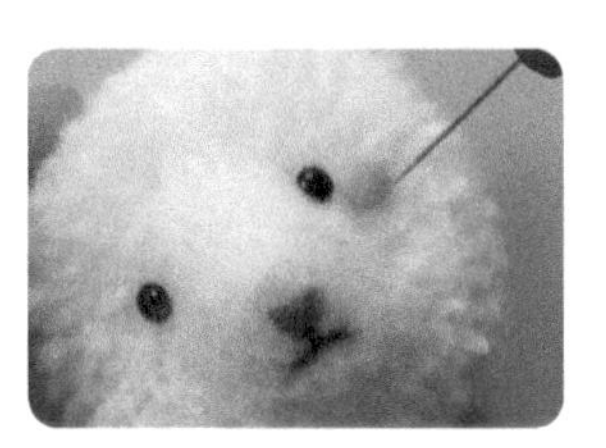

16

取少量桃粉色羊毛团成两个相同大小的圆团，用戳针将其分别戳刺在脸颊的适当位置。至此，绵羊就制作完成了。

5.7 鬃毛浓密的狮子

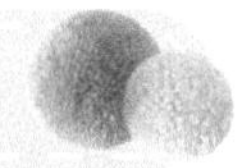

丛林之王——狮子，其制作重点是大而圆的头、长长的脸和长且浓密柔软的鬃毛。由于狮子鬃毛的面积和脸型的尺寸相差过大，因而，需要分别制作狮子的鬃毛和脸部。另外，鬃毛制作需要借助针梳对其进行梳理，以呈现出毛茸茸的效果。

多角度效果图展示

材料、工具与配件

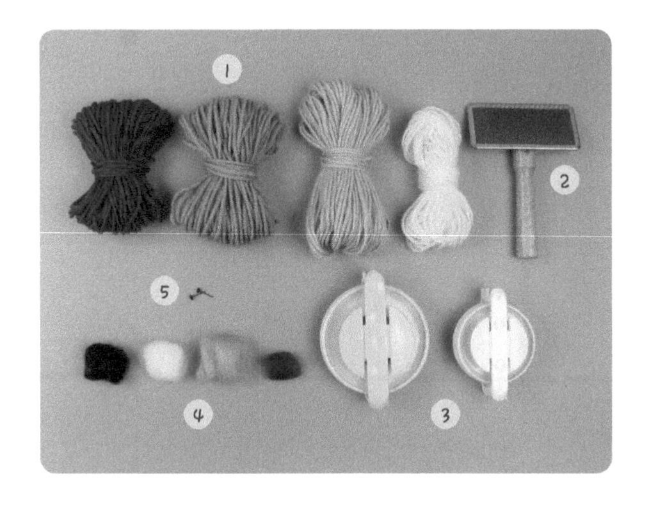

材料、工具与配件名称

1. 毛线：深棕色、浅棕色、卡其色、白色
2. 针梳
3. 毛线制球器：8.8cm、6.8cm
4. 羊毛：黑色、白色、卡其色、深棕色
5. 4mm针插式黑豆眼

绕线示意图

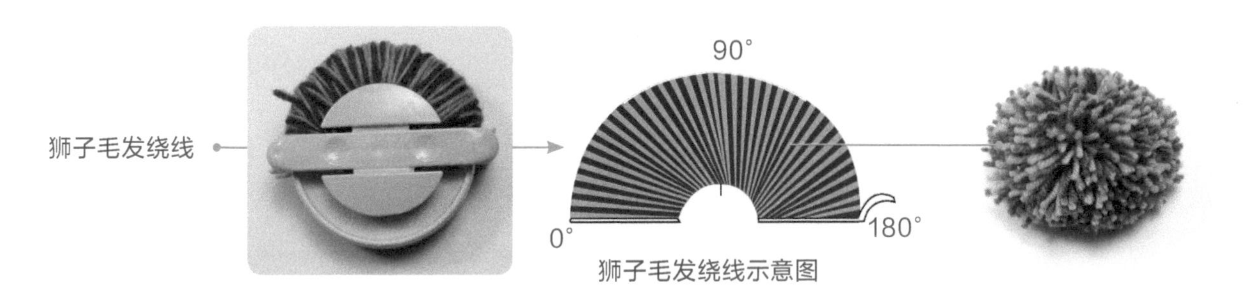

狮子毛发绕线示意图

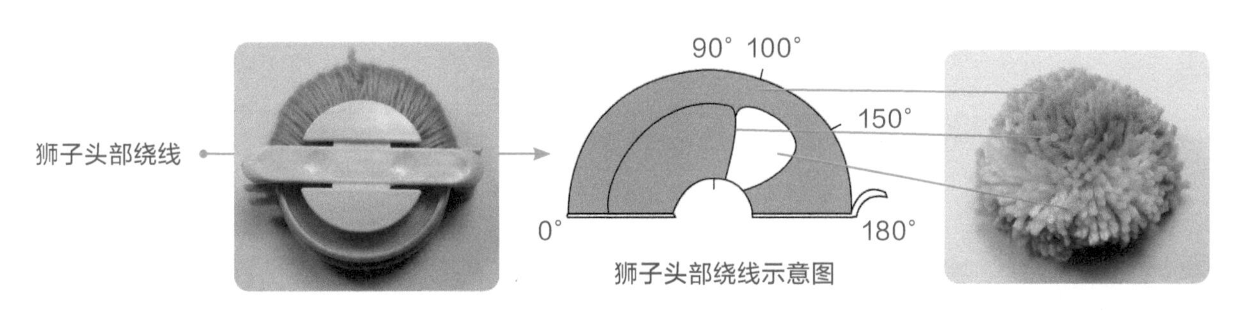

狮子头部绕线示意图

制球

毛线球制作须知 

因为狮子脸部周围有很长的毛发，而头上只有很短的绒毛，两种毛发的长度相差太大，无法用一个制球器做出完整的狮子毛线球。所以，狮子的鬃毛和头部需要用尺寸不同的制球器分别制作。

狮子毛发

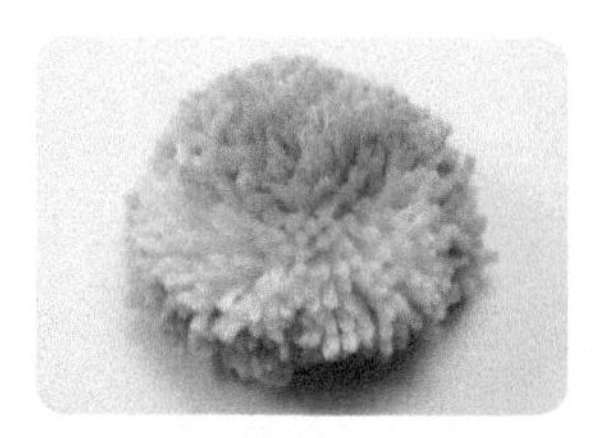

狮子头部

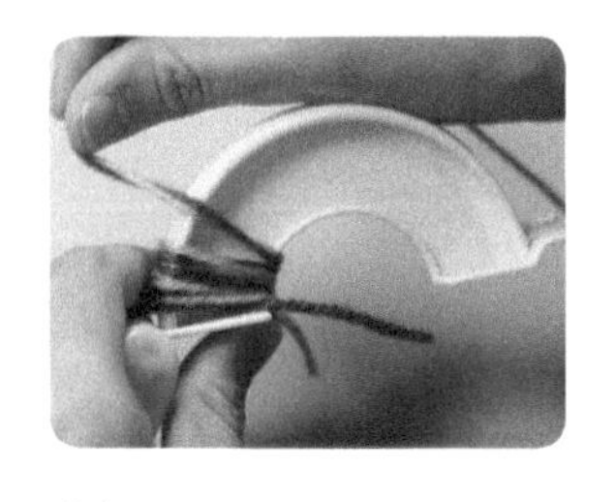

01

取出 8.8cm 的毛线制球器的一个半圆部件，取浅棕色和深棕色毛线在制球器的半圆部件上均匀地缠绕大约 200 圈，随后用剪刀剪开毛线，用绑线将其固定后，得到用于制作狮子毛发的半圆形毛线球。

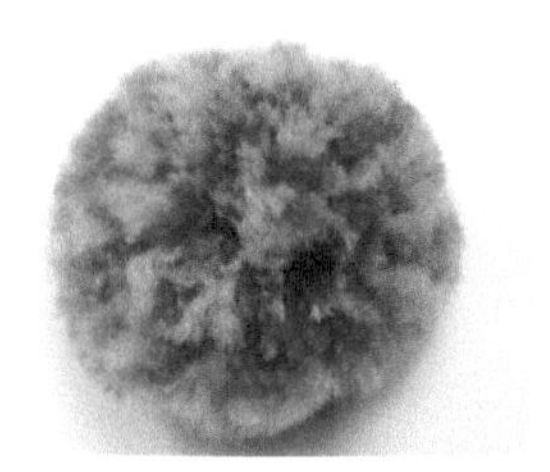

02

用针梳将毛线梳理蓬松，梳理后的效果如上右图所示。

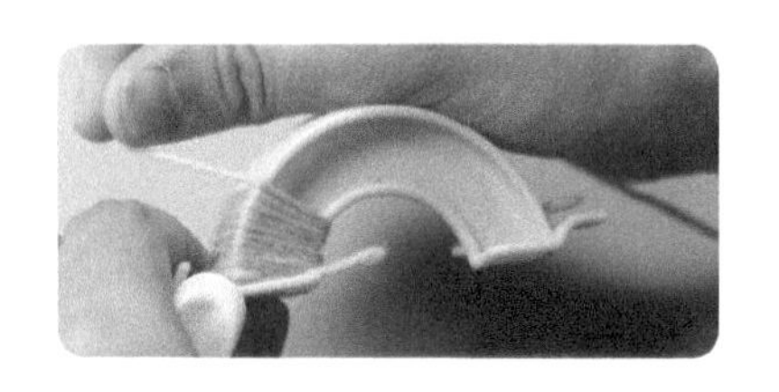

03

取出 6.8cm 毛线制球器的一个半圆部件，在 0° ~ 100° 的区域内均匀地缠绕大约 150 圈卡其色毛线。

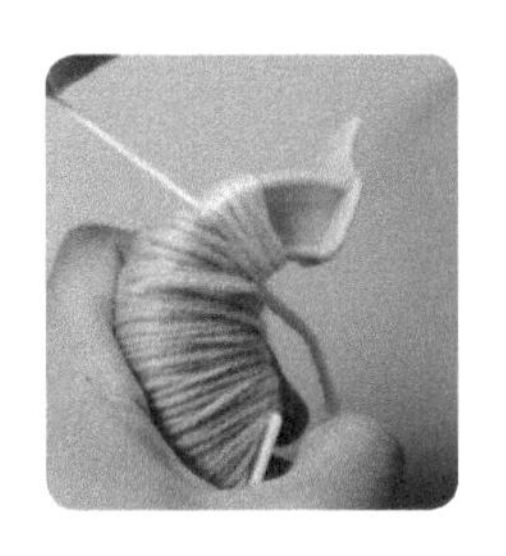

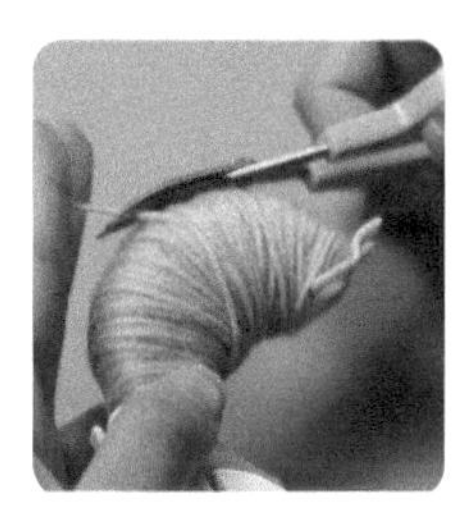

04

在100°~150°区域内缠绕45圈白色毛线。

05

接下来在整个半圆部件上均匀地缠绕 80 圈卡其色毛线。

修剪

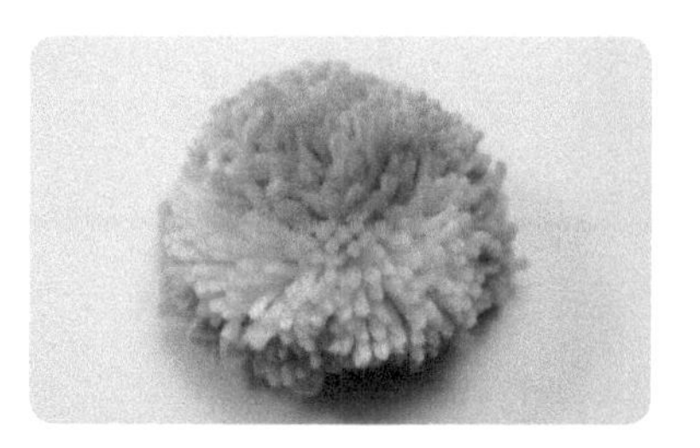

06

用剪刀剪开毛线，再用绑线从制球器的中间将毛线球捆紧，得到用于制作狮子头部的半圆形毛线球，如上右图所示。

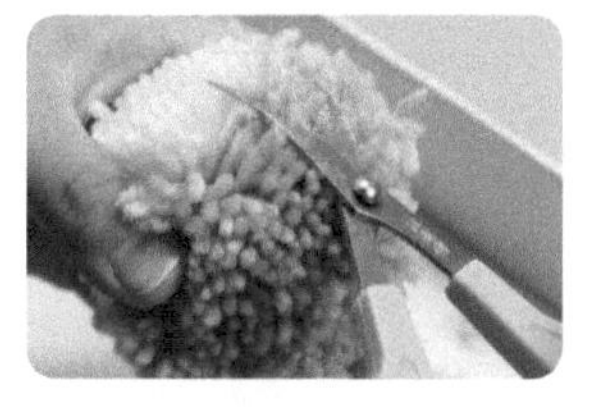

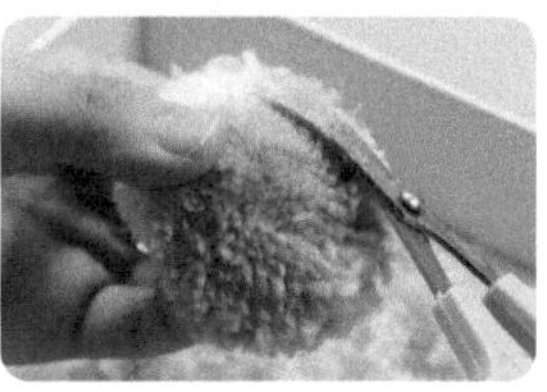

07

用弯头剪刀修剪狮子的头部，将头部修剪成椭圆状。

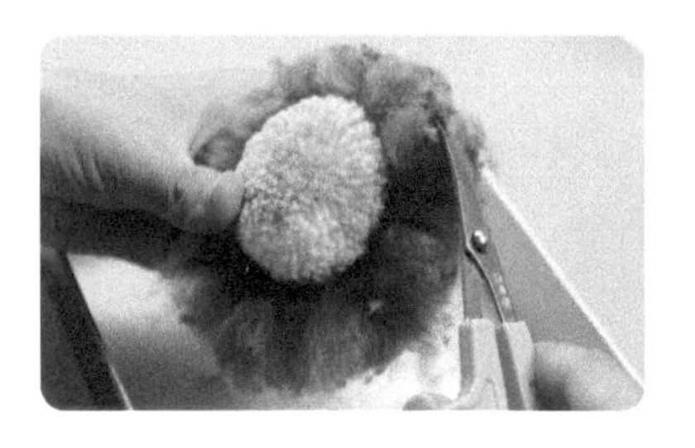

08

将狮子的毛发和头部进行比对，确认两者大小是否匹配，同时用弯头剪刀将毛发部件修剪整齐。

形象制作

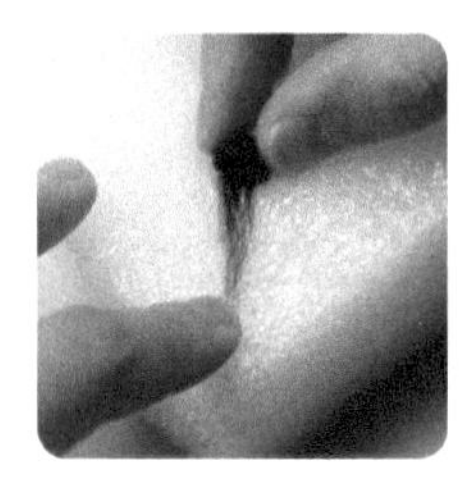

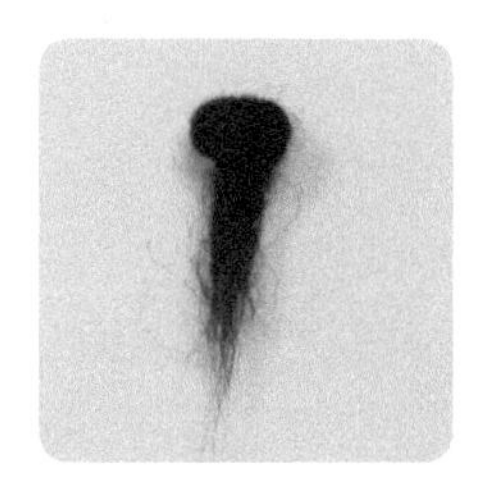

09

取少量黑色羊毛做鼻子，将羊毛的一端卷起来，另一端留一点羊毛须，用戳针将卷起来的一端戳圆。

10

用戳针将有羊毛须的那一端戳刺进狮子鼻头的位置并将其固定住。

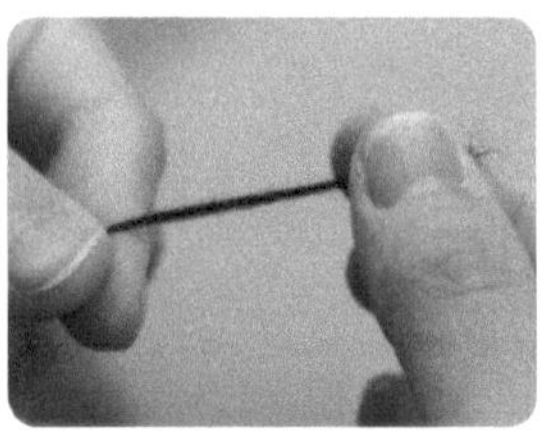
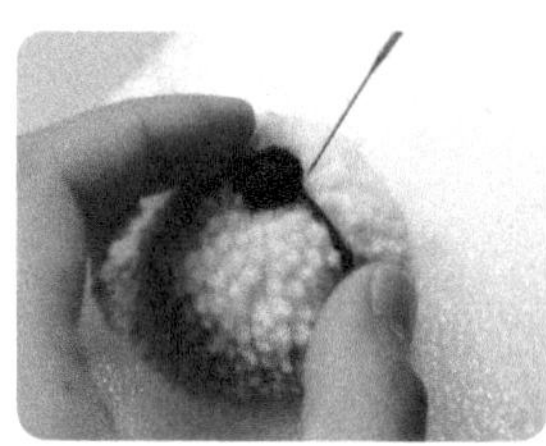

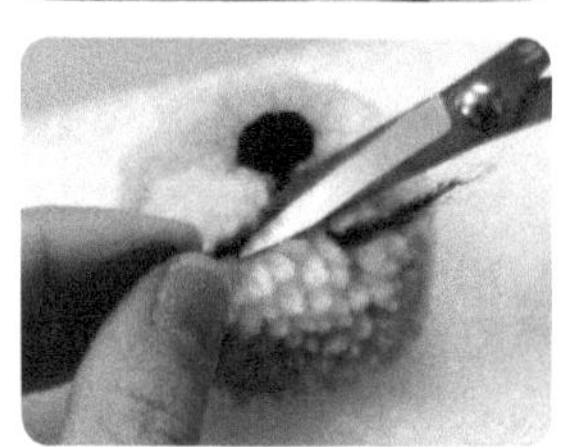
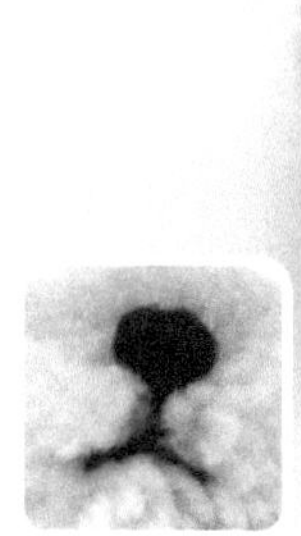

11

取黑色羊毛搓成细条状作为嘴巴的线条，用戳针将羊毛在鼻子下方戳刺出倒“Y”形，再用弯头剪刀修剪多余的羊毛即可。

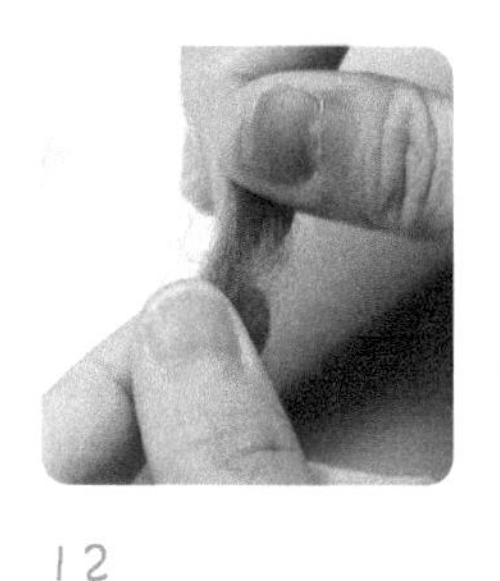

12

取少许深棕色羊毛，用戳针将其戳刺在头顶中间的位置。

13

在准备好的一对 4mm 针插式黑豆眼的杆子上涂上酒精胶水，将其插入眼部的合适位置。

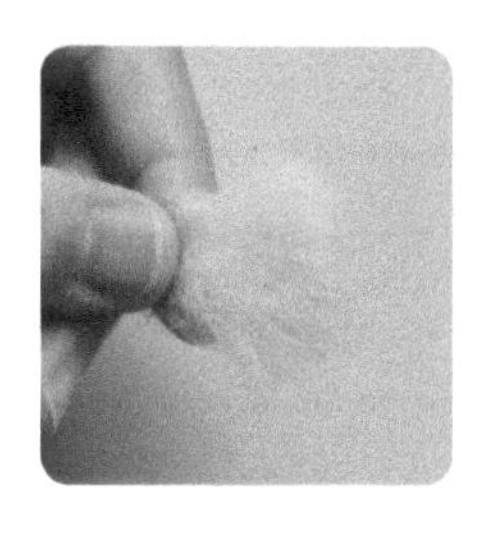
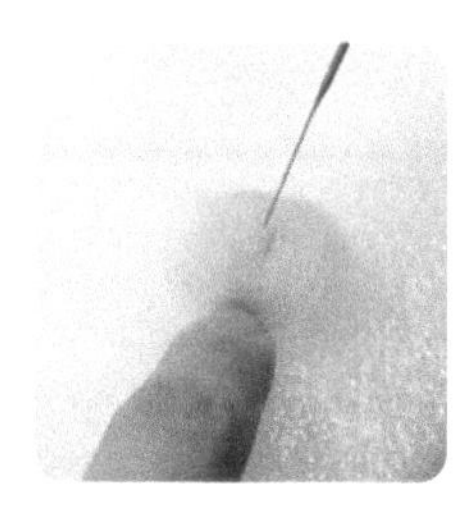
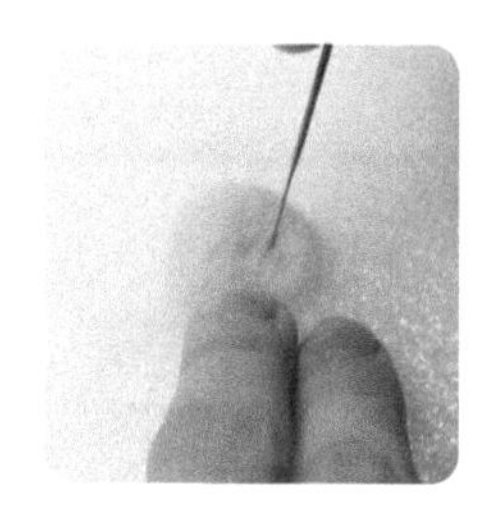

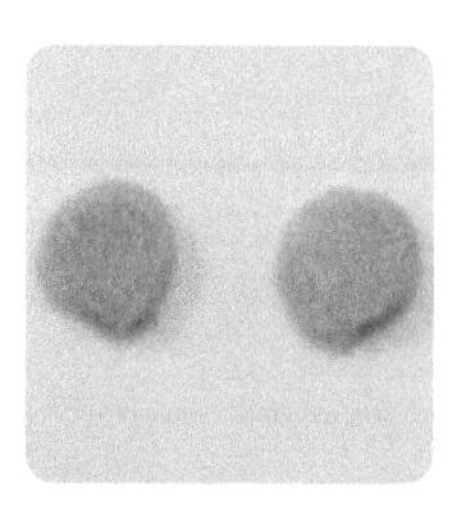

14

取适量卡其色羊毛制作狮子的耳朵，先用戳针将羊毛戳刺成片状，再戳刺耳朵的侧面，把耳朵戳刺为类似圆形的形状。

15

在做好的耳朵上涂上酒精胶水并将其粘在狮子头顶两侧。

16

用弯头剪刀再次修整狮子的头部，将下巴剪得尖一点。

17

给头部背面涂上酒精胶水并将其粘在制作好的狮子毛发部件上。

18

在狮子的眼睛下方用戳针戳刺一些白色羊毛。

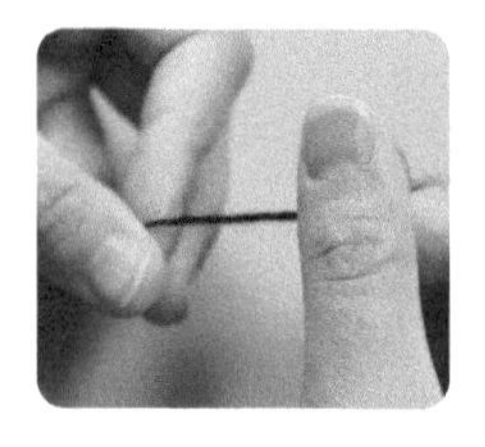

19

取少许黑色羊毛搓成细线状，将细线绕着狮子眼睛戳刺一圈，制作出狮子的眼线。注意，狮子眼线的尾部要往外拉长一些。

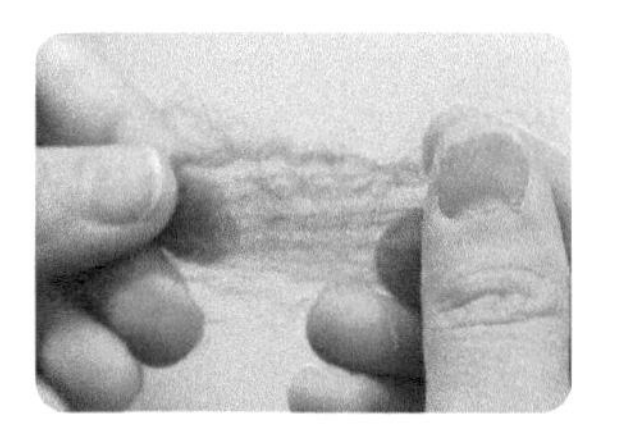

20

取一段深棕色毛线，反复撕扯毛线，将其撕成绒毛状。

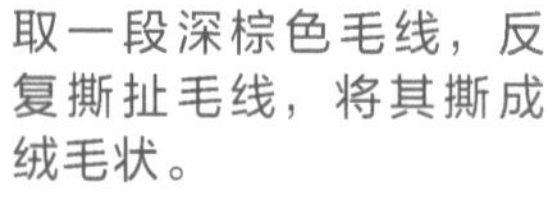

21

将在上一步中撕开的毛线用戳针戳刺在狮子耳朵的前面，遮挡住一部分耳朵，这样能使耳朵若隐若现，让狮子毛线球看起来更真实。

第6章

海洋世界

海洋，一直是个神秘奇特的领域，有许多动物值得我们去探索、发现。本章以“海洋世界”为主题，以海洋动物为对象，制作了一系列的蓬蓬海洋动物。下面，就让这些可爱的小动物带我们进入海洋世界吧！

6.1 小眼海象

海象，即“生活在海里的大象”。本案例制作的海象，选用浅灰色作为皮肤的颜色，黑色作为鼻子的颜色，浅棕色作为上唇周围浓密的胡须的颜色。制作过程中大家注意不要忽略海象扁平的头部、小小的眼睛和长长的象牙等特征。

多角度效果图展示

材料、工具与配件

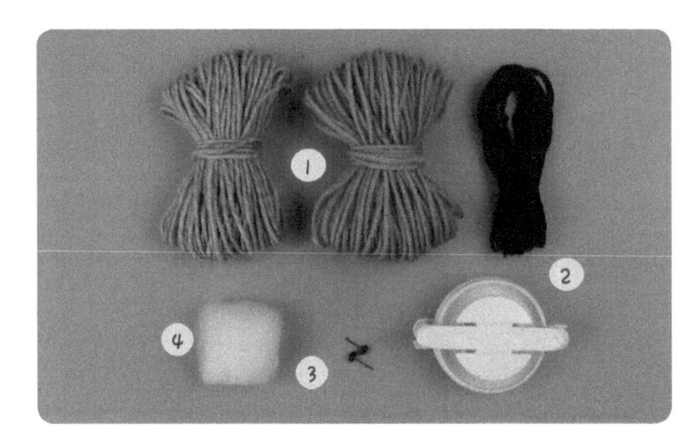

材料、工具与配件名称

1. 毛线：黑色、浅棕色、浅灰色
2. 6.8cm毛线制球器
3. 6mm针插式黑豆眼
4. 羊毛：白色

绕线示意图

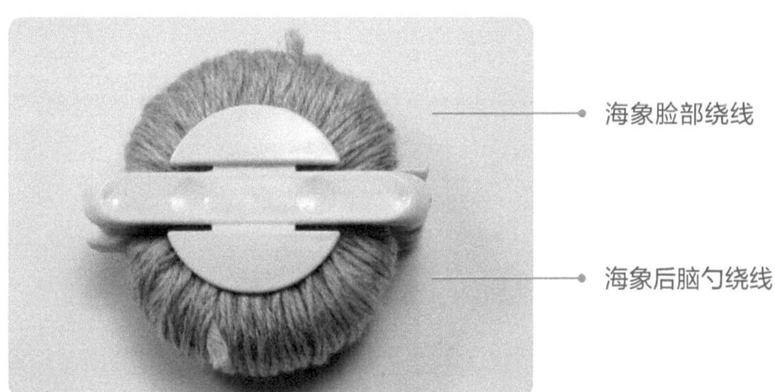

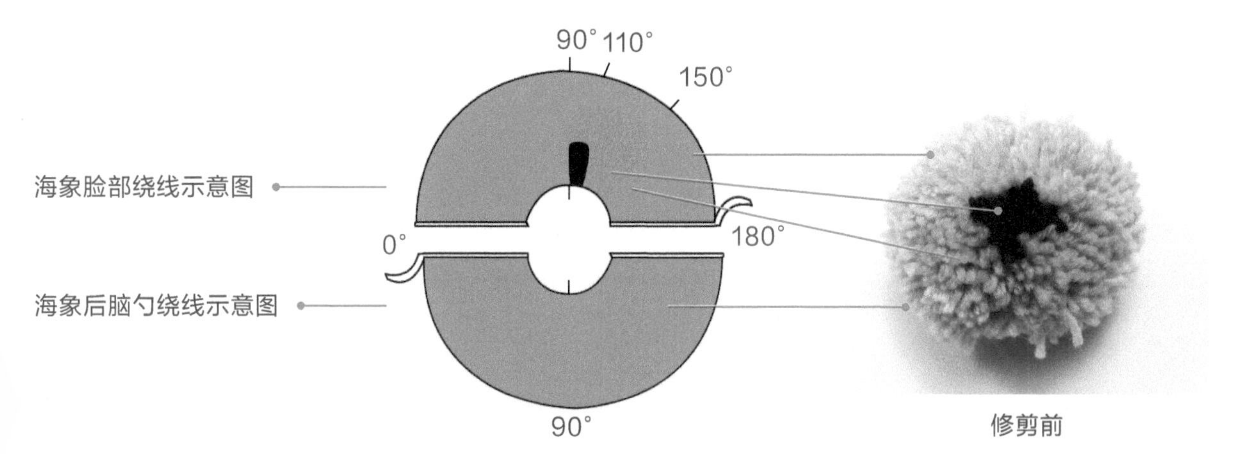

修剪前

制球

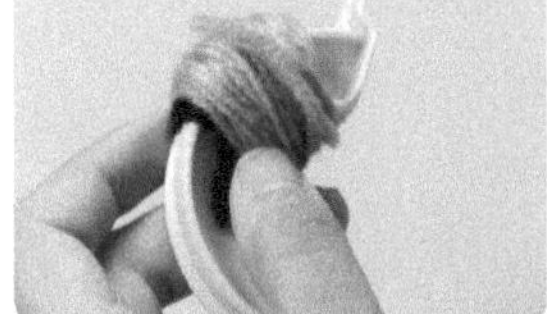

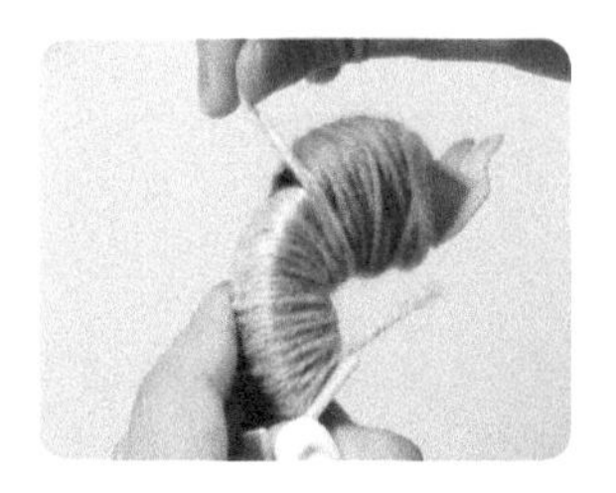

01

取出 6.8cm 毛线制球器的一个半圆部件，在 90° ~ 110° 的区域内缠绕 15 圈黑色毛线。

02

在 90° ~ 150° 的区域内缠绕大约 90 圈浅棕色毛线。

03

在整个半圆部件上缠绕大约 300 圈浅灰色毛线。

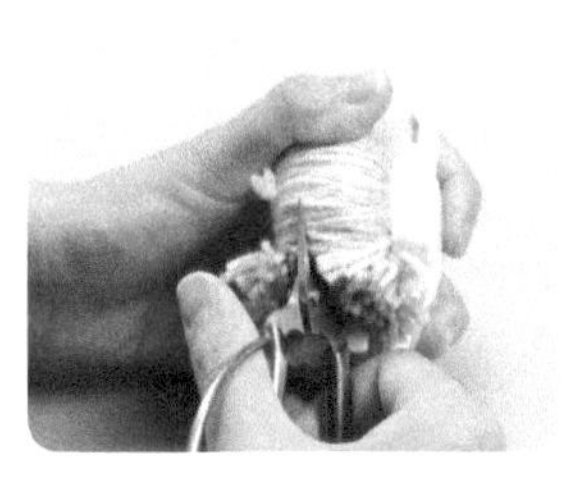

04

取出制球器的另一个半圆部件，在上面均匀地缠绕大约 400 圈浅灰色毛线，随后合上制球器，剪开毛线并用绑线捆绑固定毛线球，得到用来制作海象的毛线球。

修剪

毛线球修剪须知 

海象的上唇周围有一圈长且硬的胡须，所以在实际修剪毛线球的过程中，要先修剪出胡须的形状，再将除胡须以外的其他区域的毛线剪短，从而突出胡须部分。

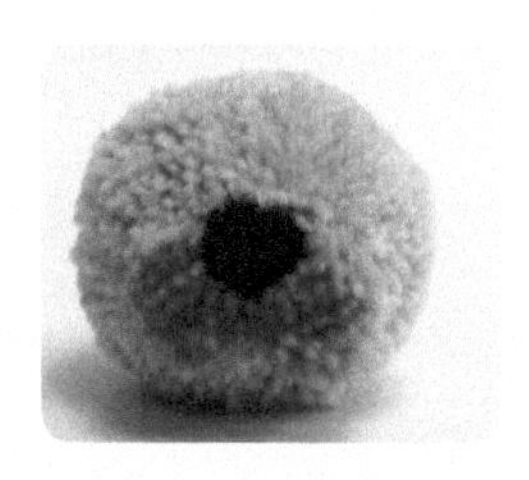

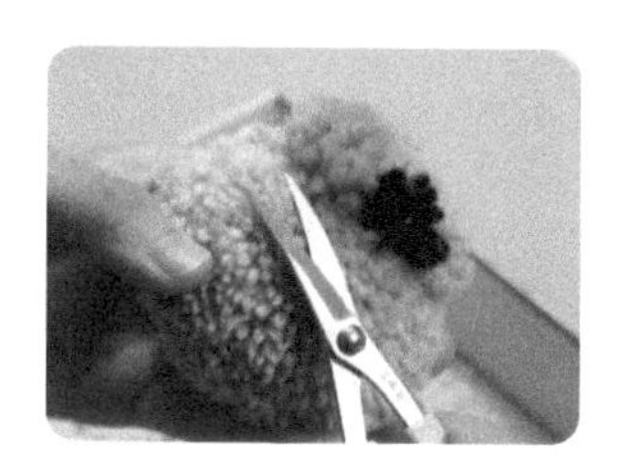

05

用弯头剪刀修剪毛线球，将海豹的头型修剪得圆润一点，再将脸部毛线剪短一点，突出海象的嘴巴和鼻子。

形象制作

06

在准备好的一对6mm针插式黑豆眼的杆子上涂上酒精胶水，将其插入眼部的合适位置。

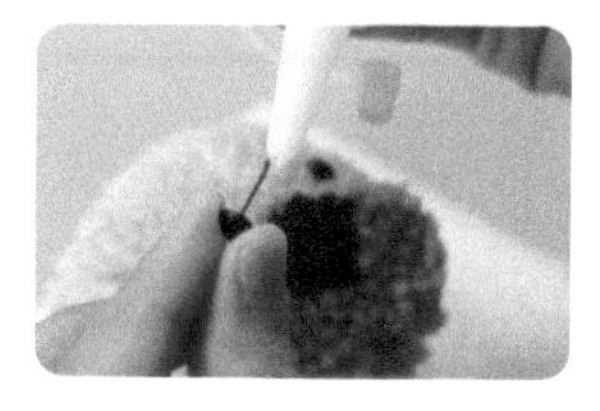

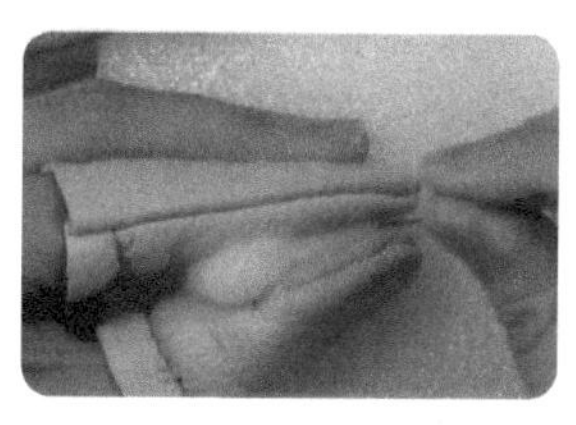
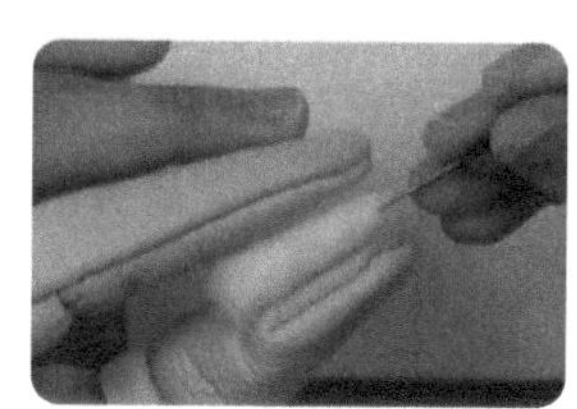
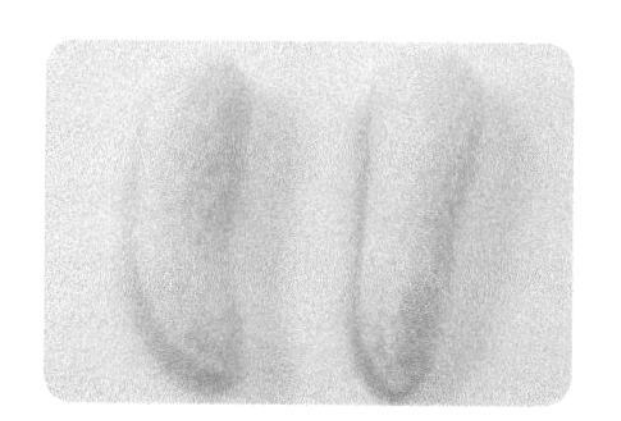

07

取白色的羊毛，将羊毛卷成柱状并用戳针戳刺结实，制作成弯一点的圆锥体，用同样的方法再做一个，一对海象牙齿就做好了。

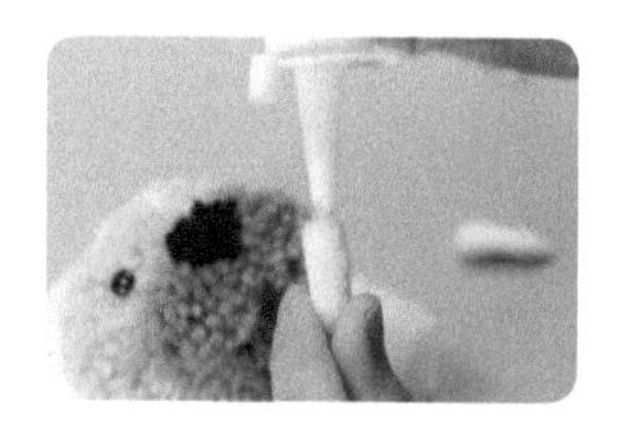

08

在做好的海象牙齿较粗的一端涂上酒精胶水，将牙齿粘在嘴巴下面两侧的位置，可爱的海象就做好了。

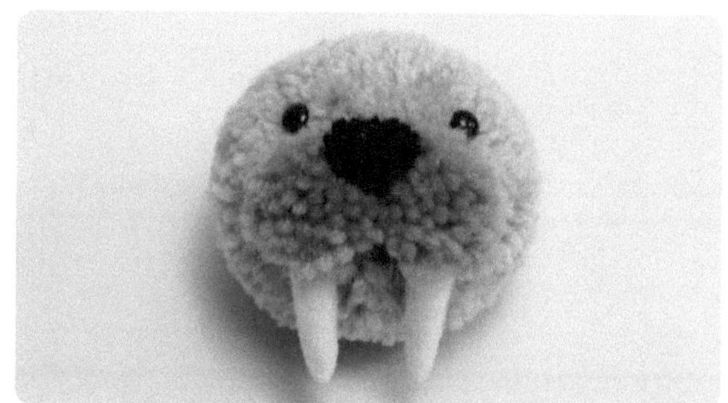

6.2 毛茸茸的北极熊

北极熊，也叫白熊，是一种体形巨大的食肉动物，其毛发通常为白色，耳朵小而圆。因此，在制作时，要选择白色作为毛发颜色，黑色作为鼻头颜色，还需要做出小而圆的耳朵。

多角度效果图展示

材料、工具与配件

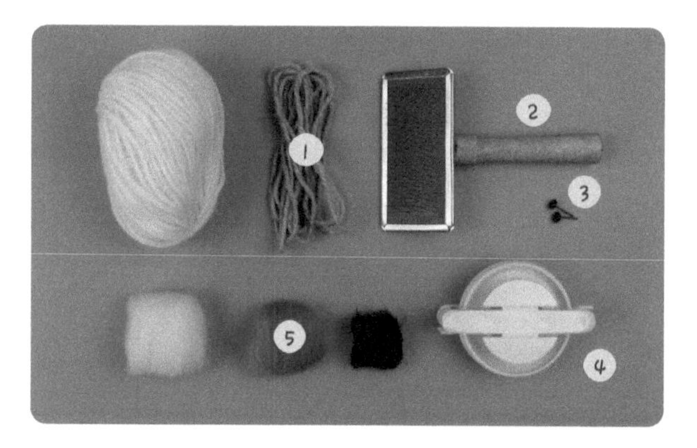

材料、工具与配件名称

1. 毛线：白色、浅灰色
2. 针梳
3. 6mm针插式黑豆眼
4. 6.8cm毛线制球器
5. 羊毛：白色、黑色、浅灰色

绕线示意图

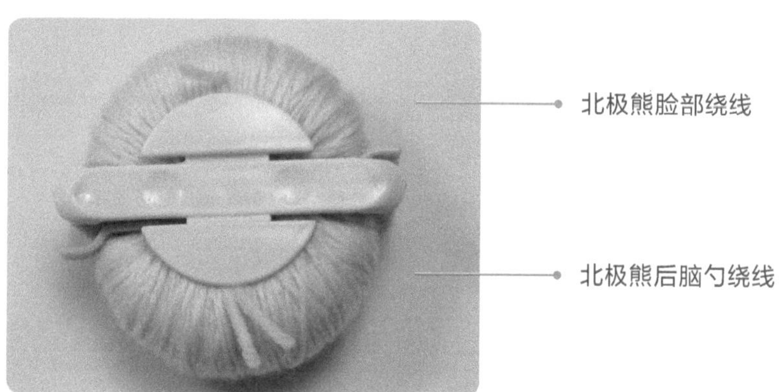

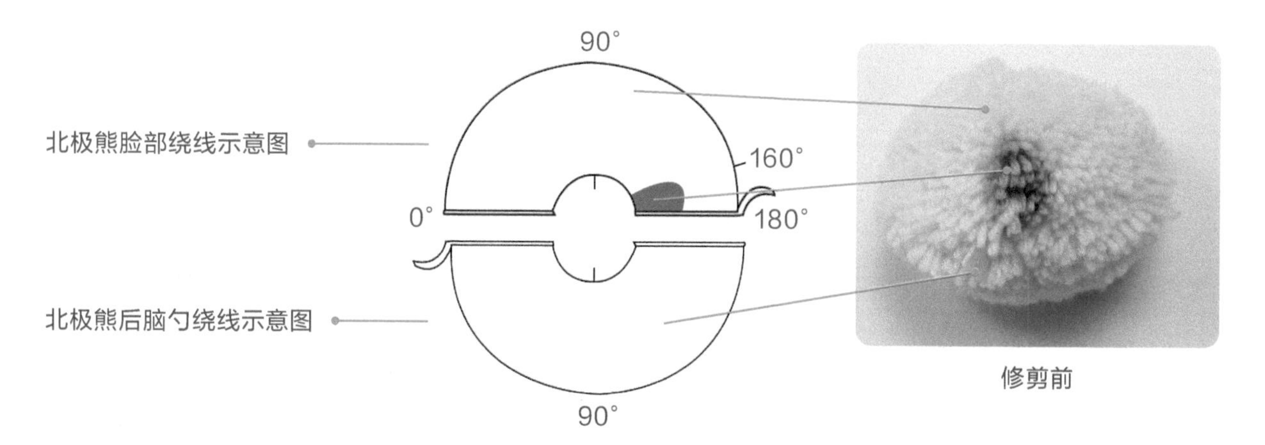

修剪前

制球

01

取出 6.8cm 毛线制球器的一个半圆部件，先在 160° ~ 180° 的区域内缠绕 15 圈浅灰色毛线。然后在整个半圆部件上缠绕大约 385 圈白色毛线。

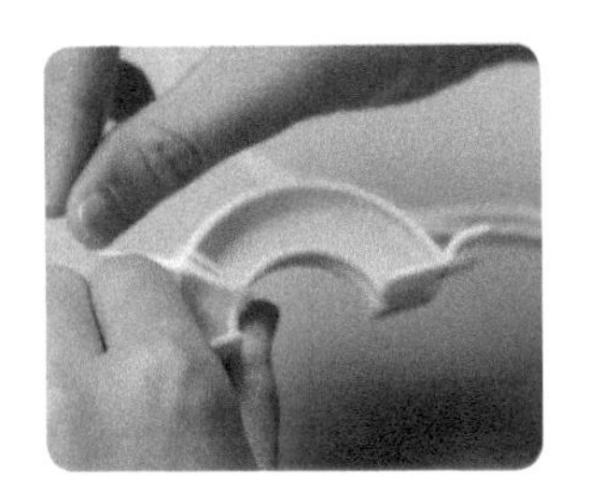

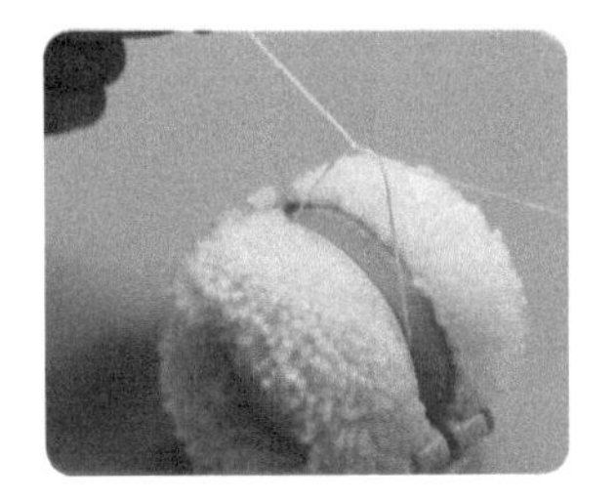

02

取出制球器的另一个半圆部件。在半圆部件上均匀地缠绕大约 400 圈白色毛线，随后合上制球器，剪开毛线并用绑线对其进行捆绑固定，得到用于制作北极熊的毛线球。

修剪

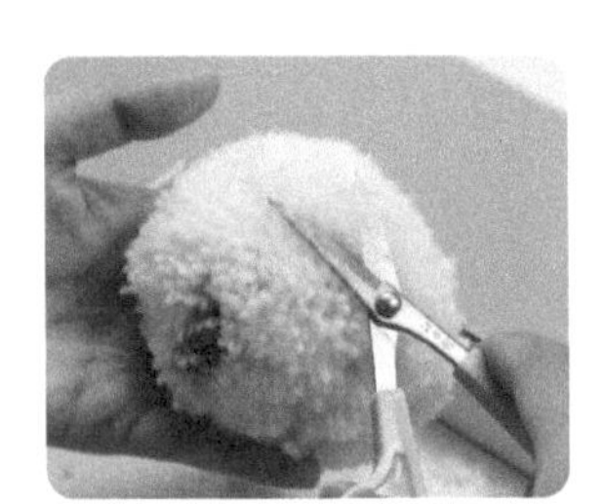

03

用弯头剪刀修剪毛线球，将毛线球修剪成圆润的球状。

形象制作

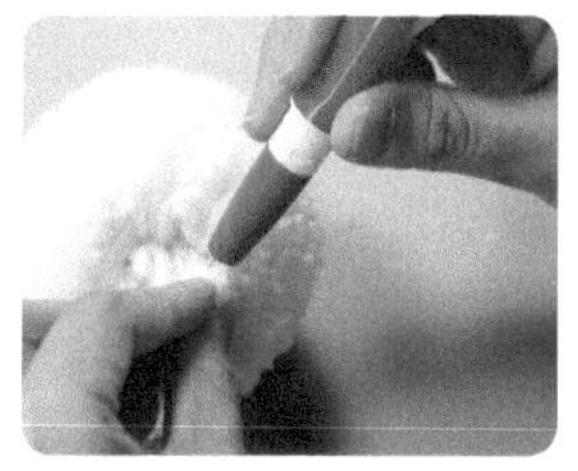
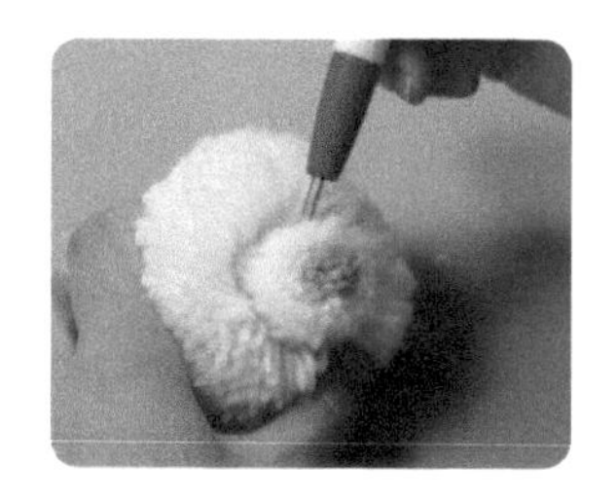

04

用手捏住如上左图所示的毛线球中间的圆圈位置的毛线，用它来制作北极熊的嘴巴，用戳针反复戳刺该区域毛线的侧面，将北极熊的嘴巴部位戳刺结实。

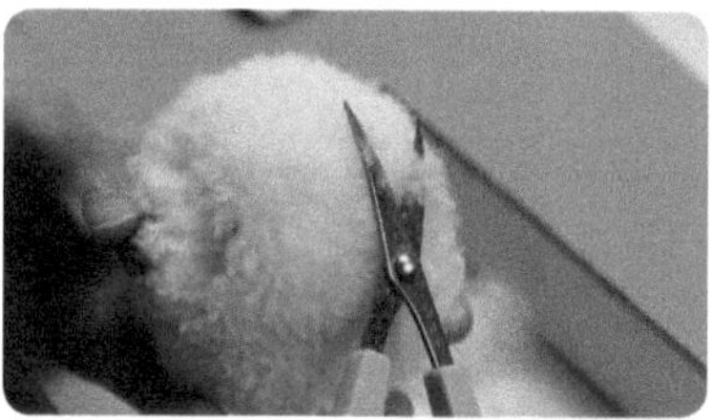
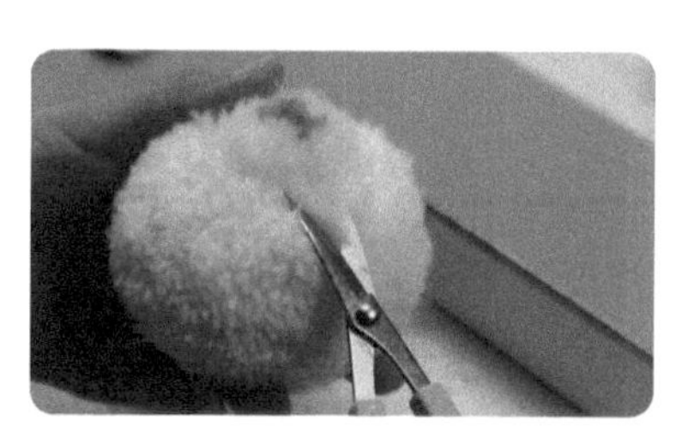

05

用针梳轻轻地梳理毛线球的表面，将毛线球梳理蓬松。然后用弯头剪刀修剪毛线球表面及鼻子周围的毛线，注意调整鼻子的长度和形状。

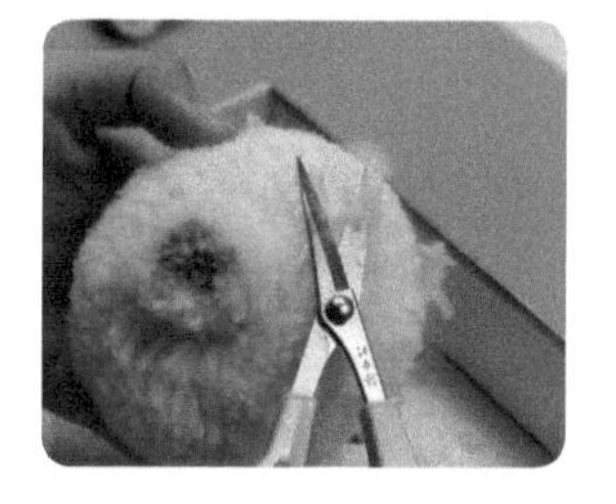

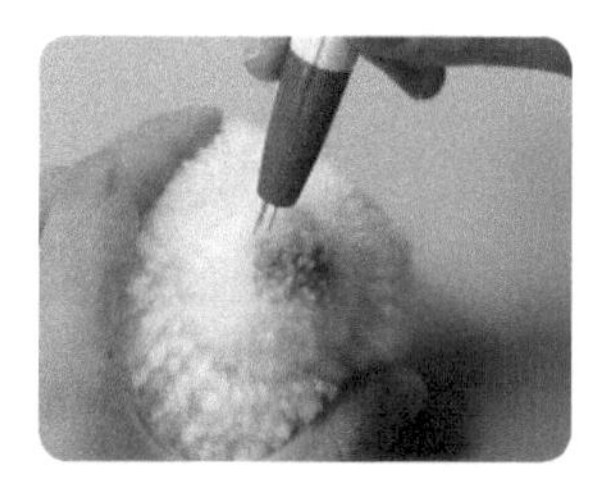

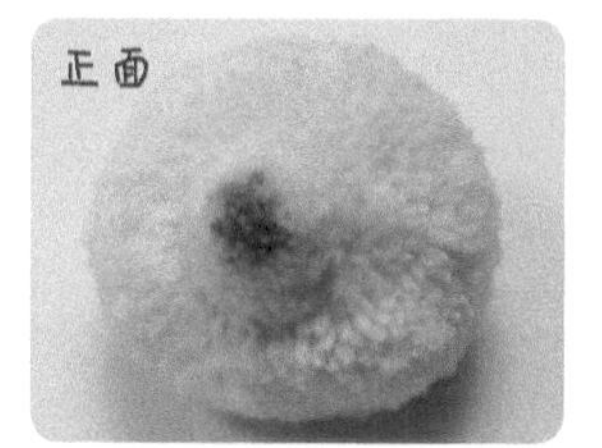

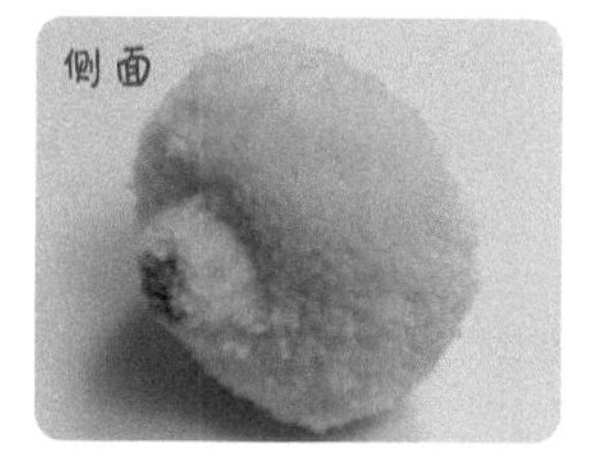

06

修剪了鼻子形状之后，继续用三针笔将鼻子部位的毛线戳刺结实。修剪后的正、侧面效果效果如上右图所示。

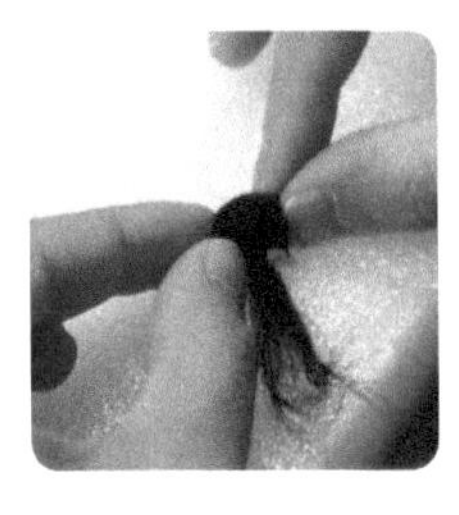
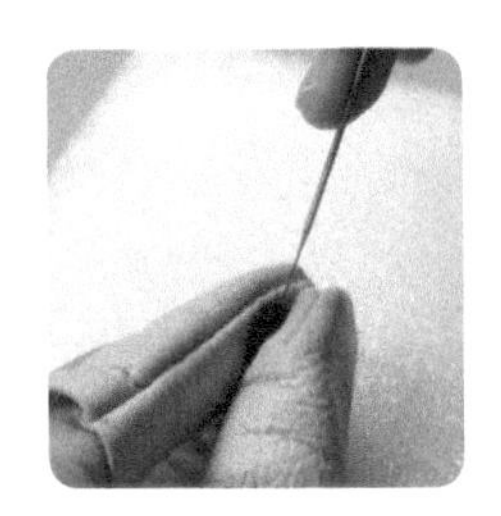
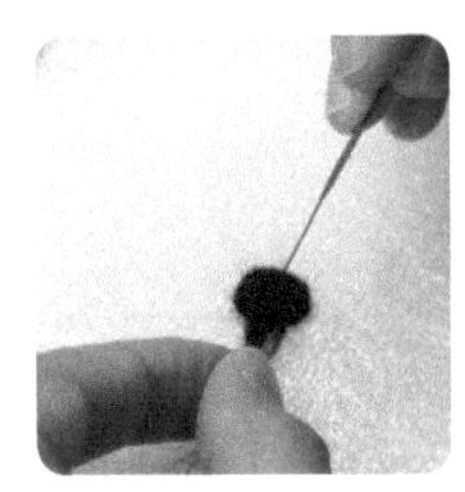
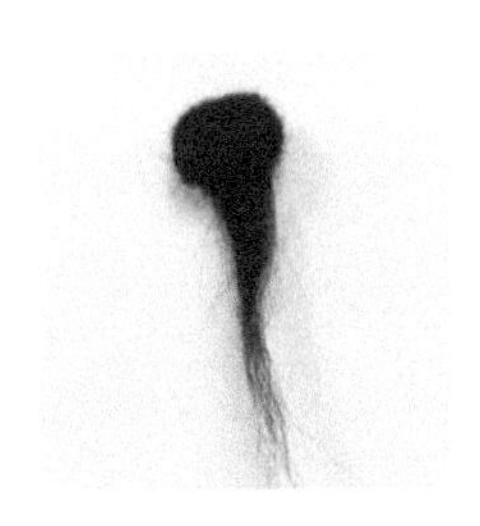

07

取少量黑色羊毛，将羊毛卷出蝌蚪状，用戳针将卷起的一端戳圆作为北极熊的鼻子。

08

用戳针将鼻子部件带羊毛须的一端戳刺进北极熊的鼻尖位置并固定住。

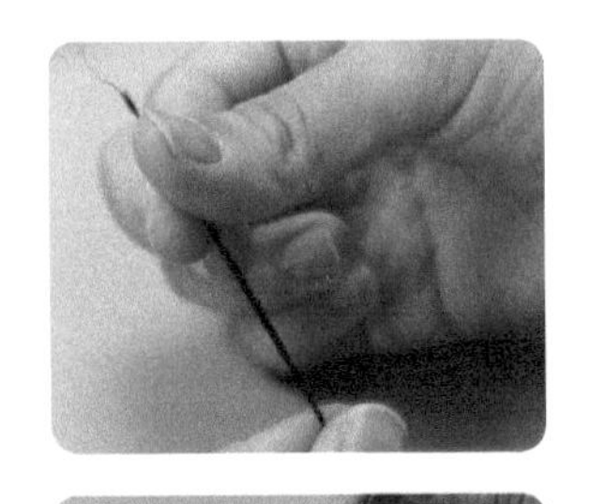
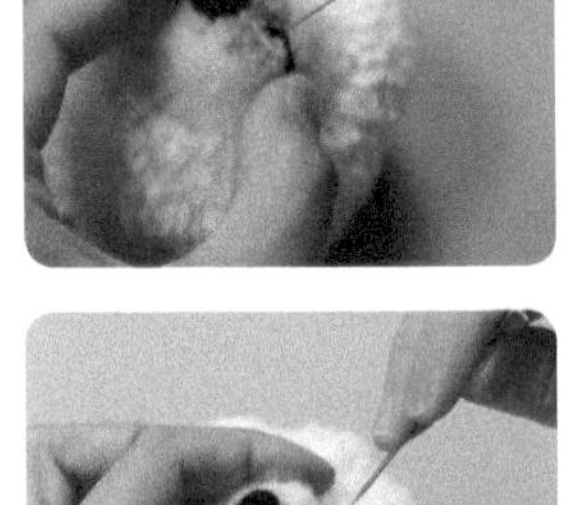
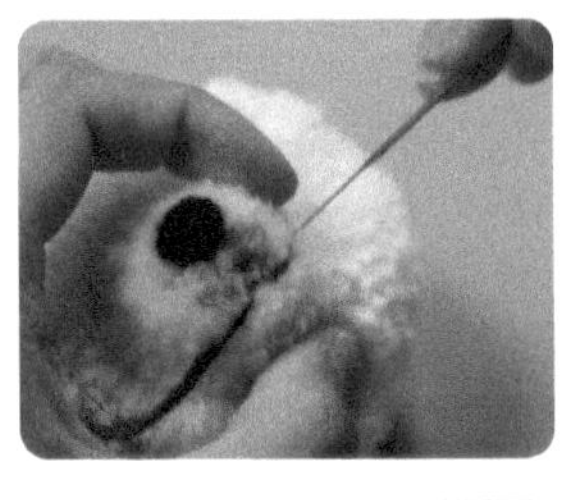
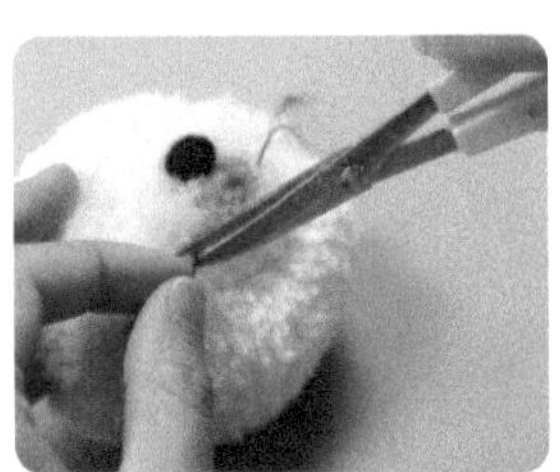
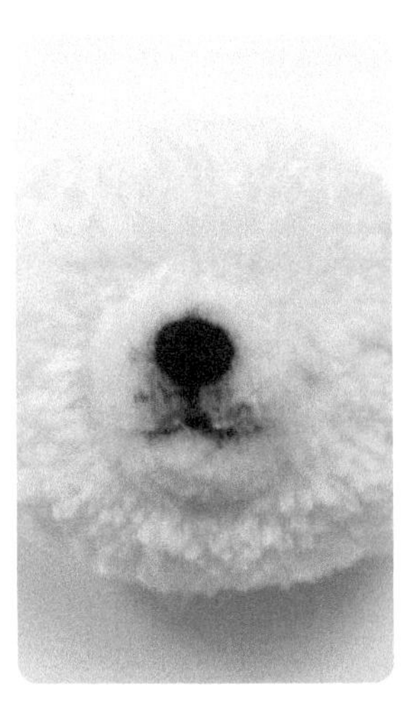

09

取适量黑色羊毛搓成细条状用于制作北极熊的嘴部线条，用戳针将细条戳刺在北极熊的鼻子下方，制作出呈倒“T”形的嘴巴。

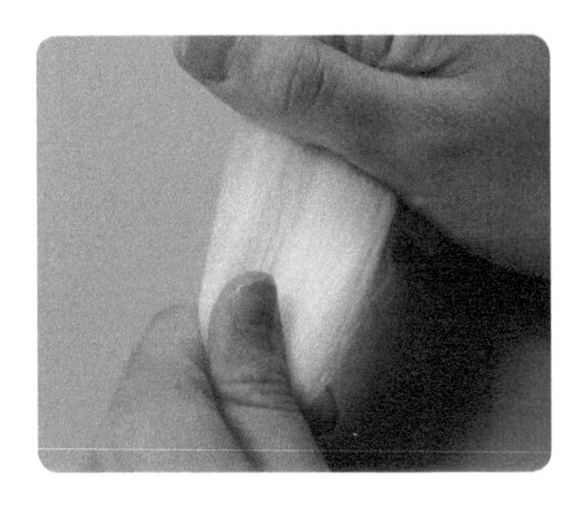
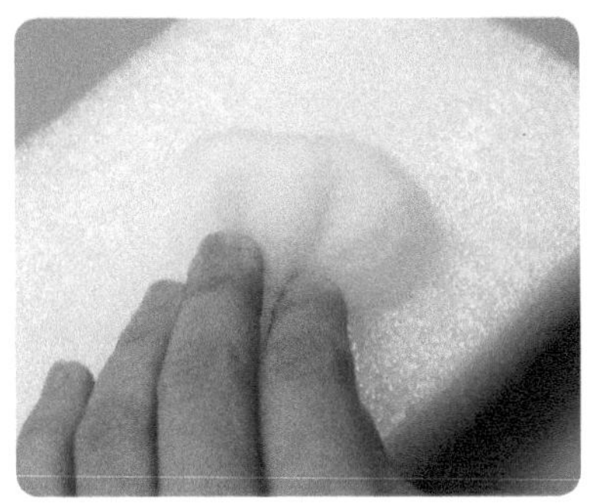

10

取适量白色羊毛，用五针笔将羊毛戳成类似扇形的片状做耳朵。

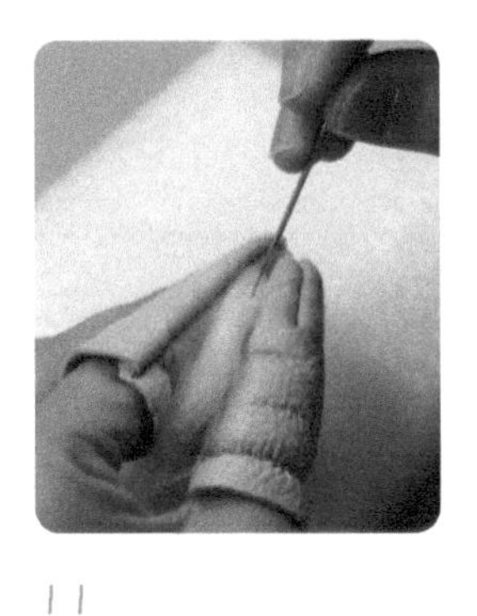
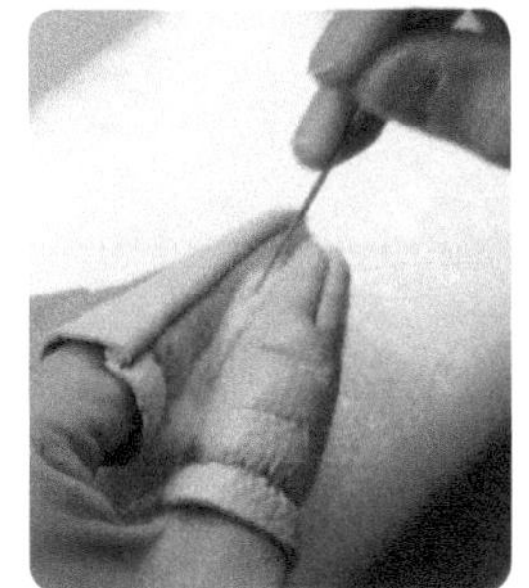
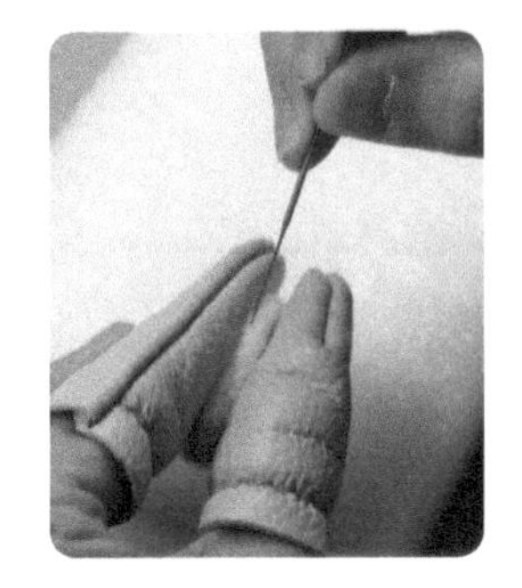
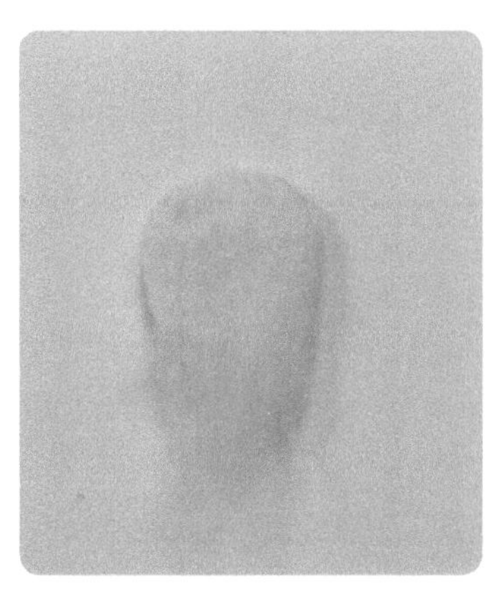

11

用戳针戳刺耳朵的侧面，把耳朵戳成一个长长的半圆形，如右图所示。

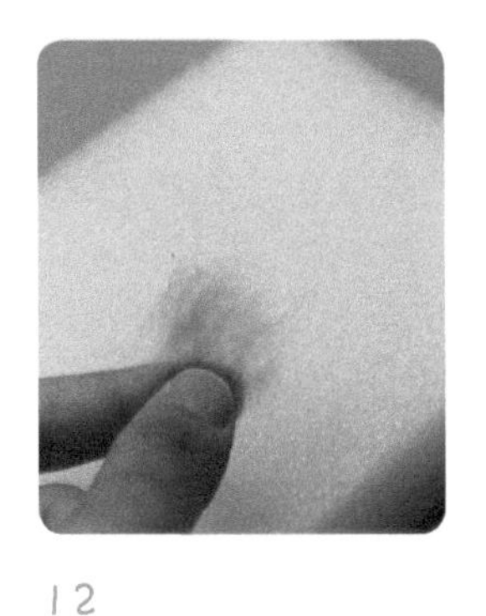
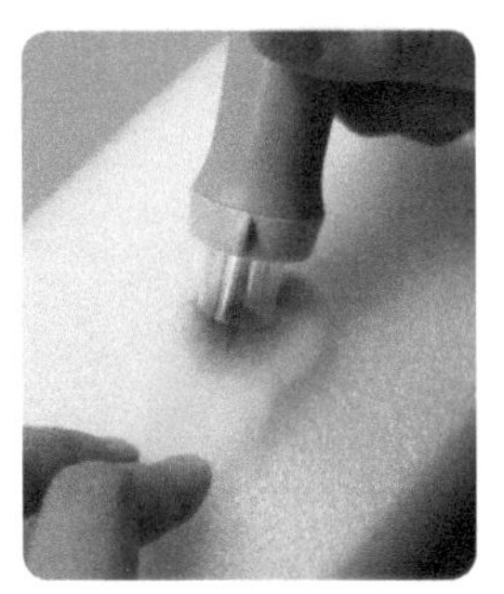
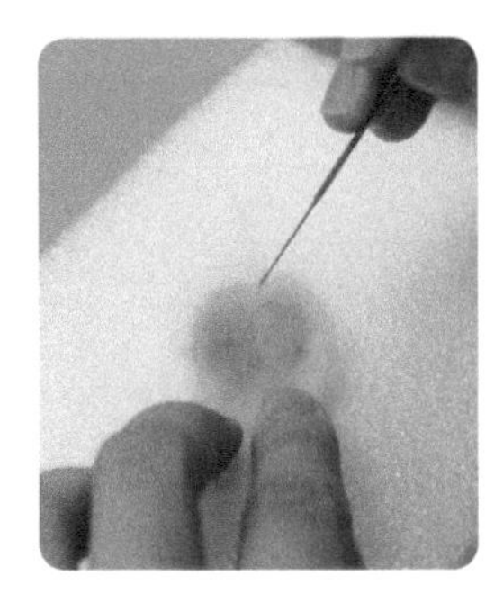
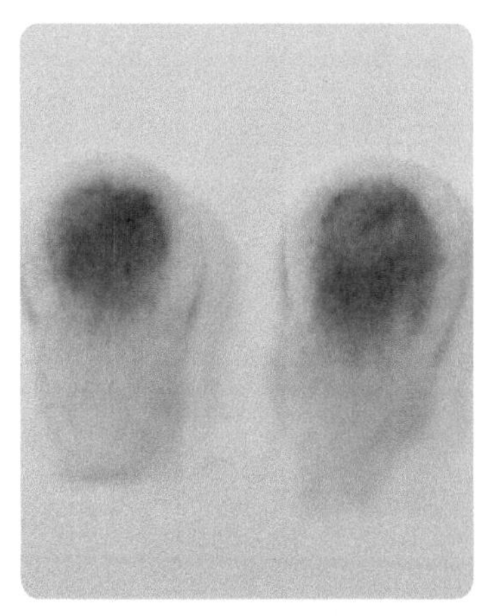

12

取少量浅灰色羊毛，用五针笔和戳针将羊毛戳刺在耳朵中间的位置，效果如右图所示。

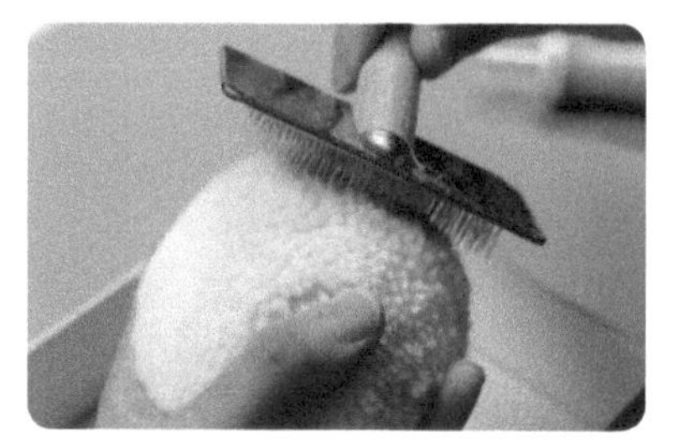

13

如果觉得毛线球不够蓬松，还可以再一次用针梳轻梳毛线球表面，梳理后记得要用弯头剪刀将毛线球修剪得圆润一些。

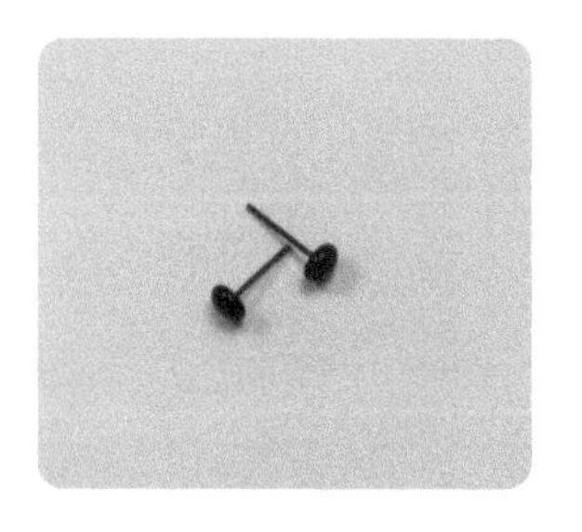
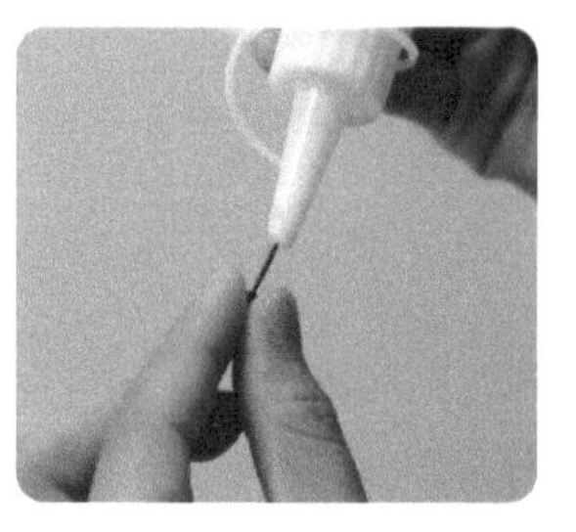
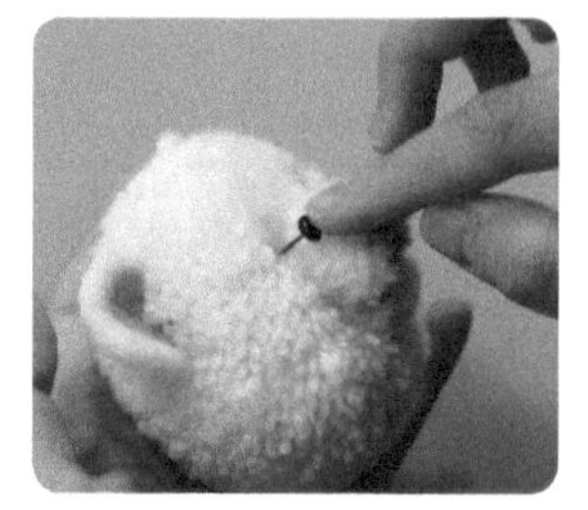

14

在准备好的一对 6mm 针插式黑豆眼的杆子上涂上酒精胶水，将其插入眼部的合适位置。

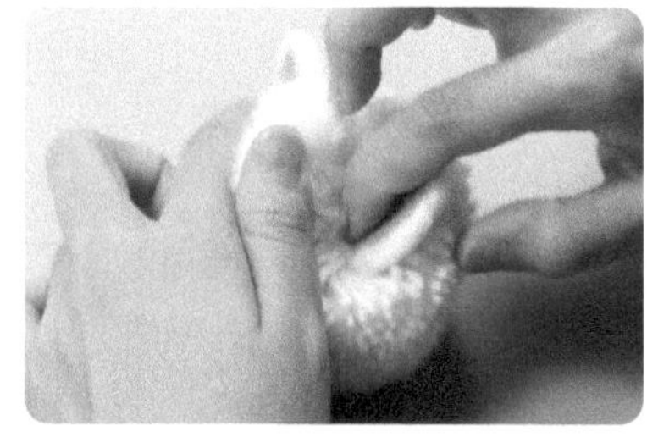
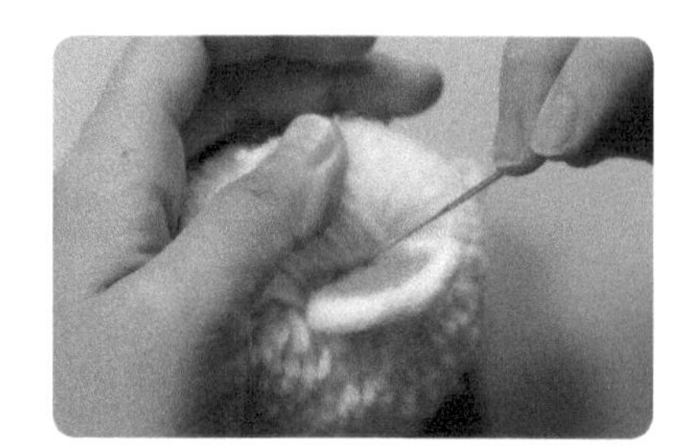
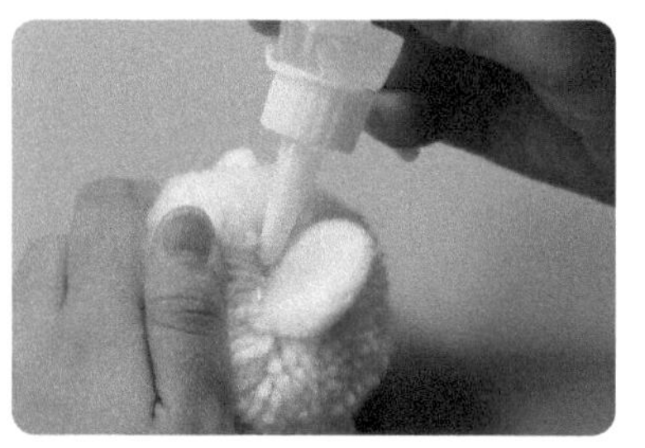
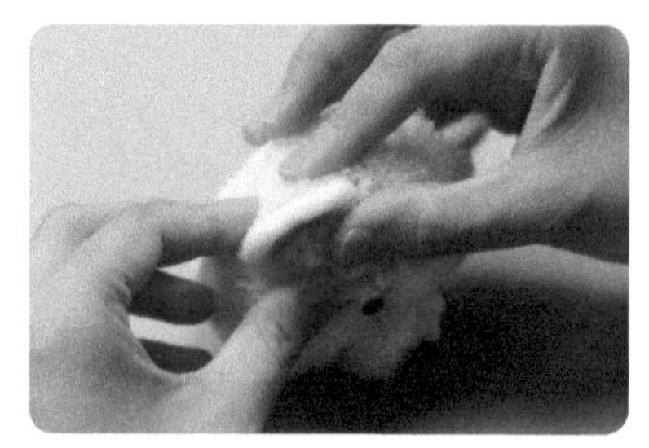

15

将做好的耳朵放入头顶两侧拨开的毛线中，用戳针戳刺耳朵底部两侧并为其涂上酒精胶水固定。注意，涂上酒精胶水后可用手捏一会儿使其固定得更牢。

6.3 黄色条纹的法国神仙鱼

法国神仙鱼，身上有明显的条纹，通常情况下都是成双成对地出现的。本案例中的神仙鱼的制作要点是，黑色身体上的多条黄色条纹、细长尖锐的鱼鳍和卵圆形的身型。

多角度效果图展示

材料、工具与配件

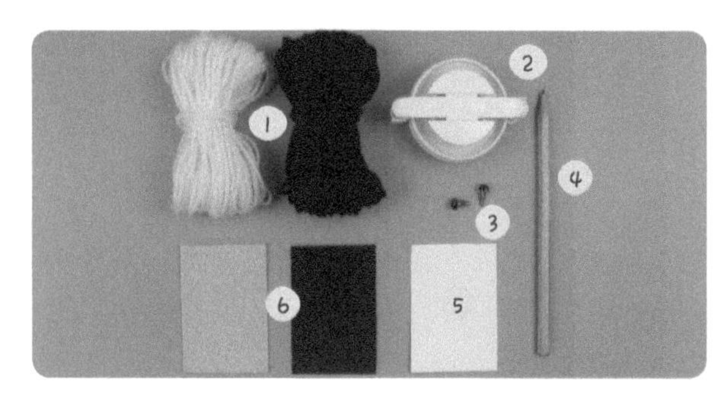

材料、工具与配件名称

1. 毛线：黄色、黑色
2. 6.8cm 毛线制球器
3. 8mm 金色水晶眼
4. 铅笔
5. A4 纸
6. 不织布：黄色、黑色

绕线示意图

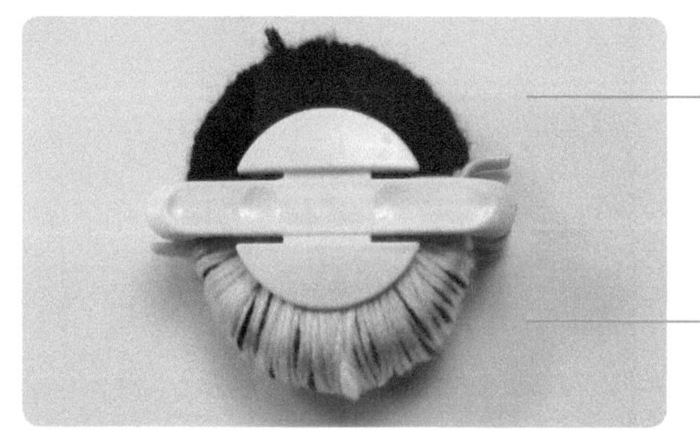

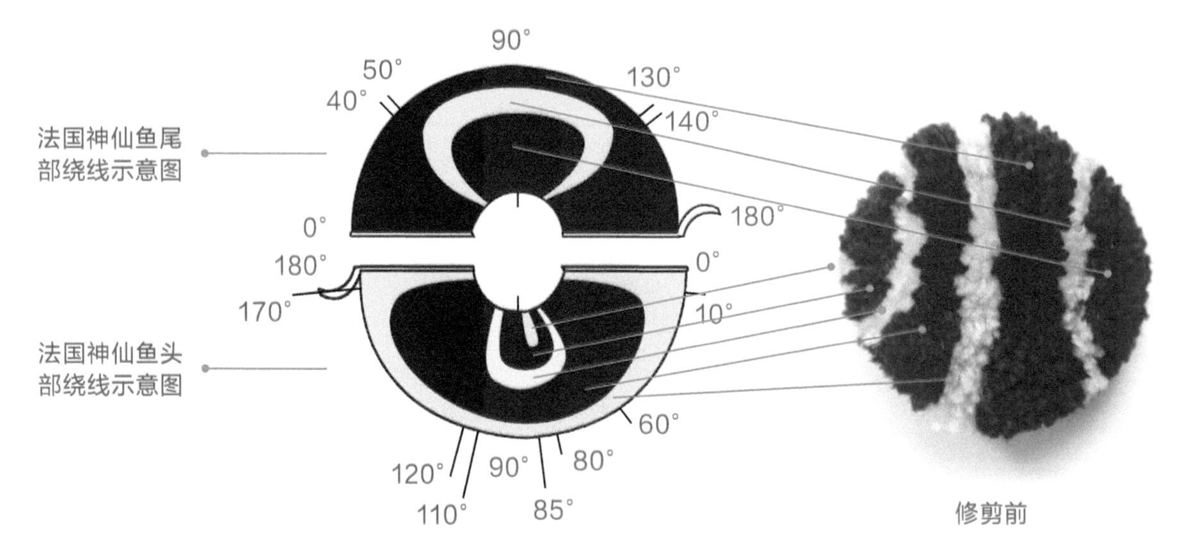

制球

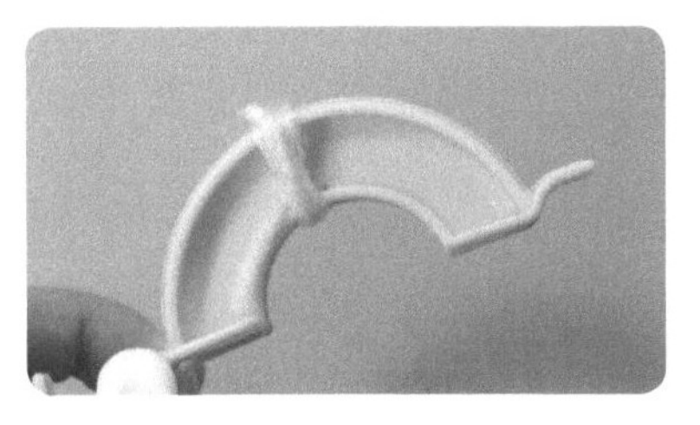

01

取出 6.8cm 毛线制球器的一个半圆部件，在 80° ~ 85° 的区域内缠绕 8 圈黄色毛线，作为神仙鱼嘴部的花纹。

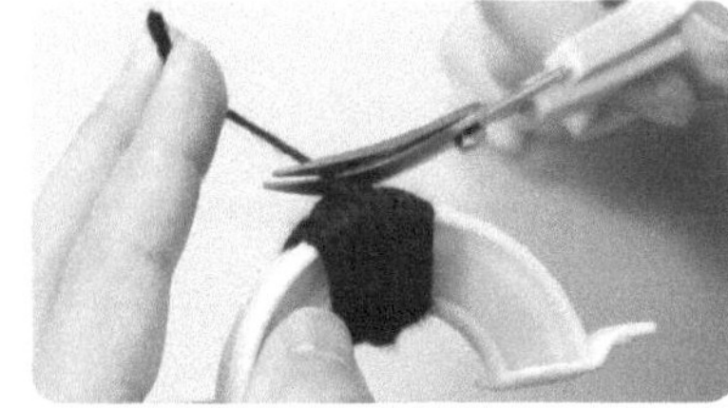

02

在 70° ~ 110° 的区域内缠绕大约 45 圈黑色毛线。

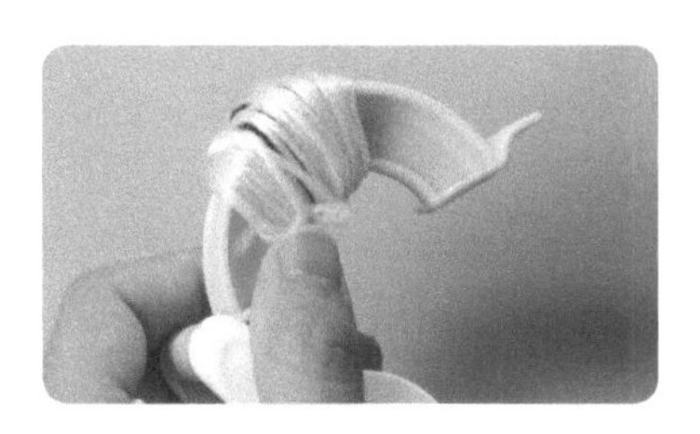

03

在 60° ~ 120° 的区域内缠绕大约 40 圈黄色毛线。

04

在 10° ~ 170° 的区域内缠绕大约 130 圈黑色毛线。

05

在 0° ~ 180° 的区域内均匀地缠绕大约 100 圈黄色毛线。

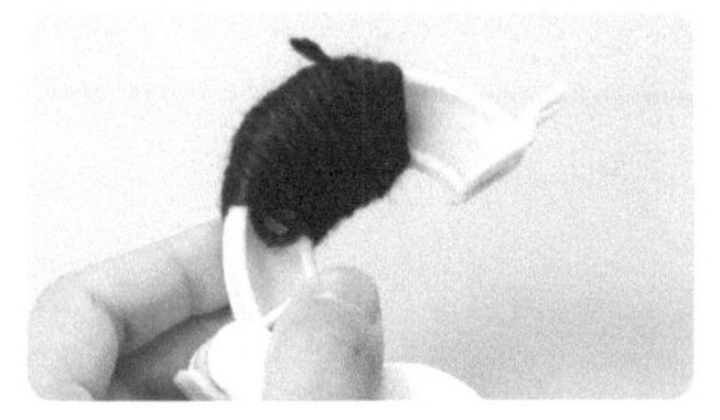

06

取出制球器的另一个半圆部件，制作神仙鱼尾部的花纹。在 50° ~ 130° 的区域内缠绕大约 60 圈黑色毛线。

07

在 40° ~ 140° 的区域内缠绕大约 55 圈黄色毛线。

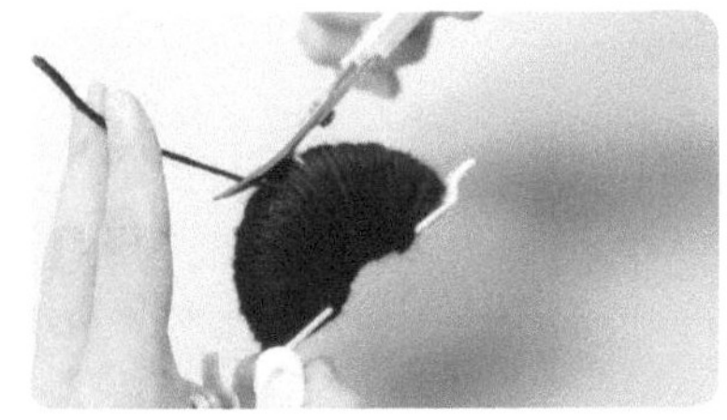

08

在整个半圆部件上均匀地缠绕大约 150 圈黑色毛线，合上制球器，最终的绕线效果图如上右图所示。

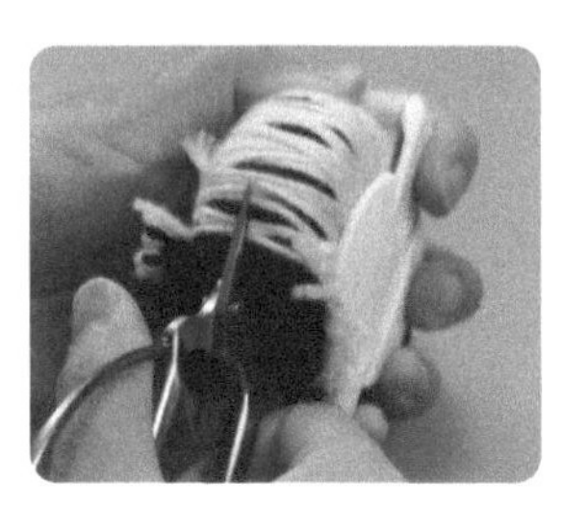

09

用剪刀剪开毛线并用纱线捆紧，得到用于制作神仙鱼的毛线球。

修剪

10

用弯头剪刀先将毛线球剪成扁扁的球状，再修剪出神仙鱼的形状。修剪时要注意准确分布花纹的位置。

形象制作

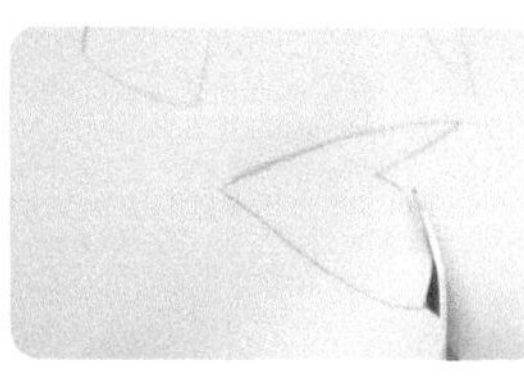
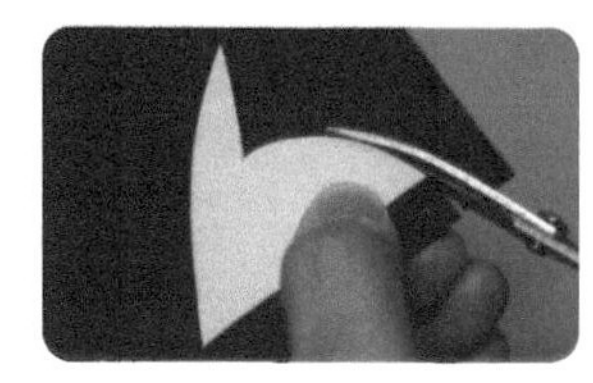

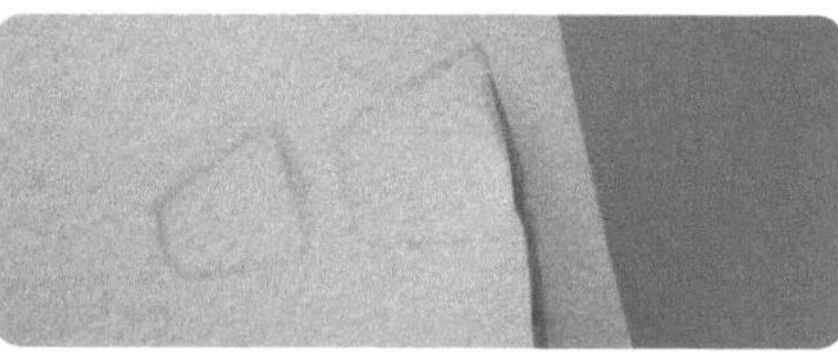

11

用铅笔先在A4纸上画出神仙鱼的鱼鳍部件的线稿，用弯头剪刀将部件裁剪下来后再在黑色不织布上对照剪出。接着再用铅笔在黄色不织布上画出尾鳍部件的线稿，同样用弯头剪刀将线稿裁剪下来。

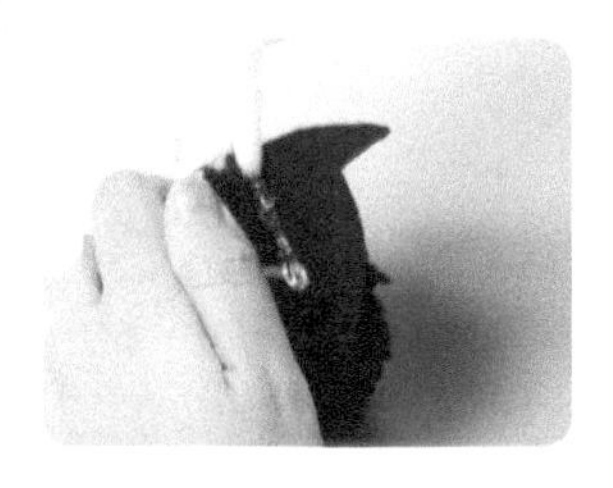

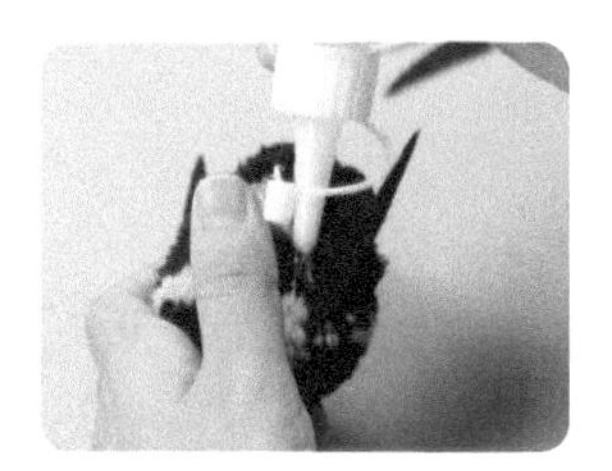

12

拨开两侧的毛线，将鱼鳍插入合适的位置，在鱼鳍两侧涂上酒精胶水将其固定住。

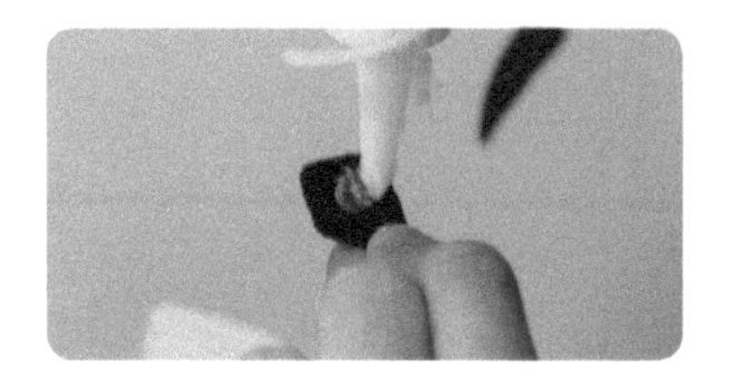

13

在黄色的尾鳍两面粘上剪好的黑色花纹，如上右图所示。

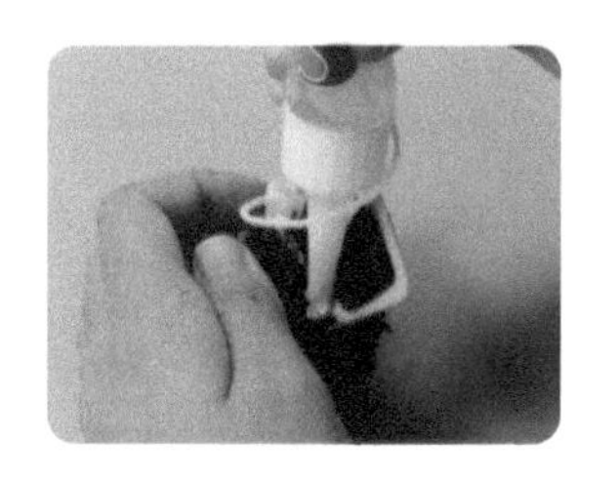

14

将尾鳍插入毛线球中，在尾鳍两侧涂上酒精胶水将其固定住，再粘好其他部件，粘贴效果如上右图所示。

15

在准备好的一对 8mm 金色水晶眼的杆子上涂上酒精胶水，将其插入合适的位置。至此，法国神仙鱼就制作完成了。

6.4 长须点状眉海豹 

海豹的身体呈流线型，非常适合游泳。海豹大部分时间都在水里，是真正意义上的海洋动物。本案例主要是从圆圆的头部、长而粗硬的唇部胡须和眉毛等特征入手来制作海豹的。

多角度效果图展示

材料、工具与配件

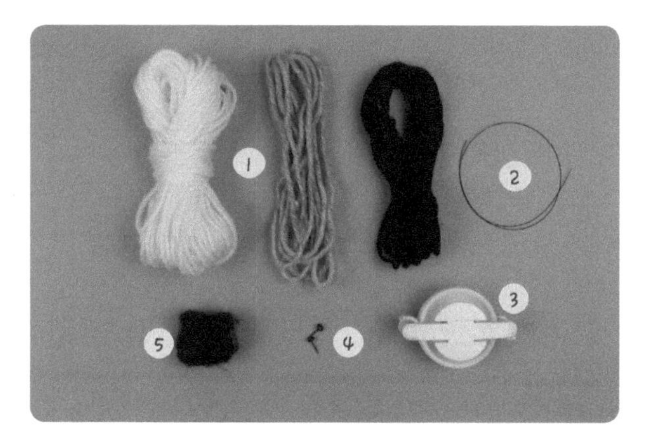

材料、工具与配件名称

1. 毛线：白色、灰色、黑色
2. 黑色鱼线
3. 4.8cm 毛线制球器
4. 5mm 针插式黑豆眼
5. 羊毛：黑色

绕线示意图

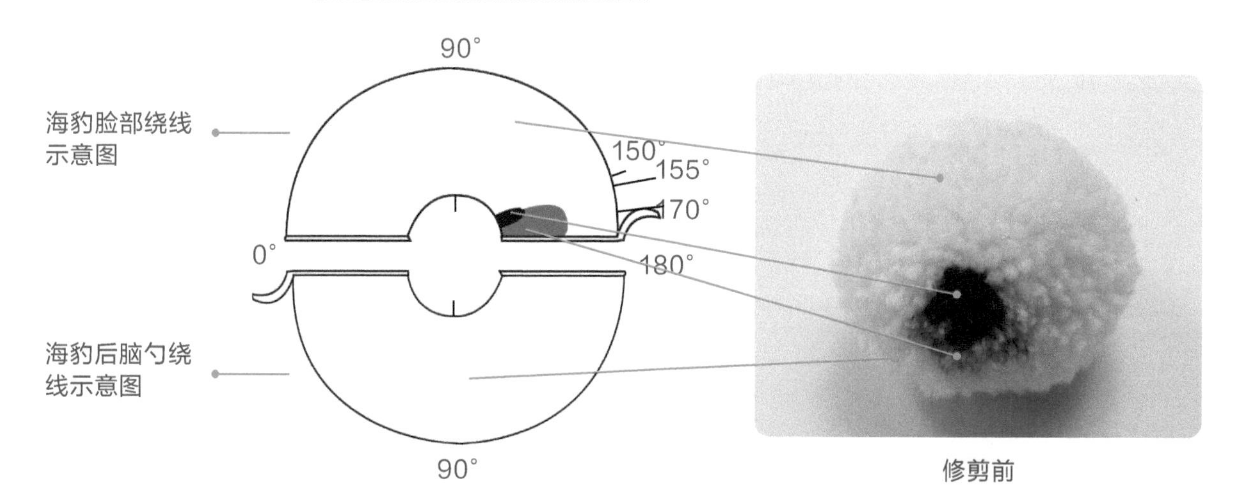

修剪前

制球

01

取出4.8cm毛线制球器的一个半圆部件，在150° ~ 170° 的区域内缠绕5圈黑色毛线。

02

在155° ~ 180° 的区域内缠绕12圈灰色毛线。

03

在整个半圆部件上缠绕大约180圈白色毛线，绕线效果如上右图所示。

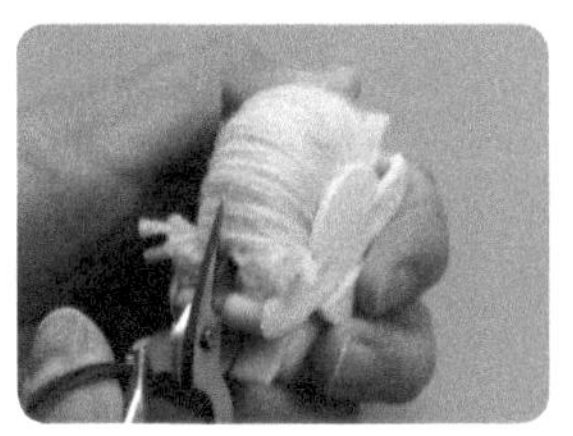

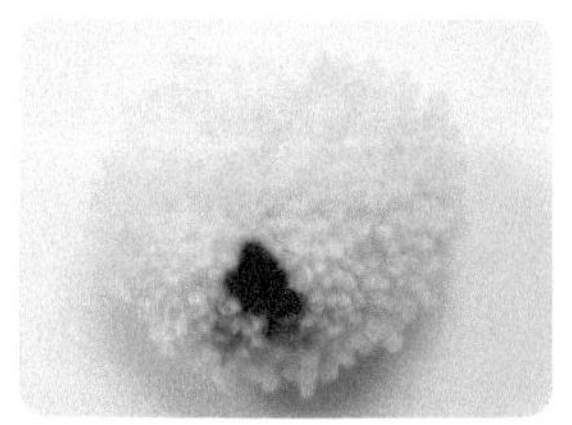

04

取出制球器的另一个半圆部件，在上面均匀地缠绕大约190圈白色毛线，随后合上制球器，用剪刀剪开毛线并用绑线固定毛线团，得到用于制作海豹的毛线球。

修剪

毛线球修剪须知 

海豹的头接近球状，嘴部突出。在修剪时，需先修剪出海豹头部的形状，再一点一点地将嘴部（黑色毛线所在区域）附近的杂毛剪掉，让嘴部凸出来。

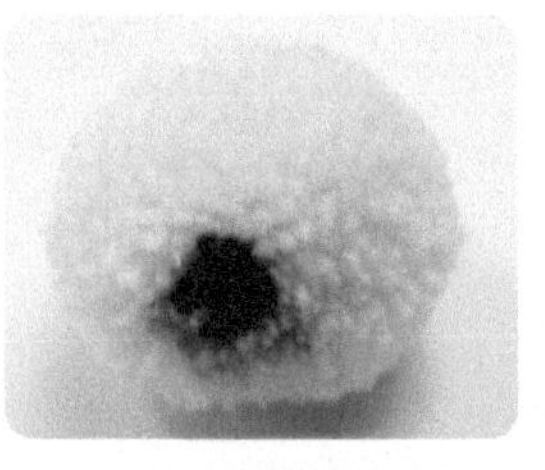

正面效果展示图

侧面效果展示图

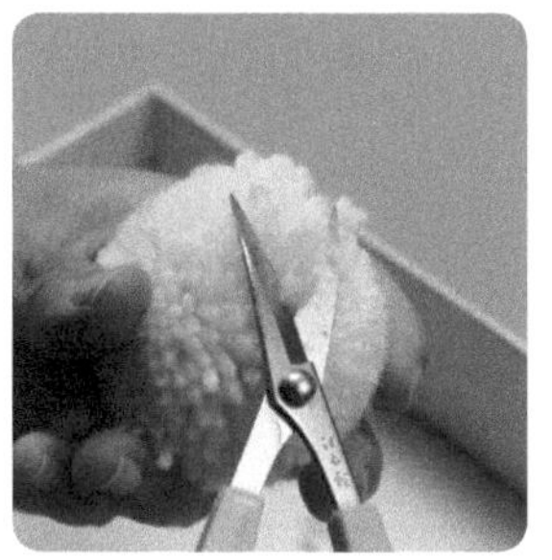

05

用弯头剪刀修剪毛线球，将毛线球修剪成圆润的球状。

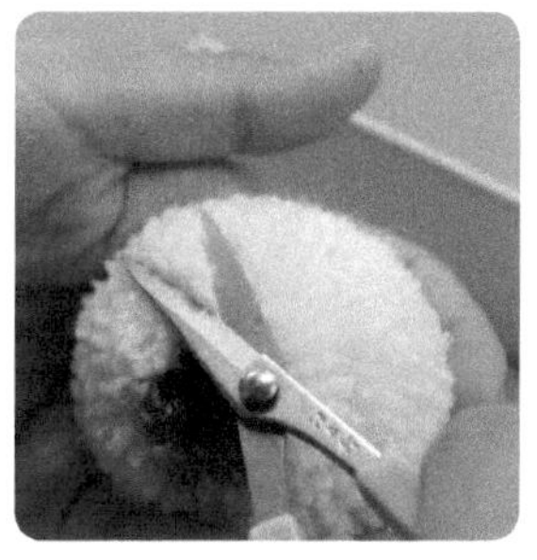

06

继续用弯头剪刀修剪黑色毛线附近的毛线，将黑色区域修剪得凸出一些，作为海豹的嘴巴。

形象制作

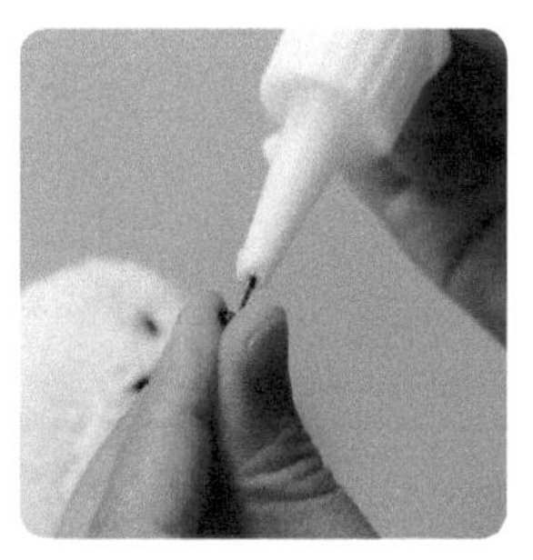

07

在准备好的一对 5mm 针插式黑豆眼的杆子上涂上酒精胶水，将其插入海豹眼部的合适位置。

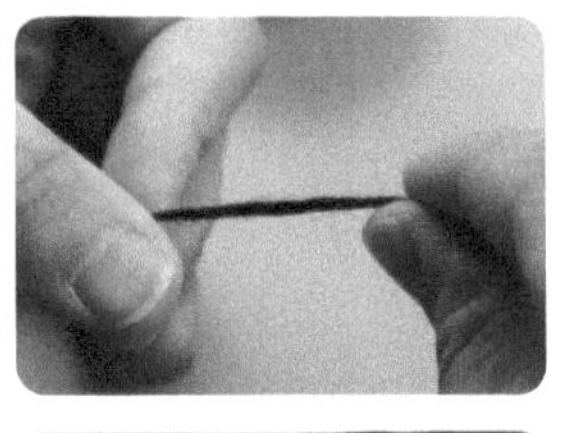
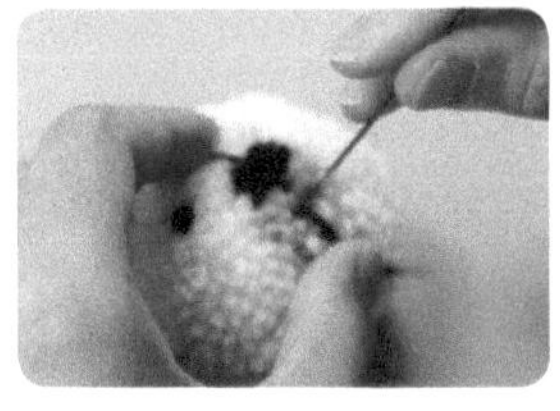

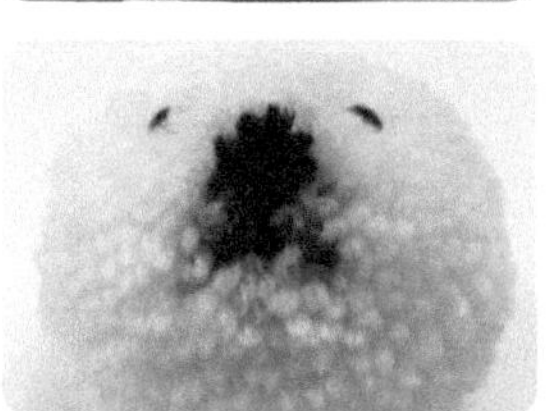

08

取适量黑色羊毛搓成细条状，用戳针将细条戳刺在鼻子下方，制作出呈倒“Y”形的嘴巴，再用弯头剪刀剪掉多余的部分。

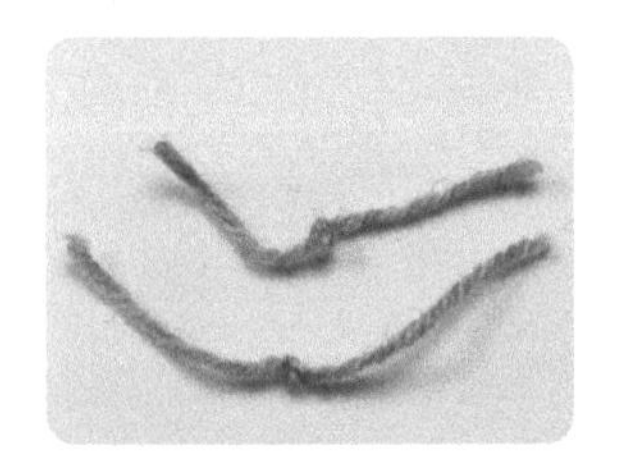
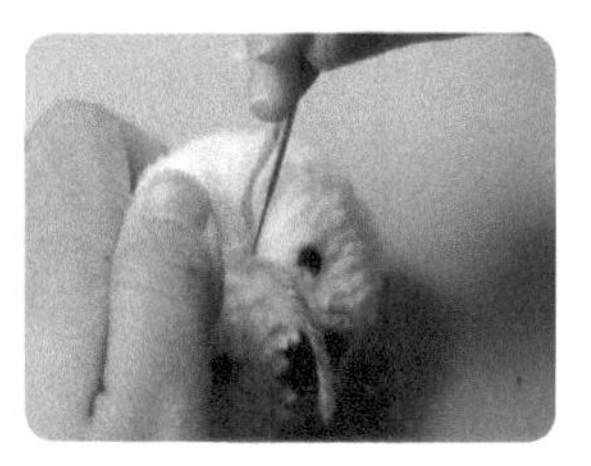

09

将小段灰色毛线打结，用戳针将打结处戳进眼睛上方的毛线中，涂酒精胶水固定后用弯头剪刀对多余的部分进行修剪，做出海豹的眉毛。

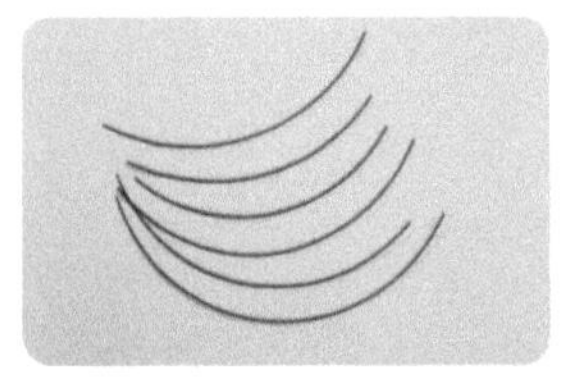
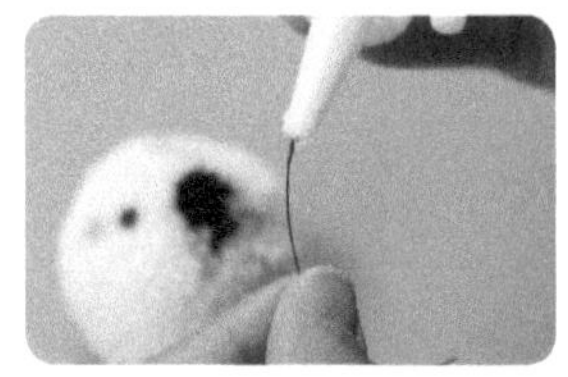
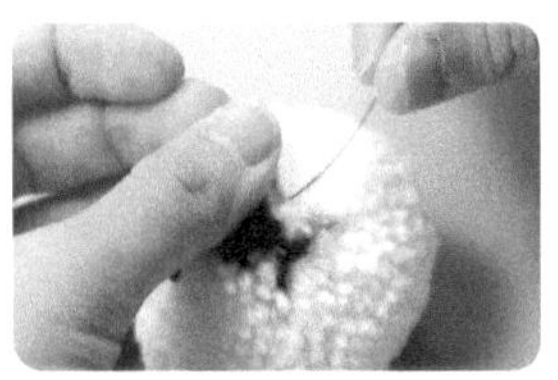

10

将黑色鱼线剪成6段，在鱼线一端涂上酒精胶水后将鱼线粘在嘴巴的两侧作为胡须，最后再将胡须修剪到合适的长度。至此，可爱的海豹就完成了。

6.5 防备状态下的河豚

河豚，身体呈圆棱形，背部为灰色且有分散的白色小斑点，肚腹为白色。遇到天敌时身体就会变成圆鼓鼓的球体并浮于水面。本案例制作的河豚处于防备状态，故而体形较圆，嘴巴嘟起、呈球状，身体上还有小小的鱼鳍。

多角度效果图展示

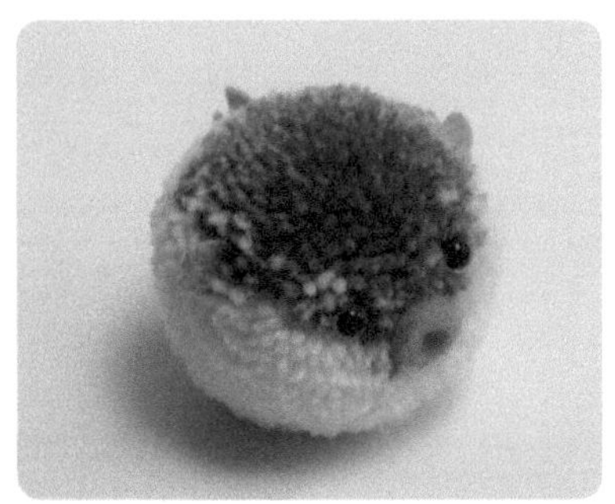

材料、工具与配件

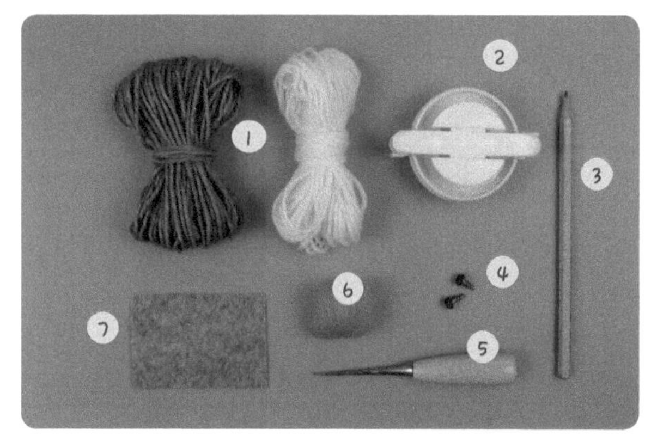

材料、工具与配件名称

1. 毛线：灰色、白色
2. 6.8cm 毛线制球器
3. 铅笔
4. 8mm 金色水晶眼
5. 锥子
6. 羊毛：桃粉色
7. 不织布：灰色

绕线示意图

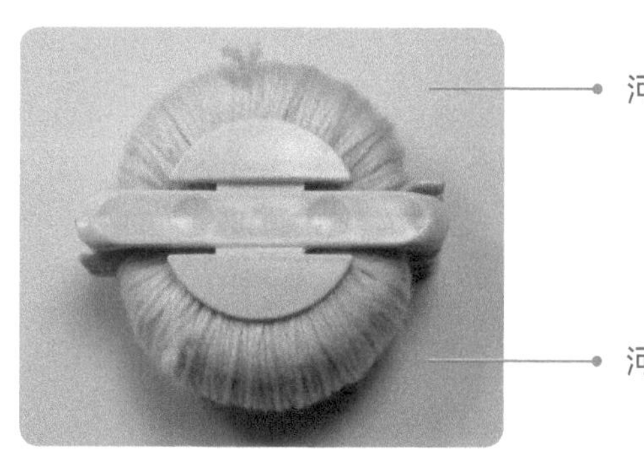

河豚背部绕线

河豚腹部绕线

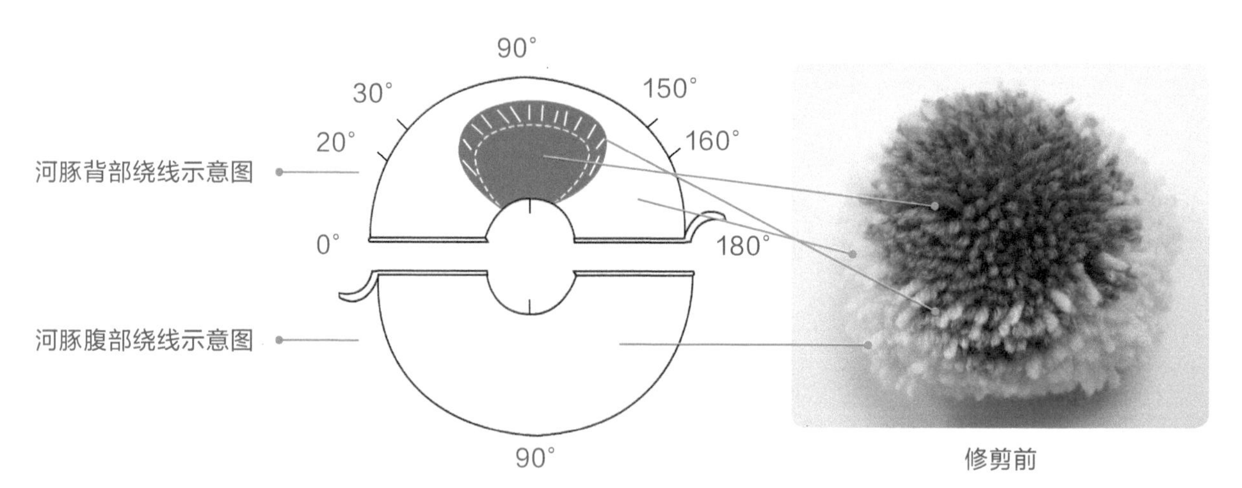

修剪前

制球

01

取出 6.8cm 毛线制球器的一个半圆部件，在 30°～150°的区域内缠绕大约 160 圈灰色毛线。

02

用灰色和白色毛线一起在半圆部件的 20°～160°区域内缠绕大约 45 圈。

03

在整个半圆部件上均匀地缠绕大约 150 圈白色毛线。

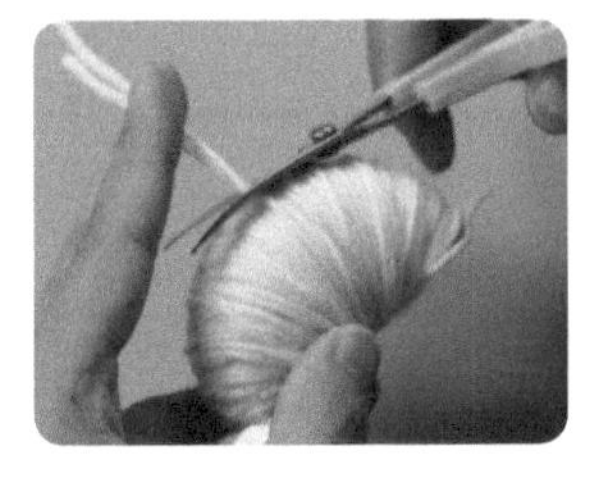

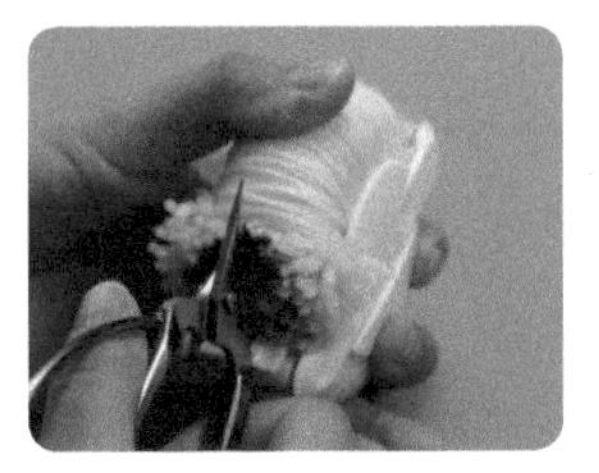

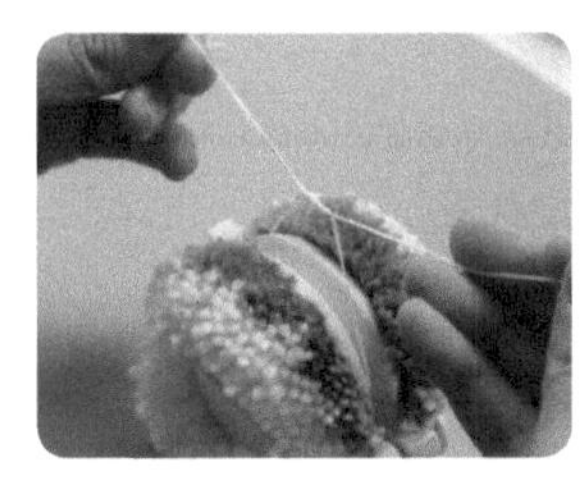

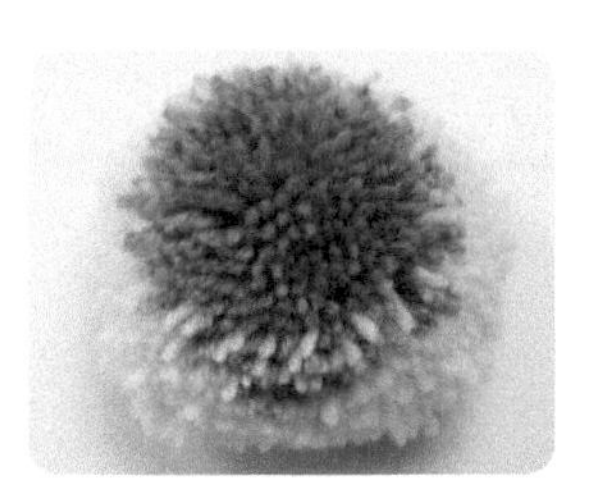

04

取出制球器的另一个半圆部件，在上面均匀地缠绕大约 400 圈白色毛线，接着合上制球器，剪开毛线并用绑线捆绑固定毛线团，得到用于制作河豚的毛线球。

修剪

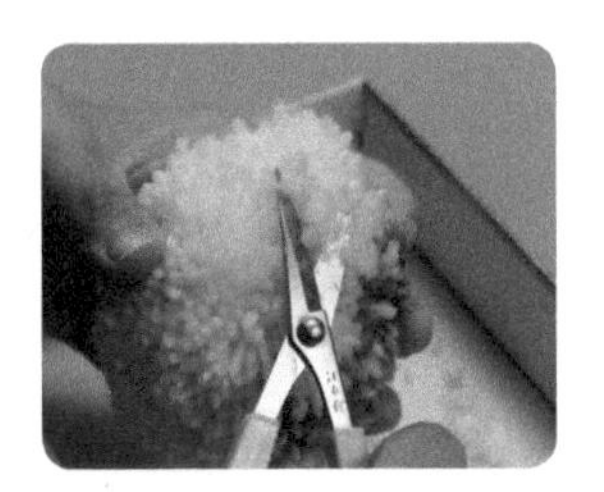

05

用弯头剪刀将毛线球修剪成球状。

形象制作

06

将准备好的一对 8mm 金色水晶眼插入眼部，比对眼睛大小后用弯头剪刀将脸部修剪得平整一些。

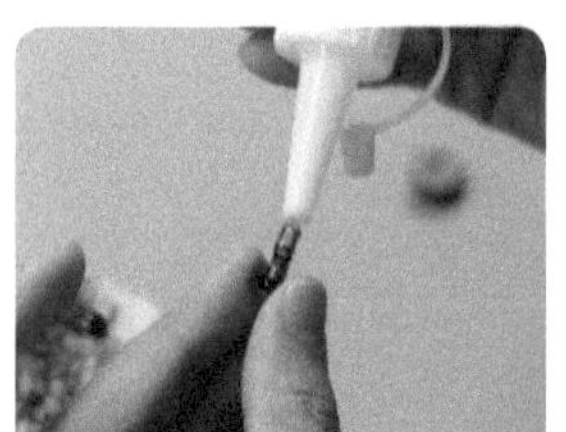

07

取出眼睛，给眼睛杆子涂上酒精胶水，将眼睛固定在脸上。

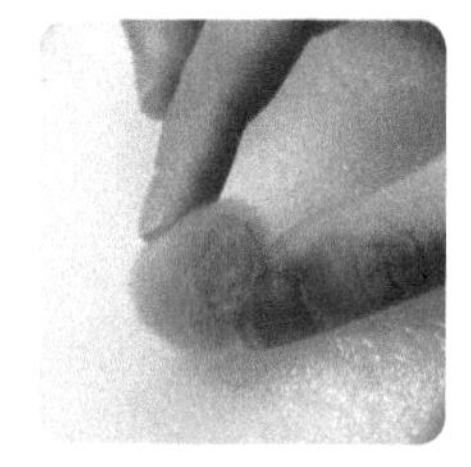
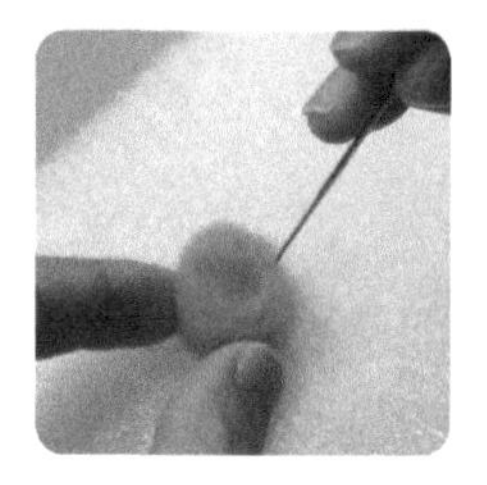
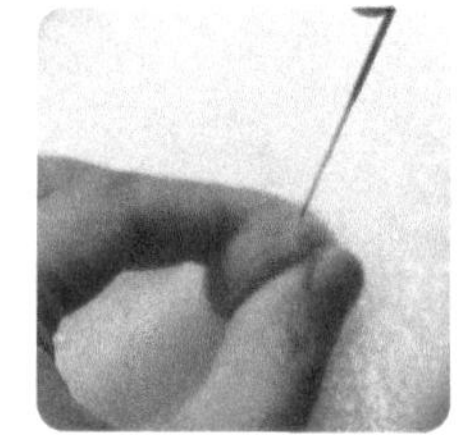
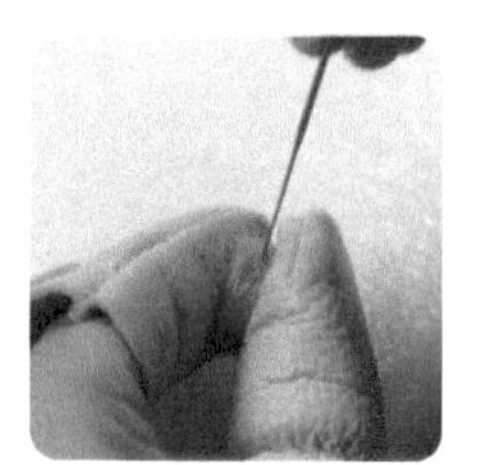

08

取桃粉色羊毛卷成圆团，作为河豚的嘴巴。

09

用戳针将羊毛团戳刺成扁扁的球状，戳刺嘴巴侧面时要注意调整嘴巴的形状，使嘴巴呈球状。

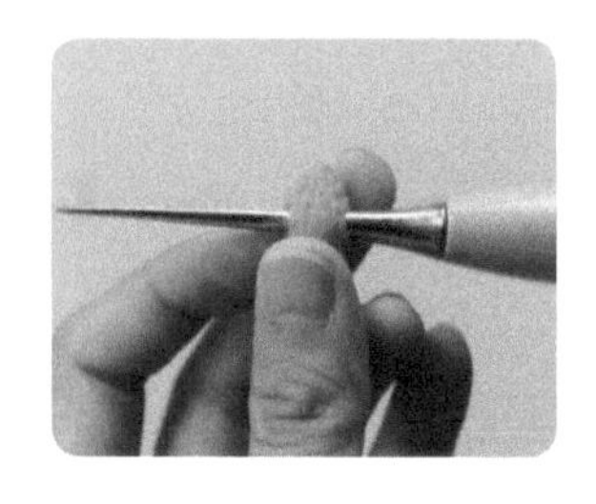
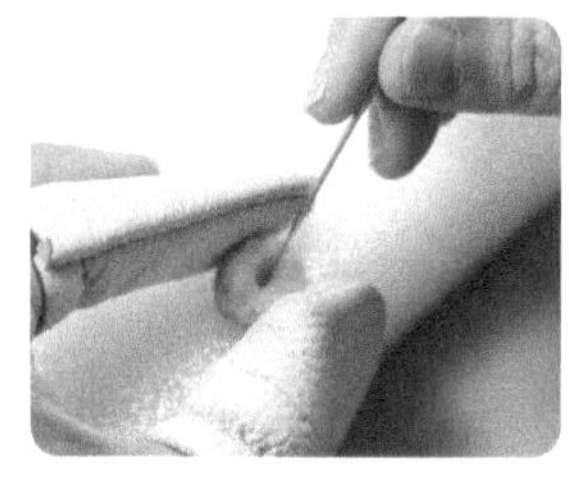

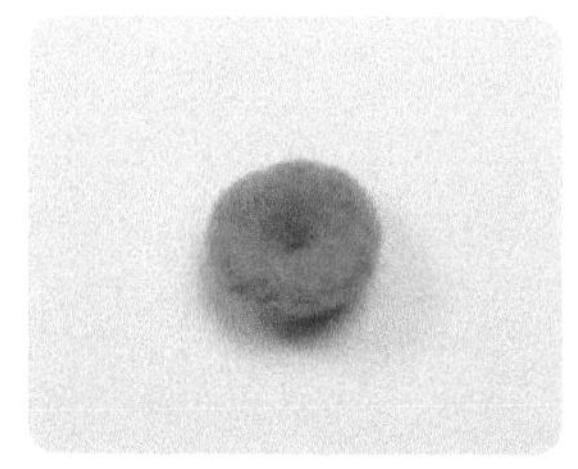

10

先用锥子在制作好的嘴巴部件中间扎出一个孔洞，再用戳针将嘴巴中间的孔洞戳刺得圆润一些。

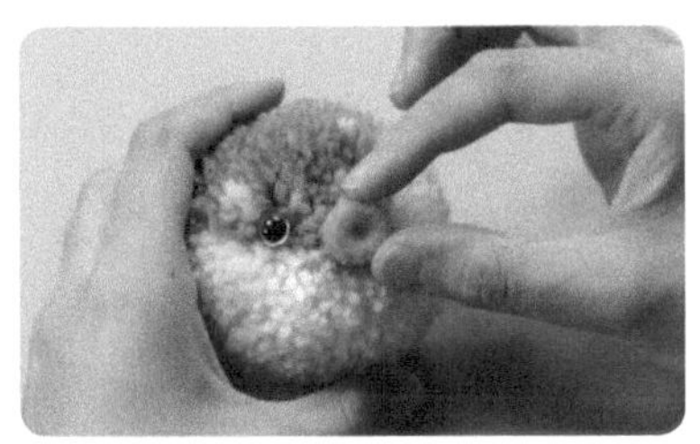

11

给嘴巴部件涂上酒精胶水，将其粘在合适的位置。

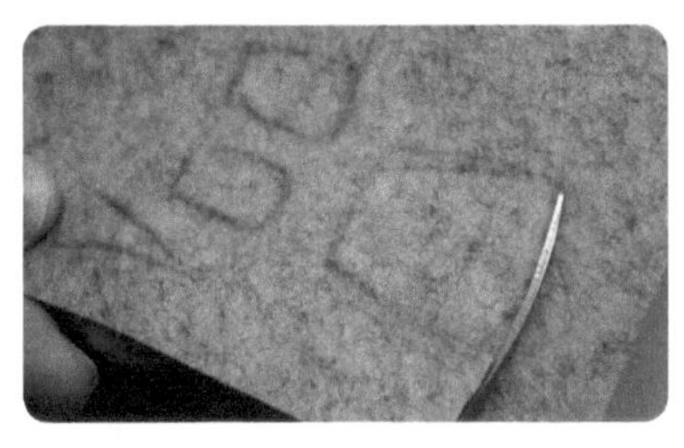
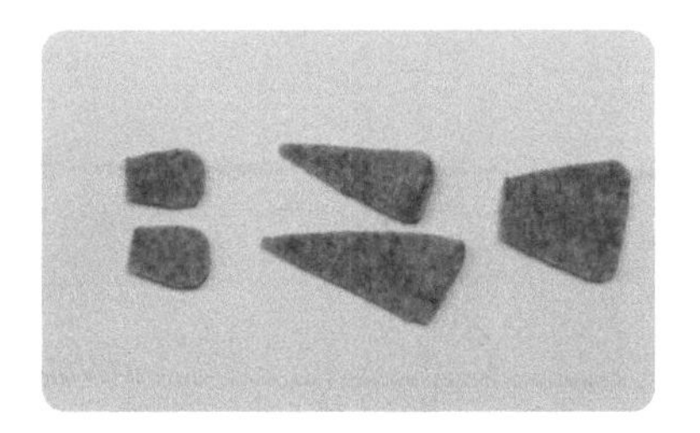

12

用铅笔先在灰色不织布上画出河豚的鱼鳍部件的线稿，再用弯头剪刀将部件裁剪下来，具体形状如上右图所示。

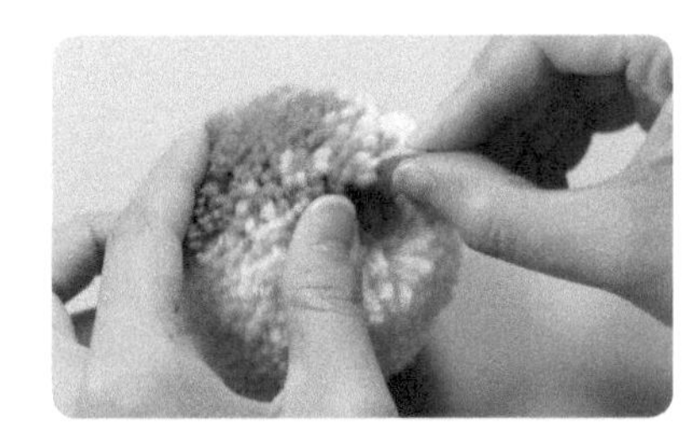

13

将剪好的河豚鱼鳍部件涂上酒精胶水，粘到相应的位置上。一个处于防备状态下的胖嘟嘟的河豚就制作好了。

6.6 有特殊花纹的企鹅

企鹅，是一种古老的游禽，有“海洋之舟”的美称。企鹅的背部为黑色，腹部为白色，嘴巴较为尖锐，这些特征在制作时都需要着重表现出来。为了让企鹅更具萌态，本案例中对企鹅尖锐的嘴部做了可爱化处理。

多角度效果图展示

材料、工具与配件

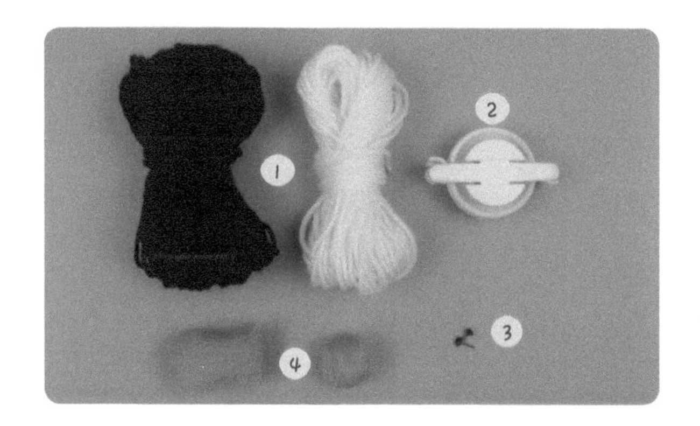

材料、工具与配件名称

1. 毛线：灰色、白色
2. 4.8cm 毛线制球器
3. 4mm 针插式黑豆眼
4. 羊毛：橙色、粉色

绕线示意图

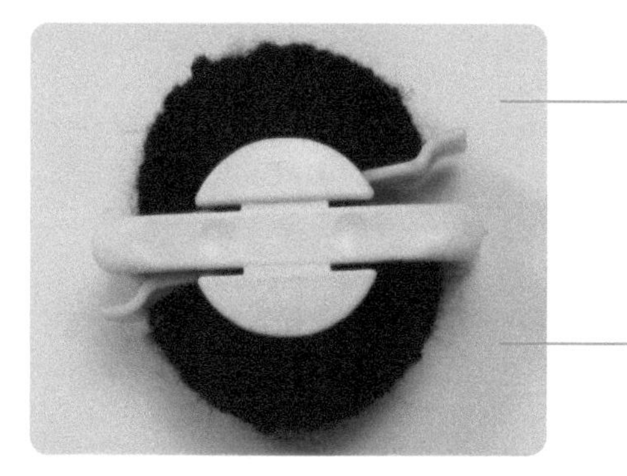

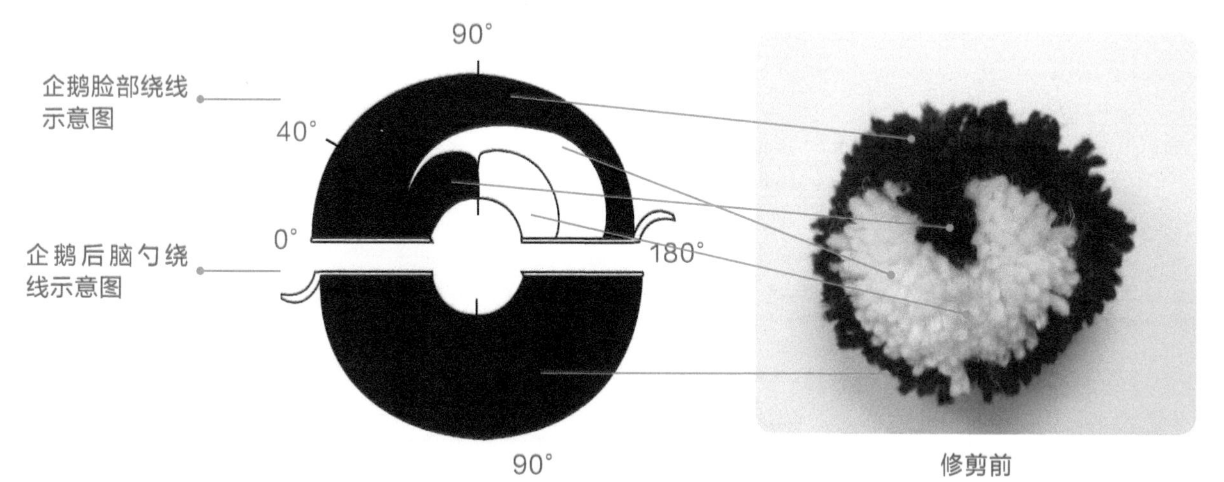

修剪前

制球

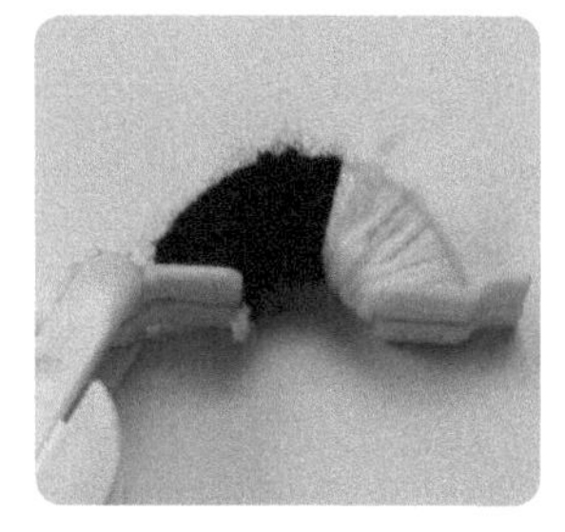

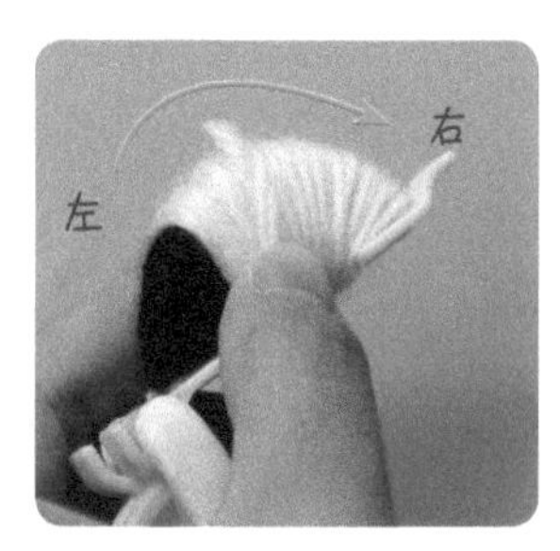

01

取出 4.8cm 毛线球制球器的一个半圆部件，在大致 90° ~ 180° 的区域内均匀地缠绕大约 22 圈白色毛线。

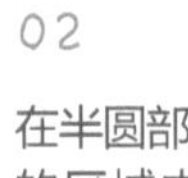

02

在半圆部件大致0° ~ 90° 的区域内均匀地缠绕大约 22 圈黑色毛线。

03

在半圆部件 40° ~ 180° 的区域内均匀地缠绕大约 75 圈白色毛线。注意，绕线的圈数从左往右依次增多。

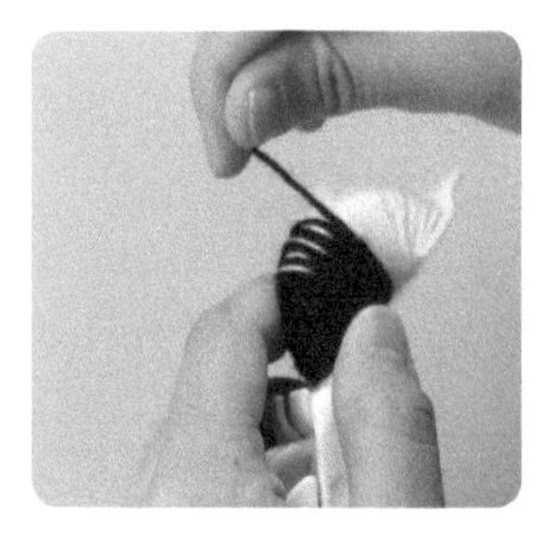

04

在整个半圆部件上均匀地缠绕大约 70 圈黑色毛线。注意，黑色毛线要完全盖住之前缠绕的白色和黑色毛线。

05

取出制球器的另一个半圆部件，在上面均匀地缠绕大约 190 圈黑色毛线。随后合上制球器，剪开毛线，并用绑线捆绑固定毛线团，得到用于制作企鹅的毛线球。

修剪

06

用弯头剪刀修剪毛线球，将企鹅的头部修剪得圆润一点，再用弯头剪刀将企鹅脸部的白色花纹修剪整齐，修剪效果如上右图所示。

形象制作

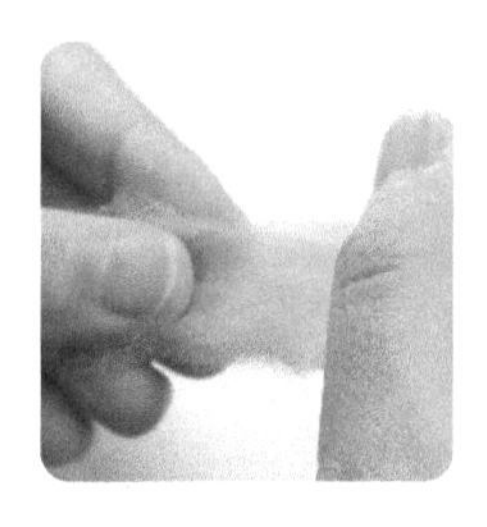

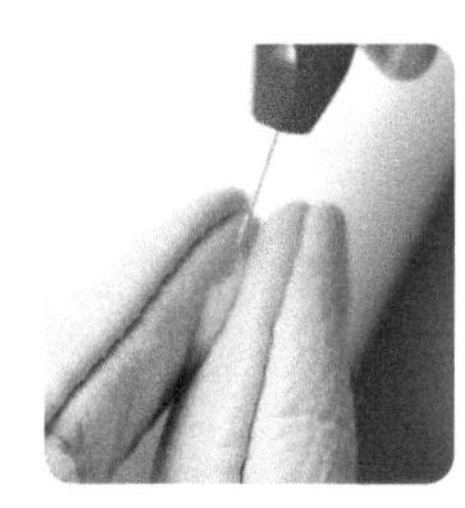
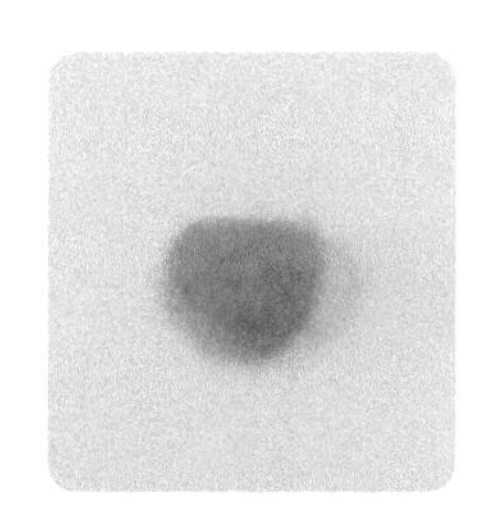

07

拿出适量的橙色羊毛叠成拇指盖大小，将其放于泡沫垫上，用一针笔对其进行戳刺，制作成企鹅的嘴巴部件。

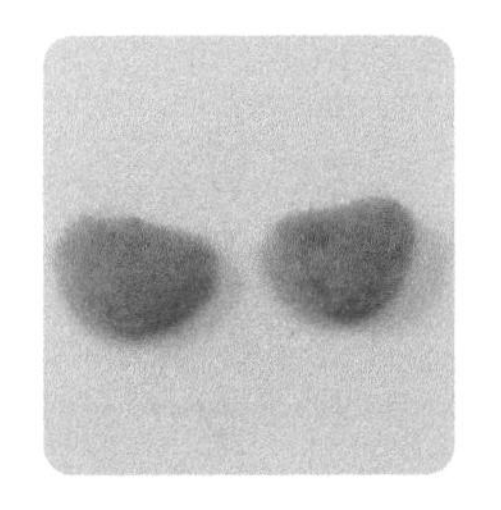

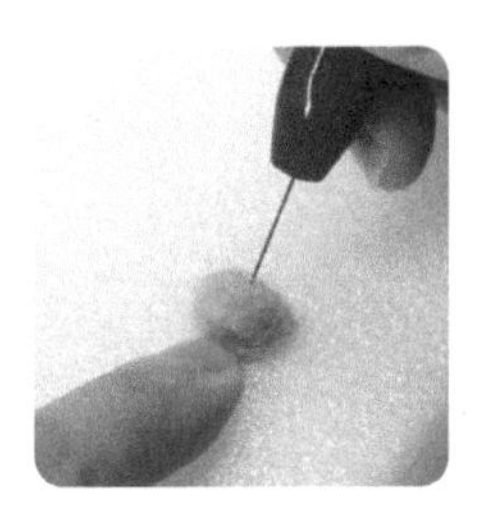

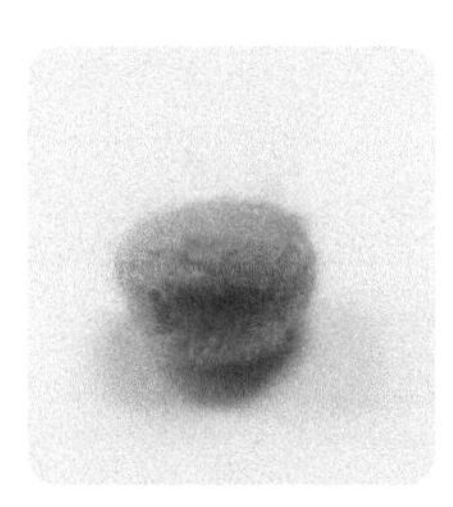

08

制作好两片嘴巴部件以后，将它们重叠起来，用一针笔戳刺嘴巴两侧，使两片嘴巴部件的一端连接在一起，这样企鹅的嘴巴就制作完成了。

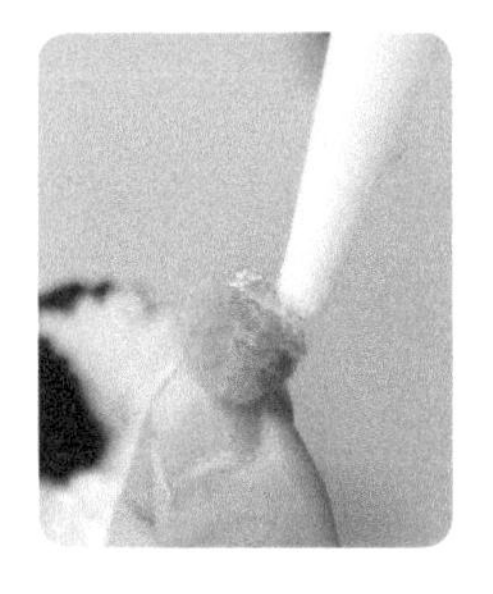

09

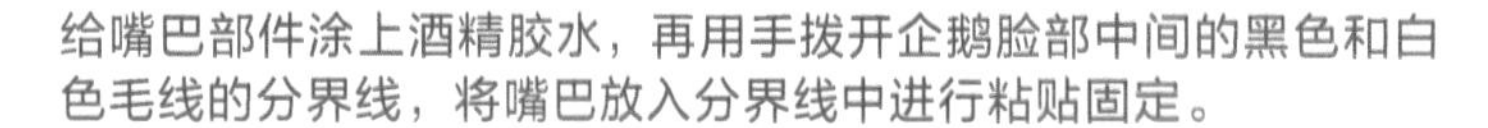

给嘴巴部件涂上酒精胶水，再用手拨开企鹅脸部中间的黑色和白色毛线的分界线，将嘴巴放入分界线中进行粘贴固定。

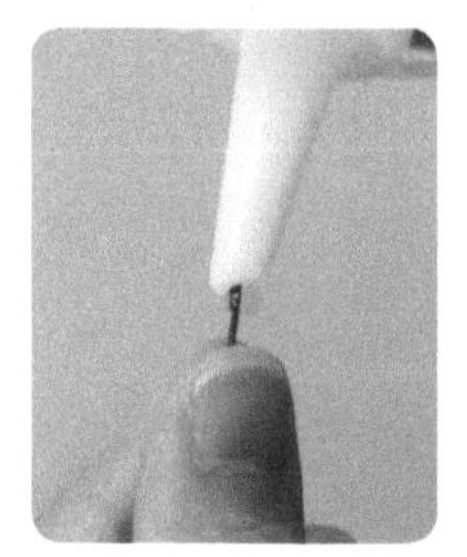

10

在准备好的一对 4mm 针插式黑豆眼的杆子上涂上适量的酒精胶水，将其插入眼部的合适位置。

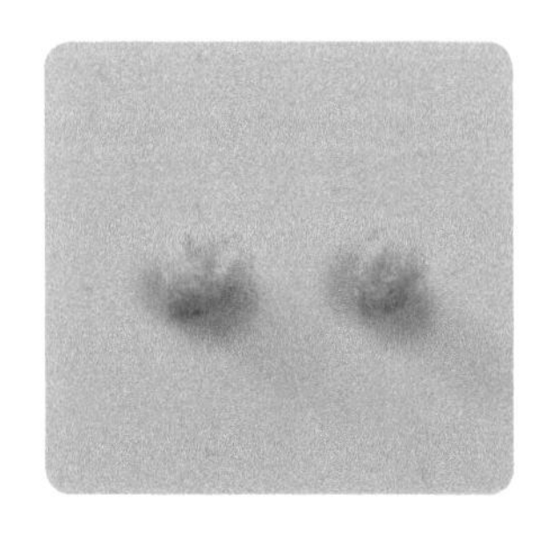

11

取少量粉色羊毛，将它们用手揉搓成两个相同大小的圆团放在眼睛下方，用一针笔戳刺边缘将其固定住，作为企鹅脸部的腮红。至此，可爱的企鹅就制作完成了。